生物工程专业实验指导

SHENGWU GONGCHENG ZHUANYE
SHIYAN ZHIDAO

主　编： 任艳利　焦子伟

副主编（以姓氏拼音为序）：

范学海　赖晓辉　李雪茹　玛依拉·吐尔地别克

秦瑞坪　赛德·艾合买提　张相锋　张　烨

编写指导委员会：

张　维　任　刚　焦子伟　陈晓露　相吉山　任艳利

徐丽萍　尚天翠

西南大学出版社

国家一级出版社　全国百佳图书出版单位

图书在版编目(CIP)数据

生物工程专业实验指导 / 任艳利,焦子伟主编.
重庆：西南大学出版社, 2024.8. -- ISBN 978-7-5697-2570-4

Ⅰ. Q81-33
中国国家版本馆CIP数据核字第202490JJ60号

生物工程专业实验指导

任艳利　焦子伟　主　编

责任编辑：鲁　欣
责任校对：朱春玲
装帧设计：闰江文化
排　　版：贝　岚
出版发行：西南大学出版社(原西南师范大学出版社)
　　　　　网址：www.xdcbs.com
印　　刷：重庆亘鑫印务有限公司
成品尺寸：195 mm × 255 mm
印　　张：25
插　　页：4
字　　数：456千字
版　　次：2024年8月　第1版
印　　次：2024年8月　第1次印刷
书　　号：ISBN 978-7-5697-2570-4
定　　价：68.00元

前言

生物工程是20世纪70年代初兴起的一门综合性应用学科,随着生命科学在20世纪有了惊人的发展,生物工程技术也上升到一个新的高度。人类基因组计划的启动和发展,更显示出生物工程技术是生命科学研究领域和生物工程应用领域中一项非常重要的基本技术。为了更好地适应时代的发展需求,培养具备创新意识和创新能力的高素质生物工程人才,本书将本科教学和科学研究中常用的生物工程实验及技术原理有机整合,在保留经典传统实验的基础上,增加了综合性、设计性实验,全面系统布局生物工程实验和技术。

本书对生物工程实验教学中涉及的实验技术、反应原理、流程安排等问题进行了较为详细的阐述。全书实验包括两大部分:专业基础实验和学科专业实验。书中选取了生物工程专业极具代表性的实验方法与技术,并结合教学实践和科学研究进行了比较分析,具有很强的实用性和指导性,可以很好地培养和锻炼学生的实验技能及科研素养,对提高学生的综合应用能力和创新能力具有一定帮助。其中普通生物学实验由秦瑞坪编写,生物化学实验由赖晓辉、赛德·艾合买提编写,细胞生物学实验由张相锋编写,微生物学实验和基因工程实验由玛依拉·吐尔地别克编写,遗传学实验由杨晓绒编写,发酵工程实验由张烨编写,分子生物学实验和基因工程实验由任艳利编写,化工基础实验由范学海编写,生物分离技术实验由李雪茹编写。主编任艳利还负责文稿的收集与整理以及订正等工作。

本书的出版得到了新疆维吾尔自治区生物科学重点专业项目的资助,在此表示衷心的感谢。

全体编写人员虽然在编撰过程中力求全面、准确,但因生物学科的飞速发展,以及参编人员的水平和能力有限,书中难免存在疏漏与不足之处,殷切希望读者批评指正,以便重印、再版时修订。

伊犁师范大学生物科学与技术学院

2024年6月

生物工程专业实验室规则

为了保证各实验的顺利进行,培养同学们规范的基本实验技能,特制定以下实验室规则,请同学们严格遵守。

1. 实验前应提前预习实验指导书并复习相关知识。

2. 严格按照实验分组,分批进入实验室,不得迟到。非本实验组的同学不准进入实验室。

3. 进入实验室必须穿实验服。各位同学进入各自实验小组实验台后,保持安静,不得大声喧哗和嬉戏,不得无故离开本实验台随意走动。绝对禁止用实验仪器或药品嬉戏打闹。

4. 实验中应保持实验台的整洁,废液倒入废液桶中,用过的滤纸放入垃圾桶中,禁止直接倒入水槽中或随地乱丢。

5. 实验中要注意节约药品与试剂,爱护仪器,使用前应先了解实验器材的使用方法,使用时要严格遵守操作规程,不得擅自移动实验仪器。否则,因非实验性损失,由损坏者赔偿。

6. 使用水、火、电时,要做到人在使用,人走关水、断电、熄火。

7. 做完实验要清洁仪器、器皿,并放回原位,擦净桌面。

8. 实验后,要及时完成实验报告。

生物工程专业实验要求

一、实验目的

通过实验课的学习,验证、加深理解和巩固课堂所学知识,熟悉各类实验的基本操作技术,提高动手能力、独立工作能力、团队协作能力及观察分析问题的能力。

二、实验要求

1. 学生应按规定时间提前进入实验室。保持实验室安静,不得进行与实验无关的活动。

2. 实验用的一切工具,在使用前应核对清楚,实验后清洗干净,查点清楚,原样放回,完成实验记录。

3. 观察及绘图务求精细准确,独立思考,独立完成。

4. 每次的实验报告应在教师指定时间内完成。

5. 实验结束后,在离开实验室前,应清理好自己的实验桌,要轮流打扫实验室,保持整洁。

6. 爱护实验室的一切物品,避免损坏或浪费。损坏物品时,应主动向教师报告,由教师处理。

三、绘图注意事项

1. 生物绘图以科学性为主,首先应从理论上对所绘标本有一定了解,认真观察标本,掌握其各种特征,再严谨绘图。

2. 只在纸的一面绘图,铅笔应保持尖锐,纸面力求整洁。

3. 图的大小应适宜,图的各部分结构必须按要求表示清楚。一般较大的图每页绘一个,同一类的小图可以在一张纸上绘数个,但应在纸上适当安排,预留注字的空地。

4.绘图时先把标本放在一个适宜的位置,能展现出图中要求表示的各部分。先测量或估量一下标本的大小、长宽比例,确定应放大或缩小的倍数,再开始绘图。

5.先用软铅笔(HB)把标本形态结构的轮廓及主要部分轻轻画出(线条要细、要轻),如标本是两侧对称的形状,则应先画一条线垂直经过绘图区域的正中,这样易将两部分画得相称。

6.根据草图添绘各部分的详细结构,最后用硬铅笔(2H或3H)以清晰的笔画绘出全图。线条要均匀一致,不要有接痕。以点表示标本上的凹凸、深浅、层次、结构的立体感等,要将笔垂直于图。

7.绘图纸上所有的字都必须用硬铅笔以楷书写出,不可潦草。图上的注字应横写,并且最好在两侧排成竖行,上下尽可能平齐。注字引线尽量水平拉出。图的标题应于该图下方居中标注。在绘图纸上方的中间位置写出本实验的题目,并在右上角写上学生姓名、座号及实验日期。

8.所有的图都要注释完全。

四、实验报告

1.除绘图外,实验报告还包括对实验指导中提出的问题的解答和必要的记录等内容,并应把这些重点内容写在笔记本上。实验指导中的问题是为了启发学生进行思考而设置的。

2.实验报告须用钢笔或圆珠笔书写,不宜太密,两行之间应留适当空隙,以便教师修改。每次实验报告及笔记均另起一页,并写上实验指导的号数及题目。

3.写报告时切记下列几点:记载要正确、简明、突出要点;记载要条理分明;实验报告是记录个人在实验中观察到的内容和对观察的解释,不可照抄实验指导和教材中的内容。

目录
CONTENTS

Part 1
第一篇
普通生物学实验

实验一　显微镜的使用、生物绘图及实验报告的书写 ············002

实验二　植物细胞的形态结构与显微结构观察 ············007

实验三　叶绿体色素的提取、分离及叶绿体色素理化性质 ············011

实验四　细胞的有丝分裂 ············014

实验五　植物组织观察 ············016

实验六　植物根的形态与结构 ············020

实验七　植物茎的形态与结构 ············024

实验八　植物叶的形态与结构 ············029

实验九　植物的繁殖器官 ············032

实验十　人体ABO血型检测 ············037

实验十一　鱼的形态及解剖结构 ············040

Part 2
第二篇
生物化学实验

实验一　牛奶中酪蛋白的制备 ············046

实验二　氨基酸纸层析法 ·· 049

实验三　酪蛋白的含量测定 ··· 052

实验四　蛋白质颜色反应及沉淀反应 ································· 054

实验五　影响酶促反应的因素 ·· 059

实验六　植物组织DNA的提取 ·· 064

实验七　DNA琼脂糖凝胶电泳 ··· 068

实验八　α-淀粉酶活力的测定 ·· 072

实验九　维生素C的定量测定 ·· 074

实验十　植物组织中可溶性糖含量的测定（蒽酮比色法）······· 077

实验十一　酵母RNA的提取及含量测定 ··························· 080

Part 3

第三篇

微生物学实验

实验一　培养基的配制及灭菌 ·· 084

实验二　实验室环境与人体表面微生物的检查 ···················· 088

实验三　食用真菌的培养 ·· 092

实验四　革兰氏染色及观察 ··· 095

实验五　微生物的分离纯化和计数法 ································· 098

实验六　显微镜直接计数法 ··· 101

实验七　糖发酵 ··· 104

实验八　IMViC与硫化氢实验 ··· 106

实验九　水中细菌总数和总大肠菌群的测定 ······················· 110

实验十　大分子物质的水解试验 ······································· 114

/ Part 4
第四篇
细胞生物学实验

实验一　显微镜的技术参数及特殊光镜的演示实验 …………………… 118

实验二　死活细胞的鉴别 …………………… 125

实验三　细胞膜通透性实验 …………………… 127

实验四　细胞凝集反应 …………………… 131

实验五　血涂片的制备和瑞氏染色显示白细胞 …………………… 133

实验六　叶绿体的分离及观察 …………………… 135

实验七　口腔上皮细胞线粒体的超活染色及观察 …………………… 137

实验八　植物细胞微丝束的光学显微镜观察 …………………… 139

实验九　布拉舍(Brachet)染色法显示RNA、DNA …………………… 142

实验十　过碘酸-希夫反应(PAS)显示多糖 …………………… 144

/ Part 5
第五篇
分子生物学实验

实验一　平板划线法 …………………… 148

实验二　碱裂解法提质粒DNA …………………… 150

实验三　琼脂糖凝胶电泳检测质粒DNA …………………… 154

实验四　DNA的酶切与凝胶纯化回收 …………………… 157

实验五　大肠杆菌感受态细胞的制备 …………………… 162

实验六　蓝白斑筛选鉴定重组体 …………………… 164

实验七	PCR扩增DNA及电泳检测	167
实验八	酶切及电泳检测	169
实验九	植物总RNA的提取及电泳检测	171

Part 6
第六篇
遗传学实验

实验一	根尖有丝分裂制片和观察	176
实验二	植物细胞减数分裂	179
实验三	人类几种常见遗传特征的调查	184
实验四	人类染色体组型分析	191
实验五	人类细胞中巴氏小体的观察	195
实验六	果蝇的形态和生活史	198
实验七	果蝇唾腺染色体标本的制备与观察	201
实验八	植物多倍体的人工诱导	203
实验九	粗糙脉胞菌顺序四分子分析	206

Part 7
第七篇
细胞工程实验

实验一	培养基母液的制备	210
实验二	培养基的配制与灭菌	215
实验三	培养材料灭菌和接种	219

实验四　愈伤组织的诱导与增殖 …………………………………………… 223

实验五　愈伤组织的分化 …………………………………………………… 226

实验六　植物细胞悬浮培养与同步化 ……………………………………… 228

实验七　细胞微室培养 ……………………………………………………… 230

实验八　烟草叶片组织培养 ………………………………………………… 232

实验九　月季组织培养 ……………………………………………………… 234

实验十　菊花组织培养与快速繁殖 ………………………………………… 236

实验十一　小麦幼胚培养 …………………………………………………… 239

实验十二　烟草遗传转化实验 ……………………………………………… 242

实验十三　细胞传代培养 …………………………………………………… 245

实验十四　细胞的冻存和复苏 ……………………………………………… 247

Part 8
第八篇
基因工程实验

第一部分　质粒DNA的提取和酶切电泳鉴定 …………………………… 251

实验一　质粒DNA的小量制备 …………………………………………… 251

实验二　质粒DNA电泳鉴定 ……………………………………………… 254

实验三　质粒DNA的酶切 ………………………………………………… 257

第二部分　目的基因的获得和重组载体的构建 ………………………… 259

实验四　PCR扩增制备目的基因 ………………………………………… 259

实验五　目的基因片段与载体连接 ………………………………………… 261

实验六　从琼脂糖凝胶中回收DNA片段 ………………………………… 263

实验七　感受态细胞的制备 ……………………………………………… 266

实验八　细菌转化 …………………………………………………………… 268

实验九　转化克隆的筛选和鉴定 ………………………………………… 270

实验十　外源基因的诱导表达 …………………………………………… 273

实验十一　SDS-PAGE检测表达蛋白质 ………………………………… 275

Part 9

第九篇

发酵工程实验

实验一　苹果酒的酿制 …………………………………………………… 280

实验二　米酒的制作 ………………………………………………………… 283

实验三　泡菜的制作 ………………………………………………………… 285

实验四　酸奶的制作 ………………………………………………………… 287

实验五　格瓦斯的制作 ……………………………………………………… 290

实验六　蜜茶酒的制作 ……………………………………………………… 293

实验七　纳豆的制作工艺 …………………………………………………… 296

实验八　测定总酵母菌和活酵母菌数量 ………………………………… 299

实验九　啤酒的发酵 ………………………………………………………… 302

Part 10 第十篇

生物分离技术实验

实验一　细胞破碎实验 ……………………………………………………………… 314

实验二　双水相萃取相图的绘制 …………………………………………………… 317

实验三　双水相萃取牛血清白蛋白 ………………………………………………… 319

实验四　红霉素的萃取与精制 ……………………………………………………… 322

实验五　苹果中多酚物质的提取及定量检测 ……………………………………… 325

实验六　吸附分离色素实验 ………………………………………………………… 328

实验七　蛋清中溶菌酶的分离与纯化 ……………………………………………… 330

实验八　蛋黄中卵磷脂的分离纯化和定性鉴定 …………………………………… 333

实验九　硅胶柱色谱法分离甘油三酯 ……………………………………………… 336

实验十　大孔吸附树脂吸附等温线的制作 ………………………………………… 338

Part 11 第十一篇

化工基础实验

实验一　雷诺实验 …………………………………………………………………… 342

实验二　伯努利方程实验 …………………………………………………………… 345

实验三　流体流动阻力测定实验 …………………………………………………… 349

实验四　离心泵特性曲线测定实验 ………………………………………………… 356

实验五　流量计校核实验 …………………………………………………………… 361

实验六 传热(冷水—热水)综合实验 …………………………………………… **365**

实验七 填料吸收塔(CO_2-H_2O)实验 …………………………………………… **370**

实验八 精馏塔实验 …………………………………………………………………… **377**

实验九 恒压过滤实验 ………………………………………………………………… **381**

部分参考文献 …………………………………………………………………………… **388**

第一篇

普通生物学实验

实验一
显微镜的使用、生物绘图及实验报告的书写

一、实验目的

(1)在正式进入专业课实验前,要充分了解生物学研究过程中的基本工具——普通光学显微镜的构造以及各部分的性能,并且掌握常用显微镜的正确使用方法。

(2)了解生物绘图的主要技法,掌握生物绘图的基本技术及实验报告的书写方法。

二、实验原理

光学显微镜是利用光学成像原理,辅助观察生物体细微结构的仪器。其利用反光镜将可见光反射到聚光器中,接着将光线汇聚成束,穿过载玻片,进入物镜、目镜,从而对样品进行成像。因而,要求所观察的制片很薄(常为 8~10 μm),光线才能够穿过制片并到达物镜,形成放大倒立的实像。这一倒立的实像经过目镜的再次放大,成为放大倒立的虚像。

绘制正确、清晰的生物图片不仅可以加深学生对于生物专业知识的熟悉程度,对于培养学生生物学素养也有很大的益处。

三、实验用品

1. 实验器材

若干生物切片标本、光学显微镜、载玻片、盖玻片、铅笔、橡皮、小刀、直尺、绘图纸、空白实验报告。

2. 实验试剂

二甲苯、香柏油。

四、实验操作

(一)光学显微镜的构造

光学显微镜是生物学研究中的常用工具之一,由一组光学系统和支持、调节它的机械系统组成,有的还带有光源部分。

1. 光学系统

(1)反光镜:是一个双面镜,一面为平面,一面为凹面,位于显微镜的下方,接收外来光线并将光线反射到聚光器。

(2)聚光器:在载物台的下面,由几块凹透镜组成。作用是聚集来自反光镜的光线,使光线增强,进而使整个物镜所包括的视野均匀受光。聚光器可以升降,其上还附有光圈,以调节进入物镜的光线。在使用高倍镜时,必须配以聚光器。

(3)虹彩光圈(可变光阑):位于聚光器下面,由许多金属片组成,可调节光圈的大小,使光线的强弱合适,便于观察样品。

(4)物镜:由一组透镜组成,可放大物体。其中,放大40倍(40×)以下的叫低倍镜,放大40倍(40×)及以上(<100倍)的叫高倍镜,放大100倍(100×)及以上的叫油镜。显微镜的分辨力是指显微镜能够辨别两点之间最小距离的能力。它与物镜的数值孔径成正比,与光的波长成反比,因此,物镜的数值孔径越大,光的波长越短,则显微镜的分辨力越高,被检物体的细微结构也越能区别。高的分辨力意味着小的分辨距离,二者成反比关系。

(5)目镜:由上端和下端两个透镜组成,其作用是将来自物镜的图像再放大。每个显微镜常备有几个放大倍数不同的目镜,其上也刻有5×、10×、12.5×等放大倍数,显微镜的放大倍数即所用目镜放大倍数跟所用物镜放大倍数的乘积,在显微镜图像中注意标注放大倍数。

2. 机械系统

(1)镜座:是显微镜最底部的结构,起到稳定和支持显微镜的作用,也是我们操作过程中托起显微镜的位置。

(2)载物台:也称镜台。其中央有一圆形孔洞,称为镜台孔,方便来自下方的光线通过。载物台上还有压片夹,用以固定标本。

(3)镜臂:为连接镜筒和载物台的弯曲部分,便于使用时持握。

(4)镜筒:为镜臂上端的圆筒部分。其顶端安置目镜,下端连接物镜和转换器。由物镜到目镜的光线便由此通过。

(5)镜头转换器:镜筒下端一个可旋转的圆盘。其上可装数个物镜,以便观察时换用不同倍数的物镜。

(6)准焦螺旋:有粗准焦螺旋和细准焦螺旋之分,能使镜筒或载物台升降,调节物镜和观察材料间的距离,以得到清晰的图像。由低倍镜换高倍镜观察样品后,用细准焦螺旋调焦,直到视野清晰为止。

(二)显微镜的使用方法

1.安放显微镜

右手要紧握镜臂,左手稳稳托起镜座,然后轻放于桌面上,使镜臂正对自己的左胸,距离桌子边缘几厘米处,方可使用。

2.检查

使用前一定要检查上一组的同学是否规范地放置好显微镜:断电源、开关处于关的状态、视场光阑最小、载物台处于位置最低的状态、任何物镜都不与光路合轴。如果放置规范,可以进行后续的操作,否则,请按照上述要求调整显微镜的状态。

3.对光

转动聚光器的升降旋钮,使聚光器上升至最高位置。随后方可打开电源,将标本放置在载物台上,先用低倍镜聚焦。缩小视场光阑,在视场中可见边缘模糊的视场光阑图像,稍微降低聚光器,直到视场光阑的图像清晰为止。旋转聚光器上的两个调中螺杆,将视场光阑图像调至视场中心;打开视场光阑,使图像周边与视场边缘相接。反复缩放视场光阑,确认光阑与视场完全重合即可。(一般学生用镜是事先调好的,所以此步略。)

4.调焦

光线对好后,即可将标本(装片)放于载物台,并用压夹压紧,便可进行观察。有盖玻片的一面朝上,使光线通过被检物体。先用低倍镜后用高倍镜,直至看清标本物像。然后,再轻轻转动细准焦螺旋,以便得到更清晰的物像。

5. 低倍镜观察

在低倍镜下调焦找物像时,要让物像位于视野中央。若光线不合适,可拨动虹彩光圈的操纵杆,调节光线,使物像最清晰为止。

6. 高倍镜观察

低倍镜找到目标后,调节转换器,将高倍物镜转至镜筒正下方。这时,只需稍微转动细准焦螺旋,就可看清楚目标物。切记此时不可用粗准焦螺旋,否则会压碎玻片并损伤镜头。在高倍镜下,将制片中的被检物按从上到下,从左到右的顺序移动,仔细观察一遍。再换成低倍镜,然后转高倍镜,这样反复观察几次,以熟悉高倍镜的使用方法。用高倍镜观察完后,若有必要,可再换用油镜观察。

7. 油镜观察

用粗准焦螺旋使镜筒距离盖玻片 1.5~2 cm,将油镜转至镜筒下方。滴加一滴香柏油,让镜头与盖玻片上的香柏油相接触,但注意不能与盖玻片相碰,以免压碎玻片和损伤镜头。然后从目镜中观察,首先调节光圈与聚光器,使光亮度适当增加,用粗准焦螺旋极其缓慢地调节至出现物像为止,再用细准焦螺旋调至物像清晰。如果镜头已离开香柏油而未见物像,应按上述过程重复操作。观察完毕,取下玻片,用擦镜纸擦去镜头上的香柏油,再用擦镜纸沾取少量二甲苯擦镜头,然后用干净擦镜纸擦去镜头上残留的二甲苯。二甲苯用量不宜过多,擦拭时间应短。

8. 复原

显微镜使用完毕后,先将载物台降低或镜筒升高,取下玻片,擦净载物台和物镜,将各部分还原,反光镜垂直于镜座,然后转动镜头转换器,将物镜从镜台孔挪开,成八字形,并将载物台降至最低处或镜筒升至最高处,同时把聚光镜降下,装镜入箱。

(三)生物绘图的技法与要求

1. 生物绘图的主要技法

生物绘图的技法可概括为"线""点""涂""染"四个字。本实验要求掌握的主要是"线"和"点"的技法。

课前请同学们自行搜集关于生物绘图方法的资料,以小组为单位在课堂上讨论。

2. 生物绘图的要求

(1)绘图强调高度的科学性,不得有科学性错误,不得凭空想象。形态结构和相对比例要正确。

(2)图面务必干净、整洁,铅笔要保持尖锐,尽量少用橡皮。

(3)图的大小要适宜,一般位于图纸偏左侧,右边需要标上图注。

(4)绘图的线条要光滑、匀称,各点要大小一致。

(5)注图线用直尺画出,间隔要尽可能均匀,且一般多向右边引出,图注部分接近时可用折线,但注图线之间不能交叉,图注要尽量排列整齐。绘图完成后在绘图纸上方要字迹工整地标明实验名称、班级、姓名、时间,在图的下方注明图名及放大倍数。

(四)实验报告构成要素

(1)实验名称。

(2)实验原理。将该实验的主要原理用简明扼要的语言进行归纳总结。

(3)实验仪器和材料。如果所用仪器和材料较多,可只写重要的部分,常用的可以不写。

(4)实验步骤。写清楚该实验是如何操作的,方法和顺序是怎样的。可以用方框图表示,这样一目了然。

(5)实验结果。将该实验的最后结果以照片、绘图或者表格的形式展示,注意在图的下方注明图名及放大倍数,将各个结构部位作简明图注。并用平行的短线指出相应的结构位置。

(6)实验讨论。主要是对上述实验结果进行讨论,或是对实际操作中实验现象或结果和实验指导不一致的原因进行讨论,或是对实际操作中产生的实验现象的原理或原因进行讨论,或是对实际操作中可以改进的方法进行讨论,抑或是对该实验的进一步应用进行讨论,等等。

五、作业与思考

(1)如何正确使用显微镜观察生物标本?使用时有哪些注意事项?

(2)按生物绘图的要求准确绘出你所观察到的细胞或组织并标注其基本结构。

实验二
植物细胞的形态结构与显微结构观察

一、实验目的

(1) 了解真核细胞、原核细胞的各种形态及基本结构,并了解真核细胞与原核细胞结构主要的不同点。

(2) 掌握植物细胞的显微结构。

(3) 学会临时装片标本的制作方法。

二、实验原理

一般淀粉呈白色或类白色,不溶于乙醚、乙醇、丙酮等有机溶剂,也不溶于冷水。淀粉以颗粒状态存在于胚乳细胞中,不同来源的淀粉其形状、大小各不相同。在显微镜下,一般水分高、蛋白质含量少的植物淀粉颗粒较大,多呈圆形或椭圆形,如马铃薯淀粉。淀粉能被I_2-KI染液染成蓝紫色,在显微镜下可以更加清楚地观察到颜色变化。

三、实验用品

1. 实验材料

洋葱鳞片叶、西红柿、白菜叶、马铃薯、胡萝卜、新鲜颤藻(或颤藻切片)。

2. 实验器材

显微镜、刀片、镊子、解剖刀、载玻片、盖玻片、擦镜纸、培养皿、滴管、牙签、纱布、吸水纸。

3.实验试剂

I_2-KI染液、蒸馏水等。

四、实验操作

(一)植物细胞结构的观察

1.洋葱鳞片叶表皮细胞的观察

(1)制片方法。

①取一载玻片,用清水洗净,并用纱布擦干,在载玻片中央滴1滴蒸馏水。用尖头镊子从洋葱肉质鳞片叶内表皮上撕下小拇指指甲大小的一块表皮,浸在水滴中,并借助工具轻轻将其展平。

②用镊子夹取同样用清水洗净并擦干的盖玻片,倾斜使其一边接触水滴的边缘,然后慢慢地放下,尽量不产生气泡,以免影响观察。

③用吸水纸吸去盖玻片周围的水,置于显微镜下观察。

(2)观察。

①在低倍镜下,可见洋葱表皮细胞略呈长方形,排列紧密,每个细胞内有一圆形或扁圆形的细胞核。

②为了更清楚地观察洋葱表皮细胞的结构,可用稀碘液染色。染色时,将玻片从载物台上取下,于盖玻片的一侧加1滴碘液,用吸水纸从盖玻片另一侧吸引,使碘液通过洋葱表皮以染色,再置于显微镜下观察。

③先用低倍镜找到一个清楚的细胞移至视野中央,再换高倍镜观察。可见细胞最外面由棕黄色细胞壁包围,细胞壁以内是着色较浅、近于透明的细胞质。细胞质内有一个或几个,或大或小的透明液泡。在细胞中央或靠近细胞壁的地方,有一细胞核,核内有染成棕黄色的核仁。细胞质外围有一薄层细胞质膜,在生活细胞中不易分清。

2.原核细胞的结构(用颤藻切片观察)

显微镜下,可见颤藻的藻丝由单列细胞组成,细胞呈短圆柱状或盘状,藻丝顶端细胞呈帽状。换高倍镜观察,可清楚看到呈深蓝色的中央体。在细胞壁以内,中央体四周未着色的是周质。

(二)植物细胞的显微结构

1. 质体

(1)观察白菜叶肉细胞中的叶绿体。

取载玻片一块,在其上滴一滴清水,然后用镊子撕取白菜叶带叶肉的下表皮,放在载玻片的水滴中,盖上盖玻片,在显微镜下观察,可看见在叶肉细胞中有许多圆形绿色颗粒——叶绿体。在表皮细胞中一般不含叶绿体,但在组成气孔的两个半圆的保卫细胞中可见圆形叶绿体。

(2)观察胡萝卜(西红柿)细胞的有色体。

在一圆形培养皿中盛好水,将胡萝卜切成2~3 cm长的小块,用左手的食指和大拇指捏紧胡萝卜块,中指在下顶住胡萝卜块,使胡萝卜顶部高于指上几毫米,右手拿刀片,刀口保持水平,自左前方向右后方划动刀片,将胡萝卜切成薄片。为了切得厚薄均匀,刀片与材料断面要平行,左手保持平稳不动,右手划刀要迅速均匀,材料与刀片保持湿润。切好的切片,立即放入培养皿的水中。选择最薄的切片,制成装片,在显微镜下观察,有色体为橙红色,呈不规则的颗粒状或棒状。用刀片轻轻将西红柿果皮的果肉刮下来,制成临时装片,置于显微镜下观察,可见细胞质中有许多红色的小颗粒,即为有色体。

(3)观察新鲜萝卜细胞的有色体。

用镊子取少量新鲜萝卜制成临时装片观察,高倍镜下细胞也呈近圆形,个别细胞内含许多白色颗粒,即为白色体。

2. 细胞后含物

(1)观察马铃薯的淀粉粒。

用解剖刀在切开的马铃薯块茎的断面上轻轻刮一下,将附着在刀口处的浆液转移到载玻片上。用稀释的I_2-KI染色后,制成临时装片,置于低倍镜下观察,找到淀粉粒分布稀少的部位,并将其移至中央。再换高倍镜仔细观察,在多角形的薄壁细胞中,可见椭圆形、卵形或圆形的大小不等的蓝紫色淀粉粒。调节光圈,降低光强度,可见淀粉粒有一个中心,偏于淀粉粒的一端,这个中心即脐点,围绕脐点有许多明暗相间的轮纹,即为马铃薯单粒淀粉。在视野中除了有单粒淀粉外,还可见到复粒淀粉和半复粒淀粉。

单粒淀粉：每粒淀粉有一个脐点，围绕脐点有许多同心环，即轮纹。复粒淀粉：每粒淀粉有两个或两个以上的脐点和各自的轮纹，无共同的轮纹层。半复粒淀粉：每粒淀粉具有两个或两个以上的脐点和各自少数的轮纹，还有共同的轮纹层。

（2）观察洋葱鳞片叶表皮细胞中的草酸钙结晶。

用镊子撕取洋葱外部老鳞片叶表皮，制成装片，可见表皮细胞中有菱形的单晶存在。

五、作业与思考

绘制洋葱鳞片叶的单个表皮细胞图，并注明各部分名称。

实验三
叶绿体色素的提取、分离及叶绿体色素理化性质

一、实验目的

(1) 探究植物叶绿素的理化性质，了解叶绿素提取分离的原理，以及叶绿素的光学特性在光合作用中的意义。

(2) 掌握提取菠菜叶片叶绿体色素（叶绿素和类胡萝卜素）的方法，掌握纸层析法，学会对植物叶绿素的理化性质进行观察与检验的方法。

二、实验原理

叶绿体中含有叶绿素（叶绿素a与叶绿素b）和类胡萝卜素（胡萝卜素和叶黄素），这两类色素均不溶于水，而溶于有机溶剂，故常用乙醇、丙酮等有机溶剂提取。当溶剂沿支持物不断向前推进时，由于叶绿体中不同色素分子结构不同，在两相（流动相与固定相）间具有不同的分配系数，因此它们的移动速率不同。对叶绿体色素进行层析可将不同色素分离开来。

叶绿素是一种双羧酸的酯，可与碱发生皂化作用，产生的盐能溶于水，可用此法将叶绿素与类胡萝卜素分开。在弱酸作用下，叶绿素中的镁可被氢原子取代而成为褐色的去镁叶绿素，再与铜反应则成为绿色的铜代叶绿素，铜代叶绿素很稳定，在光下不易被破坏，故常用此法制作绿色植物的浸渍标本。叶绿素具有荧光，故从与入射光相垂直的方向观察叶绿素溶液呈血红色。叶绿体色素具有光学活性，表现出一定的吸收光谱，可用分光镜检查。叶绿素吸收光能后转变成不稳定的激发态，当它返回到基态时以较长波长光的形式将光能释放出来的现象称为荧光现象。

三、实验用品

1. 实验材料

菠菜(或其他植物的新鲜绿叶)。

2. 实验器材

天平、研钵、三角漏斗、滤纸、层析缸(或大试管)、软木塞、毛细管、分光镜、量筒、烧杯、剪刀等。

3. 实验试剂

丙酮、甲醇、碳酸钙($CaCO_3$)、盐酸、氢氧化钾、石英砂、无水硫酸钠、四氯化碳、醋酸铜等。

四、实验操作

1. 叶绿体色素提取液的制备

称取新鲜的去中脉菠菜叶片 4 g,洗净、剪碎后放入研钵中。加入少许石英砂和 $CaCO_3$,再加入无水丙酮 5 mL,研磨成匀浆,再加丙酮 8 mL。用漏斗滤去残渣,即可得到叶绿体色素提取液(保存于暗处备用)。

2. 叶绿体色素的分离——纸层析法

(1) 层析样纸制备。

将展层用的滤纸剪成 2 cm×20 cm 的纸条,将其一端剪去两侧的部分纸条,中间留一长约 1.5 cm、宽约 0.5 cm 的窄条。

(2) 点样。

用毛细管或牙签取叶绿体色素提取液划线于窄条的上方,注意一次划线的溶液不可过多(因为过多会导致线条过粗),可等风干后在原处重复点样 7~8 次,展层后的效果更好。

(3) 展层。

在大试管或层析缸中加入四氯化碳 3~5 mL 及少许无水硫酸钠。然后将滤纸条固定于软木塞上,插入大试管或层析缸内,使窄条的一半浸入溶液中(注意点样处不可触及溶液、不可碰到容器壁),盖紧软木塞,直立于阴暗处进行层析。待溶剂前沿距滤纸条上沿 1.5~2 cm 时(大约 10 min),取出滤纸条,立即用铅笔在溶剂前沿画线作记号。并观察分离后色素带的分布情况,用铅笔在层析纸上描出四种色层的轮廓,并注明色层的名称和颜色,附在实验报告中。最上端橙黄色区为胡萝卜素,其次的黄色区为叶黄素,再下面的蓝绿色区为叶绿素 a,最后的黄绿色区为叶绿素 b。

注意:色素的提取与分离层析均应在弱光处或暗处进行,以防止光对色素的破坏,影响实验的结果。

3. 叶绿体色素某些理化性质的鉴定

①荧光现象:取高浓度的叶绿体色素提取液少许,在透射光和反射光下观察所提取的叶绿体色素的颜色有无不同。在反射光侧观察到的血红色,即为叶绿素产生的荧光颜色。

②叶绿素分子中 Mg^{2+} 的取代作用:取 2 支试管,分别加入 2 mL 叶绿体色素提取液,第 1 支作为对照,第 2 支为实验组。往实验组加入数滴 5% HCl,摇匀,观察溶液颜色变化,直至溶液变成褐绿色(此时叶绿素分子已遭破坏,形成去镁叶绿素)。当溶液变成褐绿色后,加入少量醋酸铜粉末,对照不加醋酸铜粉末,微微加热,观察两支试管中溶液颜色的变化情况。与对照相比较,实验组的溶液变成鲜亮的绿色,即形成了铜代叶绿素。

③光对叶绿素的破坏作用:取上述叶绿体色素提取液少许分装于 2 支试管中,一支试管放在黑暗处(或用黑纸包裹),另一支试管放在强光下,经 2~3 h 后,观察两支试管中溶液的颜色有何不同。

五、作业与思考

(1)研磨提取色素时加入的 $CaCO_3$ 有什么作用?

(2)根据层析的原理以及色素的化学结构来分析层析纸上所出现的不同色层各是什么。

实验四
细胞的有丝分裂

一、实验目的

(1) 观察细胞有丝分裂过程,掌握有丝分裂各时期的主要特征。
(2) 学习植物根尖染色体装片的制作方法。

二、实验原理

高等植物的分生组织有丝分裂较旺盛,洋葱是观察有丝分裂最常用的实验材料之一。另外,有丝分裂各个时期细胞内染色体的形态也有所不同,根据各个时期内染色体的变化情况,利用高倍显微镜,可确认观察的细胞所处时期。此外,细胞核内的染色体易被碱性染料(如醋酸洋红)染成深色。

三、实验用品

1. 实验材料

洋葱头、洋葱根尖纵切片标本。

2. 实验器材

普通光学显微镜、载玻片、盖玻片、镊子、解剖针、恒温培养箱、小刀、小试剂瓶、小烧杯(或培养皿)、酒精灯、火柴、滤纸片。

3. 实验试剂

甲醇、冰醋酸、0.2%秋水仙素溶液、95%酒精、浓盐酸、醋酸洋红染液、蒸馏水。

四、实验操作

1.取材

将洋葱头置于盛有水的小烧杯上,使其鳞茎下部浸入水中,放在25 ℃恒温培养箱中培养。待根长到2 cm左右时,切取1 cm左右的根尖。

2.预处理

将根尖用0.2%秋水仙素溶液于室温下处理3~4 h。

3.固定

将根尖从预处理的溶液中取出,用水冲洗2~3次,再放入甲醇-冰醋酸($V_{甲醇}:V_{冰醋酸}=3:1$)固定液中,固定24 h,固定液用量应为材料体积的15倍以上。之后,若不立即进行下一步操作,可将固定材料转入70%酒精中,放入4 ℃冰箱内保存备用。

4.解离

倒去固定液,将固定后的根尖用清水漂洗2~3次,再浸于1 mol/L盐酸中,在60 ℃下水浴处理10 min,然后用蒸馏水漂洗2~3次。

5.染色和压片

(1)取解离后的根尖,切取1~2 mm长的分生组织,放在载玻片上,加1滴苯酚品红染液,静置约5 min。随即用解剖针将材料搅碎,盖上盖玻片,用滤纸吸去多余染液。

(2)对准盖玻片下的材料,用铅笔的橡皮头在盖玻片上轻轻敲击,再用拇指适当用力下压,但注意勿使盖片滑动。压好的片子中,材料应铺展成均匀的、单层细胞的薄层。

6.镜检

将制作好的装片放在显微镜载物台上,先在低倍镜下找到根尖分生区,再换高倍镜,选择各期较典型的有丝分裂的图像进行观察。

五、作业与思考

绘出你所观察到的植物细胞有丝分裂各期的图像,并描述各时期染色体的变化。

实验五
植物组织观察

一、实验目的

了解植物五大组织构造上的特点及其与植物功能的关系。

二、实验原理

植物的各种组织由形态相近、功能相同的细胞群组成，虽然不同组织的功能不相同，但在一个植物体中，它们之间有着结构和功能上的相互联系，共同为完成植物体的生命活动发挥着重要作用。

三、实验用品

1. 实验材料

玉米根尖纵切片、洋葱根尖纵切片、小白菜叶片、南瓜茎横切片、南瓜茎纵切片、椴树茎横切片、向日葵茎纵切片、梨等。

2. 实验器材

显微镜、载玻片、盖玻片、镊子、解剖针、刀片、巴氏吸管、吸水纸等。

四、实验操作

1. 分生组织观察

取玉米根尖纵切片或洋葱根尖纵切片，放置在低倍镜下进行观察。

在根尖端有一团细胞构成的结构，靠近生长点的细胞较小，靠近外围的细胞较大，细胞排列比较疏松，这部分是根冠，具有保护生长点的作用。紧接根冠之后的是生长点，即根尖的顶端分生组织，这部分细胞较小，呈正方形或长方形排列；顶端分生组织的细胞排列紧密而且壁薄,里面充满原生质,较大的细胞核位于细胞中央,没有液泡或仅有部分分散的小液泡。生长点的细胞具有旺盛的活力,其分裂产生的细胞,向前形成根冠,向后产生根的各种结构。

2. 薄壁组织观察

薄壁组织为植物体最基本的组织,故也称基本组织。植物体内大部分的生活细胞都是薄壁组织,广泛分布于根、茎、叶、花、果实和种子等各个器官。

取南瓜茎横切片,置于低倍镜下观察。可以看到薄壁组织在视野内分布很广。构成薄壁组织的薄壁细胞大小不同,但均为生活细胞,形状为圆形、椭圆形或多角形,细胞的分化程度不高。皮层内的薄壁细胞有两种排列方式:一是成束分布于表皮之下,二是由两三层细胞组成圆环,这两者又连成一体。这些薄壁细胞多为长圆形,排列较整齐,含有可进行光合作用的叶绿体,故又称同化组织。在靠近茎中心的薄壁细胞内可看到一些贮藏物质,故又称贮藏组织。

3. 保护组织观察

保护组织位于植物外表面,包括表皮和木栓两种,其功能是保护内部组织。

(1)表皮与气孔。

用尖头镊子轻轻撕下双子叶植物小白菜叶片的一小块下表皮,平铺在载玻片的水滴中,盖上盖玻片。将装片放在低倍镜下观察,可见表皮细胞排列非常紧密,细胞的侧壁凸凹不齐,彼此吻合,没有间隙。

表皮上分布着由两个肾形的保卫细胞组成的气孔。保卫细胞具细胞核和叶绿体。两个保卫细胞以凹面相对形成空隙,即为气孔。

(2)表皮毛与腺毛。

用镊子撕取小指甲盖大小的南瓜叶下表皮一块,制成临时装片在显微镜下观察,可见在表皮上有许多毛状结构,叫表皮毛。不同种类的植物表皮毛形态结构不同,例如有多细胞或单细胞的毛,具腺的或无腺的毛,鳞片状或盾状毛等。用棉花茎的切片标本可看到腺毛。

(3)木栓层。

用显微镜观察椴树茎横切片,可看到在切片的边缘有几层扁平的细胞,排列整齐而又紧密的是周皮,其中染成红色、无内含物的死细胞为木栓层,木栓层是次生保护组织。木栓层中具一层细胞的木栓形成层和最内面的几层栓内层细胞合起来构成周皮。

4.输导组织观察

输导组织基本分为两大类:一类是运输水分与无机盐的导管和管胞;一类是运输可溶性有机物质的筛管。

(1)木质部和韧皮部。

取南瓜茎横切片于显微镜下观察,可以看到南瓜茎包含有10个维管束,每个维管束包埋在大的薄壁细胞群中,它的外侧和内侧均有韧皮部,中间为木质部。木质部大多被染成红色,而韧皮部则为无色或略带黄色。在木质部内呈红色的厚壁细胞管腔大的为导管,管腔小的为木纤维细胞。在韧皮部内,一些大型的六边形细胞为筛管,用高倍镜观察,可以看到有的筛管中有明显的筛板,显示出多孔的结构,在筛管的一侧可找到小型四边形或三角形的细胞,即为伴胞。

(2)导管和管胞。

导管和管胞在形成时,细胞壁呈现不同程度的增厚,进而形成不同的纹理。一般来说,环纹、螺纹导管和管胞是在器官形成初期产生的,梯纹、网纹、孔纹导管和管胞在器官发育中出现较迟,是在伸长生长停止以后形成的。可取南瓜茎纵切片或向日葵茎纵切片进行观察。

(3)筛管和伴胞。

筛管和伴胞是运输有机养分的结构。取南瓜茎的纵切片,在显微镜下可见染成绿色的筛管,这些筛管是由多数柱形细胞连接而成的,细胞壁不增厚,也不木质化。筛管的横壁上分布着许多小孔(筛孔),筛管细胞内含有生活原生质体,细胞核消失,但有的有核仁。相邻细胞的胞质通过筛孔相连。在筛管旁边有一或多个小型生活薄壁细胞即伴胞,形状为柱形,其内可见到细胞核、液泡和细胞质。

5.机械组织观察

机械组织有两种类型:厚角组织和厚壁组织。厚壁组织又包括纤维和石细胞两类,主要起支持作用。取南瓜茎的横切片和纵切片标本置于显微镜下观察。

(1)厚角组织。

在南瓜茎的横切片上,可见表皮下有一圈由数层厚角细胞组成的圆环,而在茎的突起部位厚角细胞成束存在,与同化组织相间排列。各相邻细胞在角隅处出现增厚,但不木质化。在纵切片上,可见厚角组织的细胞呈长形,细胞内有原生质体。

(2)厚壁组织。

①纤维：在南瓜茎的横切片上，可见皮层内有一圈由多层纤维细胞组成的圆环，其细胞壁明显增厚，并木质化，细胞内生活内容消失，成为死细胞。在南瓜茎纵切片上，可见一排染成红色的细长而两端尖细或钝圆的细胞。每个细胞均以其先端插入其他若干纤维之间而彼此紧密贴合起来，形成一种极为坚固的结构。

②石细胞：在洁净的载玻片上滴一滴蒸馏水，用解剖针挑取少许梨果肉移入水中，将其捣碎，并用另一载玻片盖上，将其压碎，然后换另一盖玻片盖上，置于显微镜下观察。

梨果肉的石细胞形状像薄壁组织细胞，但其细胞壁极度增厚并木质化，细胞腔小，单纹孔延伸成管状，或汇合成分支状态，原生质消失，为死细胞。

五、作业与思考

(1)绘南瓜茎的筛管和伴胞的结构图。

(2)绘石细胞放大结构图。

实验六
植物根的形态与结构

一、实验目的

了解根的形态结构特征,掌握各种组织所在的部位及其相互关系。

二、实验原理

从根的顶端到着生根毛的部位,叫作根尖,主根、侧根和不定根都具有根尖。根尖是根部生命活动最活跃的部分,根的生长和根内组织的形成都是在根尖进行的。根尖一般分为根冠、分生区、伸长区和成熟区四个部分。根的生长分为初生生长和次生生长两种,分别形成初生结构和次生结构,且两种结构的组成有所区别,另外单子叶植物和双子叶植物的根亦有所区别。

三、实验用品

1. 实验材料

玉米(洋葱)根尖纵切片、毛茛幼根横切片、棉花老根横切片、水稻(玉米)幼根横切片。

2. 实验器材

显微镜、盖玻片、载玻片、恒温培养箱、培养皿、镊子等。

3. 实验试剂

番红、蒸馏水等。

四、实验操作

1. 根的外形观察

实验前一周,将小麦或蚕豆种子放在培养皿中浸水吸胀,置于垫有潮湿滤纸的培养皿内并加盖,放到恒温培养箱中,温度保持在15~20 ℃,待幼根长到2 cm左右时,即可作为实验观察的材料。实验时,取小麦幼根,截下根尖1~2 cm放在载玻片上,用肉眼或放大镜观察幼根的外部形态。根尖最尖端有一透明的帽状结构,即为根冠,根冠之下有一略带黄色的部位,即为分生区(生长点)。幼根上有一区域密布白色茸毛,即根毛,这个部分,即为成熟区(根毛区)。在分生区和成熟区之间透明发亮的一段,即为伸长区。

2. 根尖的内部结构观察

取玉米(洋葱)根尖纵切片,置于低倍镜下,边观察边移动切片来辨认根冠、分生区、伸长区、成熟区所在的部位,然后转高倍镜仔细观察各部位细胞的形态、结构和特点。

(1) 根冠:位于根尖顶端,由许多排列疏松的薄壁细胞组成,其外层细胞不断脱落,可见到一些离散的根冠细胞。根冠主要起保护作用。

(2) 分生区:大部分被根冠包被,一般仅1~2 mm,此区通常也称为生长点,外观不太透明,分生区细胞的细胞质较稠密,细胞小,细胞核大,具有不断分生的能力。此区属于顶端分生组织

(3) 伸长区:位于分生区的后方,长度大概有几毫米,外观较透明,此部分的细胞分裂频率渐渐减小,而细胞纵向迅速伸长,并开始分化,使根伸长入土。

(4) 成熟区:位于伸长区后方,其明显标志是表皮细胞向外突起形成根毛,此区细胞伸长生长已大部分停止,且已分化成熟,是吸收水分、养料的主要部位。

3. 根的初生结构观察

(1) 单子叶植物根。

在低倍镜下可见水稻(玉米)幼根横切片由外至内分为表皮、皮层和中柱三大部分。表皮由一层细胞构成,皮层相当发达,中柱的显著特征是维管束呈辐射状排列。初生木质部居中心,具多个辐射棱;初生韧皮部夹在初生木质部的辐射棱之间,整个轮廓呈星芒状。

换高倍镜观察各部分构造。由外至内,可见表皮细胞壁薄,不角质化,有的外壁突出延伸成为根毛,以适应根的吸收功能。表皮下的一层细胞称为皮层,紧接表皮,细胞较小,排列较整齐紧密。外皮层内的一层细胞,其细胞壁增厚,向机械组织方向发展。其余的皮层细胞是较大型的薄壁细胞,细胞间隙较小,但最内层靠中柱的细胞则稍小一些,排列较整齐,叫内皮层。中柱的最外层为中柱鞘,紧接着内皮层,也是一层薄壁细胞,此处可产生侧根。中柱鞘内是维管束,包括初生韧皮部和初生木质部。前者主要由筛管和伴胞组成,后者主要由导管组成。由外向内,导管的管径渐次增大,厚壁部分渐次增多,居中心的为孔纹导管,管径最大,也是最后产生的导管(外始式发育)。

(2)双子叶植物根。

取毛茛根横切片置于显微镜下,从横切面上区分表皮、皮层和维管柱三部分。先在低倍镜下进行观察,然后转到高倍镜,自外向内观察各部分的详细结构。

①表皮是幼根的最外层细胞,排列整齐紧密,细胞壁薄,在切片上可观察到有些表皮细胞向外突出形成根毛,注意根的表皮细胞有无气孔器。

②皮层位于表皮之内,由多层薄壁细胞组成,紧接表皮的1~2层排列整齐紧密的细胞为外皮层,皮层最内一层排列整齐紧密的细胞为内皮层。内皮层和外皮层之间的数层薄壁细胞,为皮层薄壁细胞,细胞大,排列疏松,具有发达的细胞间隙。内皮层细胞有凯氏带结构,在横切面上仅见此径向壁上的凯氏点。

③内皮层以内部分为维管柱,位于根的中央,由中柱鞘、初生木质部和韧皮部三部分组成。

4.根的次生结构观察

取棉花老根的横切片,先用低倍镜观察整个轮廓,再换高倍镜从外向内渐层观察。

(1)周皮:是围绕根的最外几层细胞,排列呈放射状(像一叠叠砖块)。周皮包括木栓层、木栓形成层和栓内层三部分。木栓层为细胞壁栓质化的死细胞,木栓形成层为一层较扁平的生活细胞,栓内层是生活的薄壁细胞。周皮行使保护作用,有的木栓细胞已被破坏。

(2)初生韧皮部:由于其内部次生生长的压力而遭破坏,仅存少量韧皮纤维。

(3)次生韧皮部:包括输导组织(筛管和伴胞)、基本组织(韧皮薄壁细胞)、机械组织(韧皮纤维)三个主要结构。

(4)次生木质部:在初生木质部的外方,与次生韧皮部相向并立。包括输导组织(导管)、基本组织(木薄壁细胞)、机械组织(木纤维)三个主要结构。

(5)形成层:介于次生韧皮部和次生木质部之间。细胞呈长方形,排列整齐紧密。它向外分裂产生的细胞形成次生韧皮部,向内分裂产生的细胞形成次生木质部。形成层的细胞具有一般分生组织细胞的形态学特点。但它是由初生韧皮部和初生木质部之间的薄壁细胞恢复分裂能力而来的,故称为次生分生组织。

(6)维管射线:即横贯次生木质部和次生韧皮部的一些横向排列的薄壁细胞群。维管射线是木质部和韧皮部之间的横向运输结构。这三者一起组成植物的次生维管束组织。

(7)初生木质部:位于根的中心,主要由导管和木质薄壁细胞组成。

五、作业与思考

绘棉花老根横切结构图,并标明各部分结构名称。

实验七
植物茎的形态与结构

一、实验目的

了解茎的形态结构特征,弄清各种组织所在的部位及其相互关系。

二、实验原理

植物茎是维管植物地上部分的主要器官,其上面生有叶、花和果实等。茎除了具有输导营养物质和水分的功能以外,还有支持叶、花和果实的作用。有的茎还有进行光合作用、贮藏营养物质和繁殖的功能。茎上着生枝叶和腋芽的位置叫节,两节之间的部分叫节间。茎顶端和节上叶腋处都生有芽,当叶子脱落后,节上留有的痕迹叫作叶痕。这些茎的形态特征就是茎和根的主要区别。

三、实验用品

1. 实验材料

新鲜植物茎干、柳树茎的切片标本、杨树茎的切片标本、向日葵茎横切片、椴树茎的切片标本、南瓜茎横切片、玉米茎的切片标本、小麦茎的切片标本、丁香茎尖纵切片、松树茎横切片等。

2. 实验器材

显微镜。

四、实验操作

1. 茎的形态观察

取柳树、杨树茎干标本,重点识别节、节间、芽、树皮和皮孔。

(1)节与节间:枝叶与腋芽着生的位置为节。节与节之间的一段茎干为节间。

(2)顶芽:顶芽着生在茎(枝)的顶端。

(3)腋芽:腋芽着生在叶的腋部。

(4)树皮:形成层以外的所有组织称树皮。内层较柔弱,由形成层细胞向外分裂而产生,该层包括韧皮部。外层主要为死组织,由木栓形成层产生,形成层持续活动,树皮外层的老旧部分就不断脱落,这一层被称为落皮层。

(5)皮孔:植物茎的木栓上呈裂隙状的疏松区域,是体内外气体交换的部位,木栓形成层在此区产生的细胞不形成正常的木栓,而形成一群球形细胞,将表皮与木栓胀破,形成唇形突起即为皮孔。

2. 茎尖的结构观察

取丁香茎尖纵切片,在显微镜下可见外层包被有不同发育时期的幼叶,幼叶包被茎先端半圆形的生长锥。生长锥下方的外侧有小的突起,是叶的原始体,称为叶原基。用高倍镜观察生长锥的结构,可见最外层1~2层细胞径向壁排列整齐,为原套;原套内具有一团排列紧密,呈多边形的细胞,为原体。在原套和原体的下面是初生分生组织,区别组成初生分生组织的原表皮、原形成层和基本分生组织时,要注意它们的细胞特征及各部分细胞的分化趋势。略靠下方的叶腋中,有腋芽原基的突起。

3. 双子叶植物茎的初生结构观察

取向日葵茎横切片置于显微镜下观察,先在低倍镜下分清表皮、皮层和维管柱;维管束为束状,环状排列为一圈,束间为髓射线,中央为发达的髓。

然后在高倍镜下详细观察表皮、皮层和维管柱。

(1)表皮:为包在茎最外面的一层细胞,角质层明显,细胞排列紧密、无间隙,有表皮毛、气孔。

(2)皮层:

①厚角组织:靠近表皮有几处细胞壁加厚不均匀的组织。

②薄壁细胞:细胞大而疏松、有细胞间隙。

(3)中柱鞘(维管束)：

①韧皮部：由输导组织(筛管、伴胞)、薄壁组织和少量机械组织(韧皮部纤维)组成。发育方式为外始式。

②束中形成层：位于初生韧皮部和初生木质部之间，由排列整齐、紧密的小型薄壁细胞构成，横切面呈长方形，次生生长时与束间形成层连成一个圆环，称为形成层。形成层细胞向内产生次生木质部，向外产生次生韧皮部。形成层主要是次生组织，也包括初生部分。

③木质部：位于形成层内侧，由导管、管胞、木纤维、木薄壁细胞等构成。原形成层由内向外先形成原生木质部，然后进行离心发育，逐渐分化形成后生木质部。这种发育方式称为内始式。

④维管射线：由薄壁细胞组成，横切面呈放射状，由次生木质部通向次生韧皮部。

⑤髓：位于茎的中心，由原形成层以内的基本分生组织分化而来。由薄壁细胞组成，细胞体积较大，常含淀粉粒，具贮藏作用。

⑥髓射线：是两个维管束之间连接皮层与髓的薄壁细胞，由基本分生组织分化而来，在横切面上呈放射状。是横向运输的通道兼具贮藏功能。在茎次生生长时，髓射线的一部分薄壁细胞可以恢复分裂能力，称为束间形成层，构成维管形成层的一部分。

4.单子叶植物茎的初生结构观察

(1)表皮：位于最外层，是一层排列紧密的细胞，细胞壁角质化并高度硅质化，表皮具气孔。

(2)基本组织：靠近表皮处，有1~3层细胞，排列紧密，形状较小，这是厚壁细胞组成的机械组织(也叫下皮)。下皮以内直至茎的中心为薄壁的基本组织细胞，细胞较大，椭圆形，排列疏松，具细胞间隙，靠近外方的薄壁细胞含有叶绿体。

(3)维管束：维管束有两轮，外轮较小，嵌入下皮的机械组织之间，内轮较大，分布在基本组织中，每一维管束外围有机械组织，称维管束鞘。

每个维管束仅包括韧皮部和木质部两部分。韧皮部在茎的外方，结构规则，容易观察到筛管和伴胞。木质部居于茎的内方，呈"V"形，主要由3~4个导管组成。先分化的木质部位于"V"形的尖端，由口径较小的环纹导管、螺纹导管和薄壁细胞组成，在茎的成熟过程中，这部分受到破坏成为原生木质部空腔。后分化的后生木质部位于

"V"形张开的两侧,各有一个口径较大的孔纹导管。

(4)髓腔:居于茎的中心,是基本组织在发育初期被破坏而形成的空腔。

5.双子叶植物茎的次生结构观察

取3年生椴树茎的横切片,先在低倍镜下区分周皮、韧皮部、形成层、木质部和髓等部分,观察各部分在横切面上所占的比例、结构特点及分布位置。然后在高倍镜下由外向内逐层观察。

(1)周皮:在茎的最外层,由木栓层、木栓形成层和栓内层共同组成。木栓层是最外方的几层细胞,细胞扁平、排列整齐紧密、壁栓质加厚,为死细胞。木栓形成层位于木栓层内方,椴树茎的木栓形成层是由皮层最外层细胞恢复分裂能力后形成的,在横切面上木栓形成层的细胞扁平,细胞质浓,只有一层细胞,向外分裂产生木栓层(多层),向内分裂产生栓内层。栓内层是木栓形成层向内分裂、分化形成的,常1~2层,是具细胞核的活细胞,细胞质很浓。

周皮的次生通气结构是皮孔,皮孔常发生在表皮气孔的位置。木栓形成层产生大量薄壁细胞——补充组织,将表皮撑破,形成裂口,用于气体交换。

(2)皮层:在茎次生结构形成初期,栓内层以内尚有皮层厚壁细胞和薄壁细胞,部分薄壁细胞内含有晶体。

(3)维管柱:维管柱是木质茎的主要组成部分。

(4)维管形成层:位于木质部和韧皮部之间,由1~2层排列整齐的扁平细胞组成,呈环状,具有分生能力。维管形成层向外形成次生韧皮部,向内形成次生木质部。由于形成层向外分裂的细胞较向内分裂的细胞少,所以韧皮部所占的比例小。初生韧皮部紧接皮层,在有些切片中初生韧皮部因受挤压而被破坏,不易鉴别。

(5)韧皮部:位于维管形成层之外,细胞呈梯形排列,其底边靠近维管形成层,在韧皮部中有被染成红色的韧皮纤维,其他被染成绿色的部分为筛管、伴胞和韧皮部薄壁细胞。与韧皮部相间排列着一些薄壁细胞,为髓射线,这些髓射线细胞越靠近外部就越多、越大,呈倒梯形,其底边靠近皮层。

(6)木质部:维管形成层以内染成红色的部分,即为木质部,在横切面上所占面积最大。在低倍镜下可清楚地看到三个同心环结构,从细胞特点上可区分早材和晚材。

(7)髓:位于茎的中心,由薄壁细胞构成,与木质部连接,其中由一些染色较深的小型细胞排列而成的带状结构称为环髓带。

(8)射线:由髓的薄壁细胞辐射向外排列形成,在木质部为一列或两列细胞,在韧皮部这些薄壁细胞变大变多、呈倒梯形,称为髓射线,为维管束之间的射线。在维管束内,横贯次生木质部、次生韧皮部的薄壁细胞,为维管射线。

6. 裸子植物的次生结构观察

观察松树茎横切片,并与椴树茎的切片标本相比较。木本裸子植物茎的内部结构与一般双子叶木本植物茎的结构基本相同。二者都长期存在着形成层,可产生次生结构,使茎逐年增粗,并有显著的年轮。不同之处是二者在维管组织的组成成分上存在差异。裸子植物茎的皮层薄壁细胞中一般有分泌细胞围成的树脂道,韧皮部具筛胞而无筛管和伴胞,木质部具管胞而无导管和典型的纤维。

五、作业与思考

(1)绘玉米茎的横切面图。
(2)比较单子叶植物和双子叶植物茎结构的异同点。

实验八
植物叶的形态与结构

一、实验目的

了解叶的形态结构及其与功能的关系。

二、实验原理

叶是绿色植物进行光合作用的主要器官,其利用光能把二氧化碳和水合成有机物,并把光能转化成化学能储存起来,同时释放氧气。另外,叶片还具有蒸腾作用、繁殖作用以及吸收和分泌的作用。

三、实验用品

1. 实验材料

几种新鲜叶片、棉花叶横切片、水稻叶横切片。

2. 实验器材

显微镜、刀片、镊子、载玻片、盖玻片等。

四、实验操作

1. 叶的形态观察

注意叶的各组成部分,找出双子叶植物和单子叶植物叶片的区别。

2. 被子植物叶的结构

一般植物叶片的构造可分为表皮、叶肉和叶脉三部分。

取棉花叶横切片置于显微镜下观察,先用低倍镜全面观察叶片的三种基本结构,即表皮、叶肉和叶脉,然后用高倍镜仔细观察各部分的特点。

(1)表皮。

位于叶的最外层,是叶片的保护组织,有上下表皮之分,由一层生活细胞紧密嵌合而成。表皮细胞扁平,侧壁呈波纹状,无色透明,不含叶绿体。在横切片上,表皮细胞近似长方形,其外壁较厚,角质化,并具有角质层。棉花叶表皮具茸毛和腺毛,上下表皮都具有气孔,以下表皮较多,气孔由两个肾形的保卫细胞构成。气孔和叶肉细胞间隙相通,构成叶肉的通气体系,可与外界交换气体。

(2)叶肉组织。

叶肉组织位于上下表皮之间。棉花叶片的叶肉组织分化为栅栏组织和海绵组织两部分。①栅栏组织:紧靠上表皮,细胞形状比较规则,是一层长圆柱形细胞,排列比较整齐。细胞以长径与表皮细胞垂直排列,并与表皮细胞紧密相连,呈栅栏状,细胞内的叶绿体含量较多。②海绵组织:位于栅栏组织和下表皮之间,由多层薄壁细胞组成,细胞形状不规则,排列无次序,细胞间隙较大,含叶绿体较少,特点是疏松多隙。

(3)叶脉。

叶脉是叶中的维管束系统,维管束四周有较多的薄壁细胞,紧贴表皮细胞而形成厚角组织。维管束外常围绕着一层或几层排列紧密的细胞,形成维管束鞘。随着叶脉越分越细,叶脉的构造也越来越简单,到了盲梢脉,就只有一个导管了。

3. 禾本科植物叶的结构

取水稻叶横切片置于显微镜下观察。

(1)表皮。

叶片最外一层细胞为表皮。表皮细胞可分为长形和方形两种。长形细胞的长径与叶的伸长方向平行,横切面近似方形。表皮细胞的外壁具毛,细胞壁硅质化。上表皮上可见特殊的大型薄壁细胞,叫泡状细胞(运动细胞)。气孔结构特别,其保卫细胞呈哑铃形,并具两个副卫细胞,因此在横切片上可见由四个细胞组成的气孔。

(2)叶肉组织。

叶肉组织无栅栏组织和海绵组织的分化,细胞间隙较小,但在中脉附近有大的气腔。

(3)维管束(叶脉)。

维管束包括木质部和韧皮部,但无形成层,维管束平行排列。在维管束与上、下表皮之间是机械组织,维管束外围的一层细胞是维管束鞘,其细胞内含叶绿体。

五、作业与思考

(1)绘棉花叶片横切面图。

(2)双子叶植物与单子叶植物叶片有何区别?

实验九
植物的繁殖器官

一、实验目的

(1)通过观察花、果实的组成部分及其形状和构造,了解花的各部分在种子和果实形成中的作用。

(2)通过观察部分材料,了解果实的构造及果实的类型。

二、实验原理

从形态解剖学上说,花是节间极度缩短且具变态叶(花瓣)以适应生殖机能的变态短枝。被子植物典型的花通常由花柄(花梗)、花托、花瓣、花萼、雄蕊和雌蕊等几部分组成。真果的结构比较简单,包括果皮和种子两部分,果皮可分为外果皮、中果皮和内果皮三层结构。有些植物的果皮为膜质或革质,有些富含薄壁细胞,有些则非常坚硬,有的包含很发达的石细胞,有的常具茸毛或刺。

三、实验用品

1. 实验材料

不同植物的新鲜的花、若干常见果实(西红柿、柑橘、桃、蚕豆、油菜、车前草、向日葵、水稻、梨的果实以及南瓜幼果等)。

2. 实验器材

尖头镊子、解剖针、刀片、放大镜等。

四、实验操作

(一)花

1. 花柄(花梗)与花托

花柄是每朵花着生的小枝,既有支持花的作用,同时又是营养物质由茎运到花的通道。花柄顶端略微膨大的部分为花托,它的节间很短,花萼、花冠、雄蕊、雌蕊按一定的排列方式着生于其上。

2. 花萼

在花的最外层,由若干萼片组成,萼片多为绿色,能进行光合作用,有保护幼花的功能。大多数植物的萼片各自分离,如油菜;也有的萼片下端联合成萼筒,上端留有几个裂片,如茄子。萼片的数目和形状是植物分类的依据之一。萼片一般为一轮,有时又有两轮(外轮称为副萼)。

3. 花冠

居于花萼以内,由若干花瓣组成。常含有花青素或杂色体,故呈现各种颜色,以引诱昆虫传粉。花瓣或分或合,故有离瓣花与合瓣花之分。花冠的形状、大小因植物种类不同而异,有:十字花冠、筒状花冠、蔷薇形花冠、蝶形花冠、舌状花冠和唇形花冠等。花萼与花冠合称为花被。

4. 雄蕊

位于花冠的内方,雄蕊一般由花丝和花药组成。

(1)花丝。

每种植物的花丝一般是等长的。也有些植物的花丝长度不一,从而有二强雄蕊、四强雄蕊等的区分。一般植物的花丝各自分离,但也有些植物的花丝是连合的。根据花丝连合成束的数目,可分为单体雄蕊、二体雄蕊、三体雄蕊和多体雄蕊。

(2)花药。

在花丝顶端,是雄蕊的主要部分。用刀片横切花药,可见它通常含有四个花粉囊,分为左右两半,中间以药隔相连,花粉囊含有药室可以产生花粉。一般植物中,各雄蕊的花药分离,但有些雄蕊的花药彼此连合而花丝分离,叫聚药雄蕊。

5.雌蕊

位于花的中央,一般包括柱头、花柱和子房三个部分。

(1)柱头。

柱头是雌蕊顶端接受花粉的地方,故常扩展成球状、羽毛状等。柱头还常分泌水分、糖分、激素、酶类等物质以适应受粉的需要。

(2)花柱。

花柱是柱头与子房间的细棍状部分,一方面支持着柱头,同时又是花粉管进入子房的通道。

(3)子房。

雌蕊基部膨大的部分为子房,是雌蕊最重要的部分。子房着生在花托上的位置有三种:

子房上位——仅子房基部与花托连合;

子房半下位——子房下半部与花托连合,上半部分离;

子房下位——子房全部与花托或花筒连合。

子房内藏胚珠,外为子房壁。通常,胚珠在受精后发育为种子,子房壁发育为果皮。

用放大镜观察胎座(即胚珠着生在子房上的部位)的类型。胎座的类型很多,这里简单介绍三种:

边缘胎座——在单心皮、单室的子房中,胚珠着生于心皮的腹缝线上,如蚕豆;

侧膜胎座——在多心皮、单室或假二室的子房中,胚珠着生于每个心皮的边缘,如油菜;

中轴胎座——在多心皮、多室的子房中,各心皮在中央连合形成中轴和隔膜,胚珠着生在中轴上,如棉花。

(二)果实

1.根据发育形成果实的花的类型以及雌蕊群的关系分类

根据发育形成果实的花的类型以及雌蕊群的关系,可将果实分为单果、聚合果和聚花果三大类。

(1)单果。是由单雌蕊或者复雌蕊发育而成的果实,此种果实类型最为常见。

(2)聚合果。是指在一朵花的花托上聚生若干离生雌蕊,每一雌蕊发育成一个小的果实,许多小果聚生在花托上的果实。根据小果不同分为:聚合瘦果(草莓)、聚合核果(悬钩子)、聚合坚果(莲)、聚合蓇葖果(八角)等。

(3)聚花果。又称为复果,是由整个花序发育而成的果实。花序中的每朵花形成独立的小果,聚生在花序轴上,外形似一个果实,如无花果、桑葚、菠萝等。

2. 按果实性质以及成熟后是否开裂分类

(1)肉质果。特征是果皮肉质化,又可以分为浆果、柑果、核果、梨果、瓠果等类型。

①浆果:如西红柿,其外果皮呈薄膜状,其余部分均肉质化,充满液汁,内含多粒种子。

②柑果:如柑橘,其外果皮为革质,具油囊;中果皮较疏松,包括橘络;内果皮呈薄膜状,连合成囊,囊内生无数肉质多浆的腺毛,构成食用的主要部分,并含数粒种子。

③核果:如桃,外果皮薄,中间为薄壁多汁的中果皮,内果皮全由木质化坚硬的石细胞组成,包在种子外面,形成果核。

④梨果:梨和苹果的果实叫梨果,它是假果,是由子房和花托等愈合在一起发育而成的果实。外果皮和花托没有明显的界线,内果皮很明显,由木质化的厚壁组织组成。

⑤瓠果:如西瓜、黄瓜,由下位子房的复雌蕊发育而来的假果,花托与外果皮结合为坚硬的果壁,中果皮和内果皮肉质,胎座发达。

(2)干果。成熟时果皮呈干燥状态,根据开裂与否可分为裂果和闭果。

①裂果成熟时果皮裂开,根据心皮数目及开裂方式不同分为:蓇葖果、荚果、角果、蒴果。

蓇葖果:如八角,由单心皮或离生心皮发育而成的果实,成熟时沿腹缝线或背缝线开裂。

荚果:如蚕豆,由单心皮发育而成,内含种子数粒。成熟时果皮自背、腹两缝线裂开成两片。

角果:如油菜,由二心皮发育而成,内含种子数粒。特点是具假隔膜,成熟后果皮从两条腹缝线裂开脱落,留存假隔膜。

蒴果:由两个或两个以上的心皮发育而成,成熟时有纵裂(如陆地棉)、盖裂(如马齿苋)和孔裂(如罂粟属)等不同开裂方式。

②闭果成熟后果皮不裂开,分为瘦果、颖果、坚果、翅果、分果、胞果。

瘦果:如向日葵,果皮较坚硬,只含一枚种子。

颖果:如稻,也仅含一枚种子,但果皮、种子紧密愈合,不易分开。

坚果:如板栗,果皮坚硬,1室,内含一粒种子,果皮与种皮分离。

翅果:如榆树,果皮延伸成翅状,以适应风力传播。

分果:如蜀葵,由复雌蕊发育而成,果实成熟时按心皮数分离成二至多数各含1粒种子的分果瓣。

胞果:又称囊果,是由合生心皮形成的一类果实,具一枚种子,如甜菜、菠菜和藜属植物。

五、作业与思考

(1)列表比较所观察的几种花的各部分特点。

(2)将观察到的果实进行分类,标明各属哪一类果实。

实验十
人体ABO血型检测

一、实验目的

学习鉴别血型的方法,观察红细胞凝集现象,掌握ABO血型鉴定的原理。

二、实验原理

人类的血型系统有很多种,本实验讨论的是人们所熟知的ABO血型系统。当两个人的血液混合时,有时可能出现红细胞凝集成团,然后溶解的现象。其原因是人类血液中的红细胞内含有两种凝聚原(凝聚原A、凝聚原B),血清内含有两种凝集素(抗A凝集素、抗B凝集素)。如果凝集原A与抗A凝集素相遇、凝聚原B与抗B凝集素相遇,就会出现红细胞的凝集反应。根据红细胞中所含凝集原的不同,ABO血型系统可分成A、B、AB、O四种血型(见表1-10-1)。

表1-10-1　ABO血型系统中的抗原和抗体

血型	红细胞的抗原(凝集原)	血清中的抗体(凝集素)
A型	A	抗B
B型	B	抗A
AB型	A及B	无
O型	无	抗A及抗B

三、实验用品

1.实验器材

消毒采血针、双凹载玻片、牙签、显微镜、75%酒精棉球、干棉球、记号笔。

2.实验试剂

A型标准血清(抗B)、B型标准血清(抗A)。

四、实验操作

(1)取一双凹载玻片,用蜡笔在左上角写A字,右上角写B字。

(2)用小滴管吸取A型标准血清1滴加入左侧凹孔内;用另一小滴管吸B型标准血清1滴加入右侧凹孔内。两滴管切勿混用。

(3)用75%酒精棉球对受试者的手指尖、采血针及实验人员的手进行消毒。然后,用采血针刺破手指尖取血(刺的速度要快,深度为2~3 mm)。

(4)用消毒牙签的一端取血(只需在血滴上蘸一下即可),置于A端的标准血清中,并稍加搅动;用另一端(或新的牙签)取血,同样置于B端的标准血清中。手持玻片转动数次,转动时玻片应保持在一个水平面上。然后在室温下静置10~15 min后观察结果。

(5)判定结果。

先用肉眼观察凹孔内血滴,如果外观略呈花边状或锯齿状,看上去有沉淀,则多为凝集;如果红细胞均为游离状态,则为不凝集。

进一步在低倍镜下观察有无凝集现象,以确定结果。在低倍镜下,如果观察到红细胞凝集成团,或只有少数游离细胞,则为凝集;如果红细胞均为游离状态,则为不凝集。

根据下列情况判断血型:

①在A端发生血细胞凝集现象,而B端不发生凝集现象的,受试者的血型为B型。

②在B端发生血细胞凝集现象,而A端不发生凝集现象的,受试者的血型为A型。

③在A、B端发生血细胞凝集现象,受试者的血型为AB型。

④在A、B端不发生血细胞凝集现象,受试者的血型为O型。

(6)注意事项:

①严防两种血清接触;

②牙签沾取血液切勿过多,以防止在血清中形成团块,影响结果的判定;

③分清牙签,不要用同一牙签的一端同时在A血清和B血清中搅拌。

五、作业与思考

根据实验结果,判定受试者的血型并讨论该受试者在临床输血时能给何种血型病人输血,能接受何种血型供血者的血液,为什么?

实验十一
鱼的形态及解剖结构

一、实验目的

通过观察鲤鱼的形态及结构,了解鱼类的结构特征。

二、实验原理

鱼类是最古老的脊椎动物,根据内骨骼性质分为两类:软骨鱼纲和硬骨鱼纲。作为硬骨鱼代表之一的鲤鱼是中国人餐桌上的美食之一,选择鲤鱼作为研究对象,可以让学生更进一步地将实验与生活实际相关联,加深对专业知识的认识和理解。

三、实验用品

1. 实验材料

新鲜鲤鱼。

2. 实验器材

显微镜、解剖盘、解剖剪等。

四、实验操作

1. 外形观察

鲤鱼体呈纺锤形,略微侧扁。头的最前端为口,口两侧各有一对口须,口上有一对鼻孔。头后两侧有宽扁的鳃盖,鳃即位于其内。背鳍一个,最前端有一硬刺。尾鳍两叶相等,为正形尾。臀鳍的前端亦有一硬刺,腹鳍已向前移位于胸鳍之后。躯干两侧有侧线,位于皮肤下。肛门开口于臀鳍的基部,泄殖孔紧接其后。

2.皮肤及鳞片的观察

用手抚摸鲤鱼的体表,感受是否光滑。鲤鱼的体表被以一层上皮组织,并由其分泌大量黏液,在游动时可以减少鱼身和水的摩擦。鳞片呈覆瓦状整齐排列,取一鳞片置于显微镜下观察,可见它大致呈圆形,中间有很多同心圆的环纹(露于体表的部分有很多色素)。环纹可用作鉴定年龄的依据,这种鳞片叫圆鳞。再取一枚被侧线穿过的侧线鳞置于显微镜下观察,即可见有一管道从侧线鳞中间穿过。

3.内脏器官观察

取一条鲤鱼放在解剖盘里,用解剖剪由肛门向前沿腹中线至胸鳍纵向剪开,使鱼体右侧向下,再从肛门向背方剪到脊柱,沿脊柱向前至鳃盖后缘剪去一侧的体壁,使内脏全部露出(注意揭开左侧体壁前先将体腔膜与体壁分开,避免内脏器官与体壁分开时被损坏)。用棉花拭净器官周围的血迹及组织液,置于盛水的解剖盘内进行下一步观察。

(1)原位观察。

①在胸腹腔前方、最后一对鳃弓的腹方有一小腔,为围心腔,它借横隔与腹腔分开。

②心脏位于围心腔内,心脏背上方是头肾。

③在胸腹腔里,位于消化管背方、体腔背部的是白色囊状的鳔,覆盖在前、后鳔室之间的三角形暗红色组织为肾脏的一部分。

④鳔的腹方是长形的生殖腺,在成熟个体中,雄性为乳白色的精巢,雌性为黄色的卵巢。

⑤胸腔腹侧盘曲的管道为肠管。

⑥在肠管之间的肠系膜上,有暗红色、弥散状分布的肝胰脏,体积较大。

⑦在肠管和肝胰脏之间有一细长红褐色器官为脾脏。

(2)观察生殖系统。

生殖系统由生殖腺和生殖导管组成。

①生殖腺。

生殖腺外包有极薄的膜。雄性有精巢一对,未性成熟时往往为淡红色,性成熟时为纯白色,呈扁长囊状;雌性有卵巢一对,未性成熟时为淡橙黄色、呈长带状,性成熟时呈微黄红色、呈长囊形,几乎充满整个腹腔,内有许多小型卵粒。

②生殖导管。

生殖导管是生殖腺表面的膜向后延伸的短管,即输精管或输卵管。左右输精管或输卵管在后端汇合后通入泄殖窦,泄殖窦以泄殖孔开口于体外。

生殖系统观察完毕后,移去左侧生殖腺,以便观察消化系统。

(3)观察消化系统。

消化系统包括口腔、咽、食管、肠和肛门组成的消化管及肝胰脏、胆囊等消化腺体。本实验主要观察食管、肠和胆囊。

①食管:肠管最前端接于食管,食管很短,其背面有鳔管通入,并以此为食管和肠的分界点。

②肠:用圆头镊子将盘曲的肠管展开,肠为体长的2~3倍。(思考:肠的长度与食性有何相关性?)肠的前2/3段为小肠,后部较细的一段为大肠,最后一部分为直肠,直肠以肛门开口于臀鳍基部前方。肠的各部外形区别不甚明显。

③胆囊:为一暗绿色的椭圆形囊,位于肠管前部右侧,大部分埋在肝胰脏内。(掀动肝脏,从胆囊的基部观察胆管是如何通入肠前部的。)

消化系统观察完毕后,移去消化管和肝胰脏,以便观察其他器官。

(4)观察鳔。

鳔是位于腹腔消化管背方的银白色胶质囊。从头后一直伸展到腹腔后端,分前后2室。后室的前端腹面发出一细长的鳔管,通入食管背壁。(思考:鳔有哪些功能?)

观察完毕后,移去鳔,以便观察排泄系统。

(5)观察排泄系统。

排泄系统包括肾脏、输尿管和膀胱三个部分。

①肾脏:紧贴于腹腔背壁正中线两侧,1对,为红褐色狭长器官,在鳔的前、后室相接处,肾脏扩大使此处的宽度最大。每肾的前端体积增大,向左右扩展进入围心腔,位于心脏背方的为头肾,是拟淋巴腺。

②输尿管:每肾最宽处各通出1条细管,即输尿管,沿腹腔背壁后行,在近末端处两管汇合通入膀胱。

③膀胱:两输尿管后端汇合后稍因扩大形成的囊即为膀胱,其末端开口于泄殖窦。

用镊子分别从臀鳍前的两个孔插入,观察镊子进入直肠或泄殖窦的情况,由此可判断肛门和泄殖孔的开口。

(6)观察循环系统。

主要观察心脏(血管系统从略),心脏位于两胸鳍之间的围心腔内,由1心室、1心房和静脉窦等组成。

①心室:淡红色,其前端有1个白色、壁厚的圆锥形小球体,为动脉球,自动脉球向前发出1条较粗大的血管,为腹大动脉。

②心房:位于心室的背侧,暗红色,薄囊状。

③静脉窦:位于心房背侧面,暗红色,壁很薄,不易观察。

(7)观察口腔与咽。

将剪刀伸入口腔,剪开口角,除掉鳃盖以暴露口腔和鳃。

①口腔:口腔由上颌、下颌包围而成,颌无齿,口腔背壁由厚的肌肉组成,表面有黏膜,腔底后半部有一不能活动的三角形舌。

②咽:口腔之后为咽部,其左右两侧有5对鳃裂,相邻鳃裂间生有鳃弓,共5对。第5对鳃弓特化成咽骨,其内侧着生咽齿。在下面"观察鳃"步骤完成后,将外侧的4对鳃除去,暴露第5对鳃弓,可见咽齿与咽背面的基枕骨腹面角质垫相对,两者能夹碎食物。

(8)观察鳃。

鳃是鱼类的呼吸器官。鲤鱼的鳃由鳃弓、鳃耙、鳃片组成,鳃隔退化。

①鳃弓:位于鳃盖之内、咽的两侧,共5对。每个鳃弓内缘凹面生有鳃耙。第1~4对鳃弓外缘并排长有2列鳃片,第5对鳃弓没有鳃片。

②鳃耙:为鳃弓内缘凹面上成行的三角形突起。第1~4对鳃弓各有2行鳃耙,左右互生,第1对鳃弓的外侧鳃耙较长,第5对鳃弓只有1行鳃耙。(思考:鳃耙有何功能?)

③鳃片:薄片状,在鱼鲜活时呈红色。每个鳃片称为半鳃,长在同一鳃弓上的2个半鳃合称为全鳃。剪下1个全鳃,放在有少量水的培养皿内,置于显微镜下观察。可见每1鳃片由许多鳃丝组成,每1鳃丝两侧又有许多突起状的鳃小片,鳃小片上分布着丰富的毛细血管,是气体交换的场所。横切鳃弓,可见2个鳃片之间退化的鳃隔。

(9)观察脑。

从眼眶下剪,沿体长轴方向剪开头部背面骨骼,再在两纵切口的两端间横剪,小心地移去头部背面骨骼,用棉球吸去银色发亮的脊液,脑便暴露出来,从脑背面进行观察。

①端脑:由嗅脑和大脑组成。

②大脑:分左右2个半球,各呈小球状位于脑的前端,其顶端各伸出1条棒状的嗅柄,嗅柄末端为椭圆形的嗅球,嗅柄和嗅球构成嗅脑。

③中脑:位于端脑之后,较大,受小脑瓣所挤而偏向两侧,各呈半月形突起,又称视叶。用镊子轻轻托起端脑,向后掀起整个脑,可见在中脑位置的颅骨有1个陷窝,其内有1个白色近圆形的小颗粒,即为内分泌腺脑垂体。用小镊子揭开陷窝上的薄膜,可取出脑垂体,用于其他研究。

④小脑:位于中脑后方,为圆球形,表面光滑,前方伸出小脑瓣突入中脑。

⑤延脑:是脑的最后部分,由1个面叶和1对迷走叶组成。面叶居中,其前部被小脑遮蔽,只能见到其后部;迷走叶较大,左右成对,在小脑的后两侧。延脑后部变窄,连接脊髓。

五、作业与思考

根据原位观察结果,绘鲤鱼的解剖图,注明各器官名称。

第二篇

生物化学实验

实验一
牛奶中酪蛋白的制备

一、实验目的

(1)学习从牛奶中分离酪蛋白的原理和方法。
(2)掌握等电点沉淀法提取蛋白质的步骤。

二、实验原理

牛奶中主要含有酪蛋白和乳清蛋白两种蛋白质,其中酪蛋白占了牛乳蛋白质的80%。牛奶的pH=4.7时,牛奶中的酪蛋白等电聚沉后剩余的蛋白质统称为乳清蛋白。酪蛋白是白色、无味的物质,几乎不溶于水和有机溶剂(乙醇等),但溶于稀碱溶液。乳清蛋白不同于酪蛋白,其水合能力强、分散性高,在牛奶中呈高分子状态。本法利用蛋白质在等电点时溶解度最低的原理,将牛奶的pH调至4.7,酪蛋白就沉淀出来了。用乙醇洗涤沉淀物,除去脂类杂质后便可得到纯的酪蛋白。牛奶中的酪蛋白含量约为35 g/L。

三、实验用品

1.实验材料

鲜牛奶。

2.实验器材

恒温水浴锅、温度计、离心机、抽滤装置、蒸发皿、精密pH试纸或pH计、电泳仪、天平等。

3.实验试剂

(1) 95%乙醇、无水乙醚等。

(2) pH=4.7的醋酸-醋酸钠缓冲液：

A液(0.2 mol/L醋酸钠溶液)：称取 NaAc·3H$_2$O 54.44 g，溶解于适量水中，并最终定容至 2000 mL。

B液(0.2 mol/L醋酸溶液)：称取优级纯醋酸(含量大于99.8%)12 g，溶解于适量水中，并最终定容至 1000 mL。

取A液1770 mL、B液1230 mL混合，即得pH=4.7的醋酸-醋酸钠缓冲液3000 mL。

(3) 乙醇-乙醚混合液：乙醇：乙醚=1:1(体积比)。

四、实验操作

1.酪蛋白的分离

将 20 mL 牛奶盛于 100 mL 的烧杯中加热到 40 ℃。边搅拌边慢慢加入预热至 40 ℃、pH=4.7 的醋酸-醋酸钠缓冲液 20 mL。在水浴锅中继续 40 ℃ 水浴 5 min，此时即有大量的酪蛋白沉淀析出。将溶液冷却至室温，转移至 50 mL 离心管中，离心 5 min (4000 r/min)，沉淀即为酪蛋白粗品。

2.酪蛋白的纯化

用蒸馏水洗涤沉淀3次(每次加水约20 mL)，离心 5 min(3000 r/min)，弃去上清液。在沉淀中加入约 20 mL 95%乙醇，搅拌片刻，将全部的悬浊液转移到布氏漏斗中抽滤。用乙醇-乙醚混合液洗涤沉淀2次，最后用无水乙醚洗涤沉淀2次，抽干。

将沉淀摊开在表面皿上，晾干，得到酪蛋白纯品，准确称重。

3.计算含量和得率

计算酪蛋白含量(g/L)，并和理论含量35 g/L比较，求出实际得率。

$$酪蛋白含量(g/L) = \frac{酪蛋白质量(g)}{20 \times 10^{-3}(L)}$$

$$实际得率 = \frac{测得含量}{理论含量} \times 100\%$$

五、注意事项

（1）离心机离心时必须严格配平，否则会严重损坏离心机，甚至引发安全事故。

（2）离心管装入样品后必须盖严盖子，擦干表面的水分和污物后方可放入离心机。

（3）离心机用完后应拔下电源，然后检查离心腔中有无水迹和污物。若有水和污物，必须擦拭干净后才能盖上盖子，以免离心机生锈和损坏。

六、作业与思考

（1）为什么调整溶液的pH就可以将酪蛋白沉淀出来？

（2）酪蛋白提取过程中需要分别用水、乙醇、乙醇-乙醚混合液、无水乙醚进行洗涤，洗涤顺序能颠倒吗？

（3）本实验中能用浓盐酸代替冰醋酸调节pH吗？

实验二
氨基酸纸层析法

一、实验目的

了解并掌握氨基酸纸层析的原理和方法。

二、实验原理

以滤纸为支持物进行层析的方法,称为纸层析法。纸层析所用的展层溶剂大多由水和有机溶剂组成,滤纸纤维与水的亲和力强,与有机溶剂的亲和力弱,因此在展层时,水是固定相,有机溶剂是流动相。溶剂由下向上移动的,称上行法;由上向下移动的,称下行法。将样品点在滤纸上(此点称为原点),进行展层,样品中的各种氨基酸在两相溶剂中不断进行分配。由于它们的分配系数不同,不同氨基酸随流动相移动的速率就不同,于是这些氨基酸就分离开来,形成距原点距离不等的层析点。溶质在滤纸上的移动速率用R_f值表示:

$$R_f = \frac{原点到层析点中心的距离(X)}{原点到溶剂前沿的距离(Y)}$$

只要条件(如温度、展层溶剂的组成)不变,R_f值是常数,故可将R_f值作为定性依据。

样品中如有多种氨基酸,其中某些氨基酸的R_f值相同或相近,此时如只用一种溶剂展层,就不能将它们分开。为此,当用一种溶剂展层后,予以干燥,再将滤纸转动90°,再用另一溶剂展层,从而达到分离的目的,这种方法称为双向纸层析法。氨基酸无色,利用茚三酮反应,可将氨基酸层析点显色作定性、定量用。

三、实验用品

1. 实验材料

6 mg/mL 混合氨基酸溶液(用蛋清或血粉水解后的氨基酸干粉制备)。

2. 实验器材

滤纸、剪刀、层析缸、烧杯(10 mL)、微量移液器(10 μL)或微量吸管、电吹风等。

3. 实验试剂

(1) 溶剂系统：

碱性溶剂：正丁醇：12%氨水：95%乙醇=13∶3∶3(体积比)，临用前配制。

酸性溶剂：正丁醇：88%甲酸：水=15∶3∶2(体积比)。

(2) 显色贮备液：0.4 mol/L 茚三酮-异丙醇：甲酸：水=20∶1∶5(体积比)。

(3) 0.1%硫酸铜：75%乙醇=2∶38(体积比)，临用前按比例混合。

四、实验操作

本实验采用标准氨基酸单向上行层析法。

(1) 滤纸准备：选用新华1号滤纸，裁成10 cm×20 cm的长方形，在距纸端2 cm处画一基线，两端分别留出1 cm，在线上每隔1.5 cm画一小点作点样的原点。

(2) 点样：氨基酸点样量以每种氨基酸含5～20 μg为宜，用微量移液器或微量吸管，吸取氨基酸样品4 μL点于原点(分批点完)，点的直径不能超过0.5 cm，边点样边用电吹风吹干，重复3次。

(3) 展层和显色：将点好样的滤纸用白线缝好，制成圆筒，原点在下端，立在培养皿内。展层剂为酸性溶剂，把展层剂混匀，倒入培养皿内，同时加入显色贮备液(每10 mL展层剂加0.1～0.5 mL显色贮备液)进行展层，当溶剂展层至距滤纸上沿1~2 cm时，取出滤纸，标好溶剂前沿，放入烘箱60～65 ℃烘干，层析斑点即显蓝紫色。用铅笔画下层析斑点，可进行定性、定量测定。

五、作业与思考

将实验所得数据填入表2-2-1,计算R_f值,根据R_f值可以大致判断混合样品中氨基酸的种类及氨基酸的含量。

表2-2-1 实验结果记录表

原点到溶剂前沿的距离(Y)/cm	原点到层析点中心的距离(X)/cm	R_f值	氨基酸种类	氨基酸含量

实验三
酪蛋白的含量测定

一、实验目的

(1) 了解紫外吸收测定法测定蛋白质浓度的原理。
(2) 熟悉紫外分光光度计的使用方法。

二、实验原理

蛋白质的成分中常含有酪氨酸和色氨酸等芳香族氨基酸,故蛋白质在紫外光 280 nm 波长处有最大吸收峰。在一定浓度范围内,蛋白质的浓度与吸光度成正比,故可用紫外分光光度计来测定蛋白质含量。

三、实验用品

1. 实验器材

紫外分光光度计、50 mL 容量瓶、试管(1.5 cm×15 cm)、吸管(0.5 mL、1 mL、2 mL、5 mL)。

2. 实验试剂

卵清蛋白标准液(1 mg/mL)、酪蛋白溶液(浓度控制在 1~2.5 mg/mL)、0.9%NaCl 溶液等。

四、实验操作

1. 标准曲线的绘制

取 8 支干净试管,编号(0~7),按表 2-3-1 加入试剂。

表2-3-1 标准曲线的绘制

试剂	管号							
	0	1	2	3	4	5	6	7
1 mg/mL卵清蛋白标准液/mL	0	0.5	1.0	1.5	2.0	2.5	3.0	4.0
蒸馏水/mL	4.0	3.5	3.0	2.5	2.0	1.5	1.0	0
蛋白质浓度/(mg/mL)	0	0.125	0.250	0.375	0.500	0.625	0.750	1.000
$A_{280\,nm}$								

加毕混匀,用紫外分光光度计测各管的$A_{280\,nm}$并填入表中,然后以吸光度为纵坐标,蛋白质浓度为横坐标作图。

2. 样液测定

取酪蛋白样品液1 mL,加蒸馏水3 mL,测$A_{280\,nm}$,对照标准曲线求得蛋白质浓度。

注意:比色测定时应使用石英比色皿;应在样品透明状态下进行测定,若样品中的蛋白质不溶解会对入射光产生反射、散射等而造成实际吸光度偏高;若吸光度过高,可将样品适当稀释后再进行测定。

五、作业与思考

根据制作的标准曲线计算酪蛋白的含量。

实验四
蛋白质颜色反应及沉淀反应

一、实验目的

掌握鉴定蛋白质的原理和方法。

二、实验原理

蛋白质分子中的某种或某些基团与显色剂作用,可产生特定的颜色反应,不同蛋白质所含氨基酸不完全相同,颜色反应亦不同。颜色反应不是蛋白质的专一反应,一些非蛋白物质亦可产生相同颜色反应,因此,不能仅根据颜色反应的结果判断被测物是否是蛋白质。但是颜色反应仍然是常用的蛋白质定量测定的依据。

三、实验用品

1. 实验材料

鸡(或鸭)蛋白。

卵清蛋白液:将鸡(鸭)蛋白用 5~10 倍体积的蒸馏水稀释,再用 2~3 层纱布过滤,将滤液冷藏备用。

2. 实验器材

吸管(1 mL、0.5 mL、2 mL)、滴管、试管(1.5 cm×15 cm)、水浴锅、电炉等。

3. 实验试剂

0.5 g/mL 苯酚溶液:苯酚 0.5 mL,加蒸馏水稀释至 100 mL。

米伦(Millon)试剂:将 40 g 汞溶于 60 mL 浓硝酸(相对密度 1.42),水浴加温助溶,溶解后加 2 倍体积的蒸馏水,混匀,静置澄清,取上清液备用。此试剂可长期保存。

0.1 g/mL 茚三酮溶液：0.1 g 茚三酮溶于95%乙醇并稀释至100 mL。

尿素：若尿素颗粒较粗，最好研成细粉末状。

10 g/mL NaOH 溶液：10 g NaOH 溶于蒸馏水并稀释至100 mL。

1 g/mL 硫酸铜溶液：硫酸铜1 g 溶于蒸馏水并稀释至100 mL。

饱和硫酸铵溶液：往100 mL 蒸馏水中加硫酸铵至饱和。

硫酸铵晶体：用研钵研成碎末。

1 g/mL 醋酸铅溶液：1 g 醋酸铅溶于蒸馏水并稀释至100 mL。

10 g/mL 三氯乙酸溶液：10 g 三氯乙酸溶于蒸馏水并稀释至100 mL。

饱和苦味酸溶液：往100 mL 蒸馏水中加苦味酸至饱和。

冰醋酸、浓硫酸、浓硝酸（相对密度1.42）、95%乙醇、氯化钠晶体、1%醋酸溶液、白明胶。

四、实验操作

(一)蛋白质颜色反应

1. 米伦反应

(1)苯酚实验：取0.5 g/mL 苯酚溶液1 mL 于试管中，加米伦试剂0.5 mL，用电炉小心加热并观察颜色变化。(溶液呈玫瑰红色。)

(2)蛋白质实验：取2 mL 卵清蛋白液，加米伦试剂0.5 mL，出现白色的蛋白质沉淀，小心加热，观察现象。(加热后凝固的蛋白质呈现红色。)

2. 双缩脲反应

将尿素加热，两分子尿素释放出一分子氨而形成双缩脲。双缩脲在碱性环境中，能与硫酸铜结合成紫蓝色的络合物，此反应称为双缩脲反应。蛋白质分子中含有的肽键与双缩脲结构相似，故能呈现此反应。其反应式如图2-4-1所示。

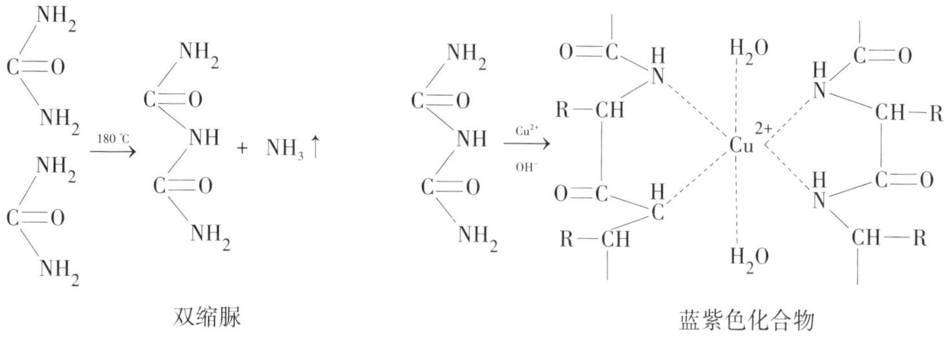

双缩脲　　　　　　　　　　　蓝紫色化合物

图2-4-1　双缩脲反应

操作方法：

(1)取少许结晶尿素放在干燥试管中，微火加热，尿素熔化并形成双缩脲，释放出的氨可用红色石蕊试纸进行检测。当试管内有白色固体出现时，停止加热，冷却，然后加10 g/mL NaOH溶液1 mL，摇匀，再加2滴1 g/mL硫酸铜溶液，混匀，观察有无紫蓝色化合物出现。

(2)另取一试管，加卵清蛋白液10滴，再加10 g/mL NaOH溶液10滴及1 g/mL硫酸铜溶液2滴，混匀，观察是否出现紫蓝色化合物。

注意：硫酸铜不能多加，否则将产生蓝色的$Cu(OH)_2$。此外，在碱性溶液中铵盐与铜盐作用，生成深蓝色的络离子$Cu(NH_3)_4^{2+}$，也会妨碍观察颜色反应。

3.黄色反应

含有苯环结构的氨基酸(如酪氨酸、色氨酸等)遇硝酸可硝化成黄色物质，此物质在碱性溶液中变为橙黄色硝苯衍生物。反应如图2-4-2所示。

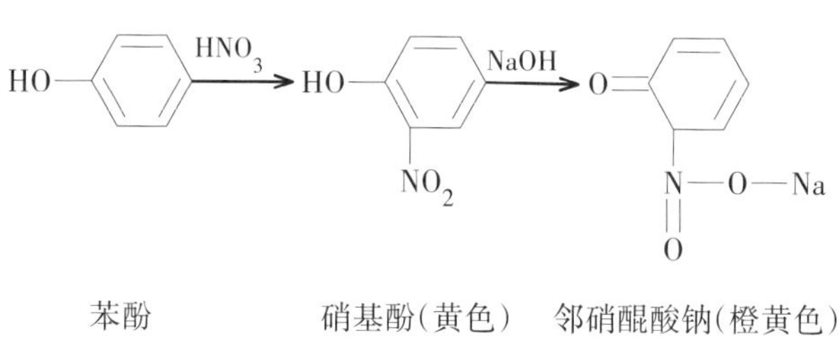

苯酚　　　　硝基酚(黄色)　　邻硝醌酸钠(橙黄色)

图2-4-2　黄色反应

操作方法：

取一试管，加入卵清蛋白液10滴及浓硝酸3～4滴，加热，冷却后再加10 g/mL NaOH溶液5滴，观察颜色变化。(先有黄色沉淀生成，加入10 g/mL NaOH溶液1 mL后颜色变为橙黄色。)

4.茚三酮反应

蛋白质与茚三酮共同加热,产生蓝紫色化合物,此反应为一切蛋白质及α-氨基酸所共有。第一步是氨基酸被氧化形成醛,释放出 CO_2、NH_3,水合茚三酮被还原成还原型茚三酮;第二步是所形成的还原型茚三酮同另一个水合茚三酮分子和氨缩合生成蓝紫色化合物。反应如图2-4-3所示。

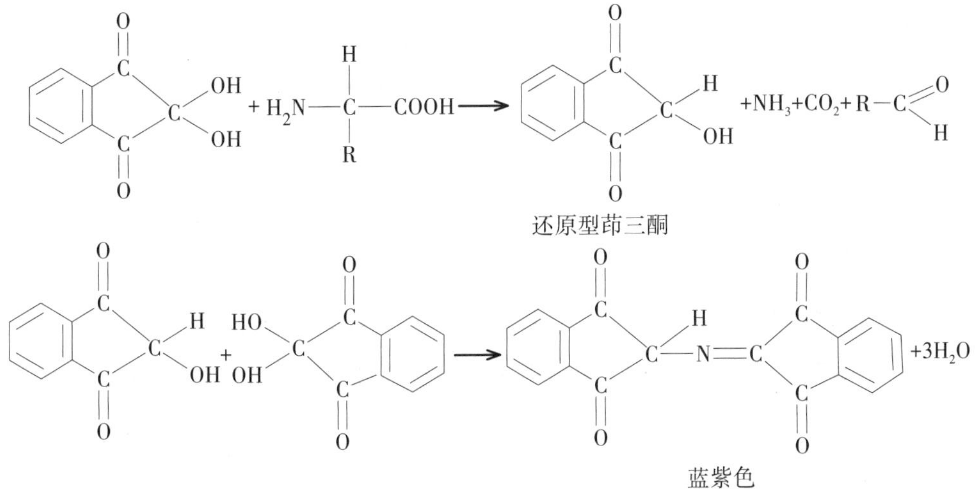

图2-4-3 茚三酮反应

操作方法:

取 1 mL 卵清蛋白液于试管中,加 4~5 滴 0.1 g/mL 茚三酮溶液,加热至沸腾,即有蓝紫色化合物出现。

注意:反应必须在 pH=5~7 条件下进行。

(二)蛋白质沉淀反应

1.蛋白质的盐析作用

试管中加卵清蛋白液 2 mL,再加入饱和硫酸铵溶液 2 mL,摇匀静置,观察现象。(有蛋白质析出。)

将上述混合液过滤。向滤液中逐渐加入少量固体硫酸铵,直至饱和为止,此时析出的为卵清蛋白。再加入少量蒸馏水,观察沉淀是否溶解。(有蛋白质析出,加水后可复溶。)

2.有机溶剂沉淀蛋白质

试管中加卵清蛋白液 1 mL,加氯化钠晶体少许,溶解后加 95% 乙醇 3 mL,摇匀,观察现象。

3.重金属盐与某些有机酸沉淀蛋白质

(1)取试管 2 支,各加卵清蛋白液 2 mL,往一支试管中滴加 1 g/mL 醋酸铅溶液,另一支管中滴加 1 g/mL 硫酸铜溶液,至有沉淀产生。

(2)取一支试管加卵清蛋白液 2 mL,再加入 10 g/mL 三氯乙酸 1 mL,充分混匀,观察现象。

4.生物碱试剂沉淀蛋白质

能沉淀各类生物碱的化学试剂叫作生物碱试剂,如:单宁酸、苦味酸、钼酸、钨酸、三氯乙酸。蛋白质颗粒带正电荷,容易与生物碱试剂的负离子发生反应而沉淀。

取一支试管,加入卵清蛋白液 2 mL 及醋酸 4~5 滴,再加饱和苦味酸溶液数滴,观察现象。

五、作业与思考

将颜色反应和沉淀反应的实验结果分别以图片的形式呈现出来。

实验五
影响酶促反应的因素

一、实验目的

(1) 了解温度、pH、激活剂、抑制剂对酶促反应速度的影响。
(2) 学习测定酶的最适温度、最适pH的方法。

二、实验原理

酶活力受温度影响很大,在一定范围内提高温度可以提高酶促反应速度。通常温度每升高10 ℃,反应速度加快一倍左右。但同时,酶又是一种蛋白质,温度过高可引起变性,导致酶失活。因此,反应速度达到最大值以后,随着温度的升高,反应速度反而逐渐下降,以致完全停止反应。反应速度达到最大值时的温度称为某种酶作用的最适温度。高于或低于最适温度时,反应速度均会降低。通常测定酶活力时,需要在酶反应的最适温度下进行。

酶活力与环境pH密切相关。通常各种酶只有在一定的pH范围内才具有活力。酶活力最高时的pH称为该酶的最适pH。低于或高于最适pH时酶活力逐渐降低。不同酶的最适pH不同。

酶活力常受某些物质的影响,有些物质能使酶活力升高,称为酶的激活剂;另一些物质则能使酶活力降低,称为酶的抑制剂。例如,Cl^-为唾液淀粉酶的激活剂,Cu^{2+}为其抑制剂。

三、实验用品

1.实验材料

新鲜唾液稀释液(唾液淀粉酶液):每位同学进实验室自己制备,先用蒸馏水漱口,以清除食物残渣,再含一口蒸馏水,0.5 min后使其流入量筒并用200倍体积的蒸馏水稀释(稀释倍数可因人而异),混匀备用。

2.实验器材

试管和试管架、恒温水浴锅、冰浴装置、吸管、滴管、量筒、玻璃棒、白瓷板、秒表、烧杯、棕色瓶等。

3.实验试剂

1%淀粉溶液A(含NaCl):将1 g可溶性淀粉及0.3 g NaCl混悬于5 mL蒸馏水中,搅动后,缓慢倒入60 mL沸腾的蒸馏水中,搅动煮沸1 min,冷却至室温,加水至100 mL,置于冰箱中保存。

1%淀粉溶液B(不含NaCl):制作过程同上,只是不加NaCl。

碘-碘化钾试剂:称取2 g碘化钾溶于5 mL蒸馏水中,再加入1 g碘,待碘完全溶解后,加蒸馏水295 mL,混匀后贮于棕色瓶中。

1% NaCl溶液:1 g NaCl溶于100 mL蒸馏水中。

1% $CuSO_4$溶液:1 g $CuSO_4$溶于100 mL蒸馏水中。

本尼迪特试剂:称取85 g柠檬酸钠及50 g无水碳酸钠,溶解于400 mL蒸馏水中。另溶解8.5 g硫酸铜于50 mL热水中。将硫酸铜溶液缓缓倒入柠檬酸钠-碳酸钠溶液中,边加边搅拌,如有沉淀可过滤。

0.1%蔗糖溶液、0.2 mol/L Na_2HPO_3溶液、0.2 mol/L NaH_2PO_3溶液、1% Na_2SO_4溶液。

四、实验操作

1.验证酶的专一性

唾液淀粉酶可将淀粉逐步水解成各种分子大小不同的糊精及麦芽糖,这些水解产物遇碘会呈现不同的颜色。直链淀粉(可溶性淀粉)遇碘呈蓝色;糊精按分子从大到小的顺序,遇碘可呈蓝色、紫色、暗褐色和红色,最小的糊精和麦芽糖遇碘不变色。取干净试管4支,按表2-5-1加入试剂,记录各管出现的现象并作出解释。

表2-5-1　验证酶的专一性的反应体系

试剂（操作）	管号 1	2	3	4
1%淀粉溶液/mL	2	0	2	0
0.1%蔗糖溶液/mL	0	2	0	2
稀释的唾液（1:30）/mL	0	0	0.5	0.5
蒸馏水/mL	0.5	0.5	0	0
37 ℃恒温反应10 min，分别取2滴反应液在白瓷板中，滴加2滴碘–碘化钾试剂，观察各管的实验现象				
现象1				
本尼迪特试剂/mL	0.1	0.1	0.1	0.1
沸水浴时间/min	5	5	5	5
现象2				

2. 探究温度对酶活力的影响

取干净试管5支，按表2-5-2加入试剂，观察、记录结果并作出解释。

表2-5-2　探究温度对酶活力影响的反应体系

试剂（操作）	管号 1	2	3	4	5
1%淀粉溶液/mL	1	1	1	1	1
预处理温度/℃	37	0	100	0	100
稀释的唾液（1:30）/mL	0.5	0.5	0.5	0.5	0.5
保温操作	37 ℃保温5 min	0 ℃保温5 min	100 ℃保温5 min	先0 ℃保温5 min，再37 ℃保温5 min	先100 ℃保温5 min，再37 ℃保温5 min
碘–碘化钾试剂	2滴	2滴	2滴	2滴	2滴
颜色变化					

注：实验前先以1号管测定反应基准时间，即每隔10 s从1号管中取出2滴溶液加到已有碘–碘化钾试剂的白瓷板上，观察颜色变化，直至与碘反应不变色时，记录反应所用时间，即为基准反应时间。

3. 探究pH对酶活力的影响

取干净试管5支,按表2-5-3加入试剂,观察、记录结果并作出解释。

表2-5-3 探究pH对酶活力影响的反应体系

试剂(操作)	管号				
	1	2	3	4	5
0.2 mol/L Na_2HPO_3 溶液 /mL	0.16	0.56	1.47	2.43	2.84
0.2 mol/L NaH_2PO_3 溶液 /mL	2.84	2.44	1.53	0.57	0.16
pH	5.6	6.2	6.8	7.4	8.0
1%淀粉溶液/mL	1	1	1	1	1
混匀,37 ℃水浴中保温2 min					
稀释的唾液(1:30)/mL	0.5	0.5	0.5	0.5	0.5

加唾液后迅速混匀,置于37 ℃水浴中保温,每隔1 min从3号管中取2滴溶液加到已有碘-碘化钾试剂的白瓷板上,观察颜色变化,直至溶液与碘反应不变色时,再向各管加碘-碘化钾试剂2滴,摇匀后观察颜色变化。根据实验结果找出唾液淀粉酶的最适pH。

4. 探究激活剂、抑制剂对酶活力的影响

取干净试管4支,按表2-5-4加入试剂,观察、记录结果并作出解释。

表2-5-4 探究激活剂和抑制剂对酶活力影响的反应体系

试剂(操作)	管号			
	1	2	3	4
1%淀粉溶液/mL	1	1	1	1
1% $CuSO_4$ 溶液/mL	1	0	0	0
1% NaCl 溶液/mL	0	1	0	0
1% Na_2SO_4 溶液/mL	0	0	1	0
蒸馏水/mL	0	0	0	1
混匀,37 ℃水浴中保温2 min				
稀释的唾液(1:30)/mL	0.1	0.1	0.1	0.1

加唾液后迅速混匀,置于37 ℃水浴中保温,每隔30 s在各管中分别取2滴反应液滴在白瓷板上,再滴加1滴碘-碘化钾试剂,观察颜色变化。注意哪支试管最先不变色,哪一管次之,并说明原因。

也可将上述各管溶液混匀后,向4号试管内插入1根玻璃棒,4支试管同置于37 ℃水浴中保温1 min左右,用玻璃棒从4号试管中取出1滴混合液,检查淀粉水解程度(方法同上)。待混合液遇碘液不变色时,从水浴中迅速取出4支试管,各加碘液1滴。摇匀观察各试管溶液的颜色并记录,分析酶的激活和抑制情况。

注意:(1)加入酶液后,要充分摇匀,保证酶液与全部淀粉液接触反应,得到理想的颜色梯度变化。

(2)用玻璃棒取液前,应将试管内溶液充分混匀,玻璃棒取完溶液后,立即放回试管中一起保温。

五、作业与思考

总结影响酶促反应的因素有哪些,确定酶的最适反应条件。

实验六
植物组织DNA的提取

一、实验目的

学习和掌握用CTAB法和试剂盒法提取植物基因组DNA的步骤。

二、实验原理

CTAB(cetyl trimethyl ammonium bromide)即十六烷基三甲基溴化铵,是一种阳离子去污剂,可溶解细胞膜,能与核酸形成复合物,具有从低离子浓度溶液中沉淀核酸的特性。当溶液盐浓度降低到一定程度(0.3 mol/L NaCl)时,CTAB-核酸的复合物从溶液中沉淀,通过离心就可将其与蛋白质、多糖类物质分开,再经过有机溶剂抽提,去除蛋白质、多糖、酚类等杂质。最后通过乙醇或异丙醇沉淀DNA,而CTAB溶于乙醇或异丙醇而被除去。在高离子浓度的溶液中(>0.7 mol/L NaCl),CTAB与蛋白质和多聚糖形成复合物,不能沉淀核酸。CTAB溶液在低于15 ℃时会形成沉淀析出,因此,在将其加入冰冷的植物材料之前必须预热,且离心时温度不要低于15 ℃。另外,CTAB还能保护DNA不受内源核酸酶的降解。

三、实验用品

1. 实验材料

新鲜菠菜。

2. 实验器材

液氮罐(内有液氮)、PVP-K30(聚乙烯吡咯烷酮-K30)、高速离心机、烘箱、冰箱、水浴锅、高压灭菌锅、紫外分光光度计、1.5 mL离心管、植物DNA提取试剂盒等。

3.实验试剂

(1)CTAB抽提缓冲溶液250 mL:称取CTAB 4 g,放入200 mL烧杯中,加入5 mL无水乙醇,再加入100 mL双蒸水,加热溶解,再依次加入56 mL 5 mol/L NaCl溶液、20 mL 1 mol/L Tris-HCl(pH=8)、8 mL 0.5 mol/L EDTA,定容至250 mL。摇匀后,转移到准备好的储液瓶中,贴上标签,高压灭菌后,降至室温,冷却后加入2 mL 1% β-巯基乙醇(400 μL),放入4 ℃冰箱中保存。

(2)氯仿-异戊醇:氯仿:异戊醇=24:1(体积比)。

(3)氯仿、异丙醇、70%乙醇、TE缓冲液(pH=8)。

四、实验操作

1.CTAB法

(1)取适量新鲜菠菜,加入液氮迅速研磨,期间加入少许PVP-K30,将研磨成粉末的样品(0.5~1 g)转入1.5 mL的离心管中(研磨样品的粗细会影响提取的DNA的含量,有时可以相差几倍,所以在液氮将植物组织保护得很好的情况下尽量多研磨几次,确保样品足够细)。

(2)加600 μL预热的CTAB抽提缓冲溶液到装有样品的1.5 mL离心管中,之后将离心管放入65 ℃水浴锅中,保温30~60 min,其间轻摇数次(一般20 min左右摇一次,投入水浴后的第一次摇动可以稍快速一些,之后的摇动一定要轻柔)。

(3)加入等体积的氯仿-异戊醇(在通风橱中操作),轻摇混匀至溶液出现乳白色(剧烈晃动会造成DNA机械切割)。

(4)15~20 ℃、11000 r/min离心15 min。取上清液(用剪过的枪头吸取上清液,过尖的枪头会把DNA弄断)。加0.6倍体积的异丙醇,摇匀(有絮状物析出,可放入4 ℃冰箱过夜)。

(5)用毛细玻璃管将DNA絮状物挑出,或4 ℃、10000 r/min离心5 min,弃上清液(尽量挑出,尽可能不离心,因为离心后虽然DNA产量会增大,但是不完整的DNA也增多)。加入300 μL 70%乙醇漂洗2次,然后将DNA放超净台中吹干。

(6)加入50 μL TE缓冲液溶解DNA,之后可放入4 ℃冰箱保存(防止DNA降解),也可以放入-80 ℃冰箱中长期储存。

(7)取少量DNA溶液用紫外分光光度计测其纯度和浓度。

2.试剂盒法

(1)在液氮浸没植物组织的条件下,先将300~500 mg新鲜的植物组织(或100~200 mg干燥的植物组织)研磨成细小的颗粒,再将组织颗粒快速研磨至粉末状。称取50~100 mg研磨成粉末状的组织(干燥的植物组织取10~20 mg),放入用液氮预冷的1.5 mL离心管中。

必须将植物组织研磨至粉末状,才能充分破坏植物细胞的细胞壁,否则将严重影响DNA的最终得率。组织研磨过程中应及时补加液氮,避免磨碎的组织颗粒因融化而难以称量。

(2)加入500 μL 65 ℃预热的Buffer PL,旋涡振荡30 s混匀后,65 ℃水浴10 min。水浴期间每隔2~3 min翻转离心管数次以促进DNA的释放。

如果用新鲜的植物组织提取DNA,可能会将组织中的RNA一起分离纯化出来,但是RNA的存在并不影响PCR等实验。如果要彻底除去RNA,可在本步骤中补加5 μL RNase A液(100 mg/mL,大多数试剂盒不提供)。

(3)加入350 μL Buffer K,盖上管盖,用力摇晃15 s,旋涡振荡30 s,13000 r/min离心5 min。

(4)将上清液转移至核酸纯化柱中(核酸纯化柱置于2 mL离心管中),盖上管盖,12000 r/min离心30 s。

(5)弃滤液,将核酸纯化柱放回离心管中,往核酸纯化柱中加入500 μL Buffer WA(确认Buffer WA已事先加入了无水乙醇),盖上管盖,12000 r/min离心30 s。

弃滤液,如果要避免黏附在离心管管口的滤液对离心机造成污染,可将离心管在纸巾上倒扣拍击一次。

(6)将核酸纯化柱放回离心管中,往核酸纯化柱中加入600 μL Buffer WB(确认Buffer WB已事先加入了无水乙醇),盖上管盖,12000 r/min离心30 s。

(7)弃滤液,将核酸纯化柱放回离心管中,盖上管盖,14000 r/min离心1 min。

注意:某些植物的色素会残留在纯化柱的滤膜上,但不会溶解在Buffer TE中,并不影响所提取的DNA的纯度。如果离心机的离心速度达不到14000 r/min,则用最高速度离心2 min。请勿省略步骤(7),否则可能因所纯化的核酸中混有乙醇而影响后续的实验效果。

(8)弃去此2 mL离心管,将核酸纯化柱置于一个干净的1.5 mL离心管中,在纯化柱中加入100~200 μL 65 ℃预热的Buffer TE,盖上管盖,室温静置2 min,12000 r/min

离心 1 min。

(9)弃纯化柱,离心下来的液体即为DNA,洗脱的DNA可立即用于各种分子生物学实验;或者将DNA储存于-20 ℃冰箱中备用。

五、作业与思考

(1)测定所提取DNA的浓度和纯度。

(2)根据结果分析实验过程中的影响因素有哪些。

实验七
DNA琼脂糖凝胶电泳

一、实验目的

(1)学习并掌握琼脂糖凝胶电泳的原理和基本操作。
(2)通过DNA琼脂糖凝胶电泳初步判断DNA的纯度、含量和相对分子质量。

二、实验原理

琼脂糖凝胶电泳是分子生物学中常用的鉴定DNA的方法,优点是简便易行,只需少量DNA。DNA分子在琼脂糖凝胶中泳动时有电荷效应和分子筛效应,前者由分子所带电荷量的多少而定,后者则主要与分子大小及构象有关。DNA分子在pH高于其等电点的溶液中带负电荷、在电场中向正极移动,由于糖-磷酸骨架在结构上的重复性质,相同大小的双链DNA几乎具有等量的净电荷,因此它们能以同样的速度向正极移动。在一定的电场强度下,DNA分子的泳动速度取决于DNA分子大小和构象。具有不同分子量的DNA片段泳动速度不同,DNA分子的迁移速度与其分子量的对数成反比。另外,DNA分子的构象也可影响其迁移速度,同样分子量的DNA,共价闭合环状DNA(covalently closed circular DNA,cccDNA)迁移速度最快,其次是线状DNA(linear DNA),开环DNA(open circular DNA,ocDNA)最慢。琼脂糖凝胶分离DNA的范围较广,用各种浓度的琼脂糖凝胶可以分离200 bp至50 kb的DNA,见表2-7-1。本实验选用1%的琼脂糖凝胶。

表2-7-1 不同浓度琼脂糖凝胶分离DNA分子的范围

琼脂糖的含量/%	分离线状DNA分子的有效范围/kb
0.3	5.0~60.0
0.6	1.0~20.0
0.7	0.8~10.0
0.9	0.5~7.0
1.2	0.4~6.0
1.5	0.2~4.0
2.0	0.1~3.0

利用荧光染料溴化乙锭（ethidium bromide，简称EB）对琼脂糖凝胶中DNA进行染色，EB在紫外灯照射下，发出红色荧光，这是观察琼脂糖凝胶中DNA最简便的方法。当DNA样品在琼脂糖凝胶中电泳时，加入的EB就插入DNA分子中形成荧光结合物，使发出的荧光增强几十倍。而荧光的强度与DNA的含量成正比，如将已知浓度的标准样品作电泳对照，就可估计出待测样品的浓度。

综上所述，通过DNA琼脂糖凝胶电泳可预估DNA的纯度、含量和分子量。

三、实验用品

1. 实验材料

菠菜基因组DNA。

2. 实验器材

离心管（1.5 mL）、一次性手套、移液器、烧杯、量筒、滴管、微波炉、稳压电泳仪、水平式电泳槽、凝胶成像系统、核酸浓度测定仪等。

3. 实验试剂

（1）5×TBE（5倍浓度的TBE贮存液，用时稀释至1×）：每升含Tris 54 g，硼酸27.5 g，0.5 mol/L EDTA 20 mL（调pH=8）。

（2）上样缓冲液（0.2%溴酚蓝、50%蔗糖）：称取溴酚蓝200 mg，加重蒸水10 mL，在室温下过夜，待溴酚蓝溶解，再称取蔗糖50 g，用重蒸水溶解后移入溴酚蓝溶液中，摇匀后加重蒸水定容至100 mL，加10 mol/L NaOH 1~2滴，将溶液调至蓝色。

(3)溴化乙锭(EB)溶液：

①10 mg/mL EB 溶液：戴手套谨慎称取溴化乙锭约 200 mg 于棕色试剂瓶内，按 10 mg/mL 的浓度加重蒸水配制，待 EB 完全溶解后，避光保存(用锡纸将试剂瓶包好)，并贮于 4 ℃冰箱备用。(EB 是较强的致突变剂，也是较强的致癌物。如有液体溅出外面，可加少量漂白粉使 EB 分解。)

②1 mg/mL EB 溶液：戴手套取 10 mg/mL EB 溶液 10 mL 于棕色试剂瓶内，用锡纸将试剂瓶包好，加入 90 mL 重蒸水，轻轻摇匀，贮于 4 ℃冰箱备用。

(4)琼脂糖、DNA 分子量标准(DNA Marker)。

四、实验操作

1. 琼脂糖凝胶的制备

称取 0.2 g 琼脂糖，放入锥形瓶中，加入 20 mL 1×TBE 缓冲液，用微波炉或放入水浴中加热至琼脂糖完全溶解，取出摇匀，此时琼脂糖的浓度为 1%。待琼脂糖凝胶溶液冷却至 50 ℃后，再加入 EB，使 EB 终浓度为 0.5 μg/mL。

2. 凝胶板的制备

(1)一般可选用微型水平式电泳槽。

(2)选择孔径适宜的梳子，垂直架在装好玻璃板(或是塑料板)的制胶器中(梳齿与玻璃板之间尚有 0.5~1 mm 的距离)。

(3)将冷却到 50 ℃左右的琼脂糖凝胶缓缓倒入胶槽内，厚度适宜(注意不要有气泡)。

(4)待凝胶凝固后，小心取出梳子，拿出带玻璃板的凝胶，放入电泳槽内。

(5)往电泳槽里加入足够的 1×TBE 电泳缓冲液，使液面略高出凝胶面。

3. 加样

往待测菠菜基因组 DNA 中加 1/5 体积的上样缓冲液(溴酚蓝指示剂)，混匀后用移液器将其加入加样孔(梳孔)中，记录样品点样次序与点样量。

4. 电泳

(1)合上电泳槽盖，接通电源(注意电极的负极在点样孔一边，DNA 片段从负极向正极移动),DNA 的迁移速度与电压成正比,但最高电压不超过 5 V/cm(微型电泳槽一般用 40 V)。

(2)当溴酚蓝染料移动到凝胶前沿 1~2 cm 处时,停止电泳。

5. 观察

在紫外灯下观察凝胶,有 DNA 处应显出橘黄色荧光条带(观察时应戴上防护眼镜)。记录电泳结果或直接拍照。

6. 测定

用核酸浓度测定仪对提取的菠菜基因组 DNA 进行测定,判断其纯度和浓度。

五、作业与思考

(1)根据凝胶成像结果判断基因组 DNA 的大小。

(2)制作琼脂糖凝胶的注意事项有哪些?

实验八
α-淀粉酶活力的测定

一、实验目的

了解并掌握以 3,5-二硝基水杨酸作显色剂,采用分光光度计测定 α-淀粉酶活力的方法。

二、实验原理

α-淀粉酶催化淀粉水解的产物除糊精外,还有麦芽糖和葡萄糖,麦芽糖在一定条件下和 3,5-二硝基水杨酸反应生成黄绿色化合物,可以用比色法测定产生的麦芽糖的量,因此可以用产生的麦芽糖的量来表示酶的活力。

酶活力单位的定义:在 25 ℃条件下,每分钟能催化底物水解产生 1 μmol 麦芽糖的酶量为 1 酶活力单位(IU)。

三、实验用品

1. 实验材料

新鲜果蔬、待测精制 α-淀粉酶溶液。

2. 实验器材

容量瓶、试管、量筒、烧杯、电子分析天平、pH 计、水浴锅、分光光度计、研钵等。

3. 实验试剂

(1) 20 mmol/L pH=6.9 的磷酸钠缓冲液(内含 6.7 mmol/L NaCl):

a 液:称取 7.163 g $Na_2HPO_4 \cdot 12H_2O$ 溶解于适量水中,然后用水定容至 1000 mL。

b 液:称取 3.12 g $NaH_2PO_4 \cdot 2H_2O$ 溶解于适量水中,然后用水定容至 1000 mL。

取a液49 mL、b液51 mL混合,加入0.0402 g NaCl,溶解后,调pH至6.9,备用。

(2)1%可溶性淀粉溶液:以磷酸钠缓冲液配制。

(3)3,5-二硝基水杨酸显色剂:称取1.6 g NaOH溶于70 mL蒸馏水中,再加入1 g 3,5-二硝基水杨酸、30 g 酒石酸钾钠,用水稀释到100 mL。

(4)麦芽糖标准溶液(10 μmol/mL):精确称取360 mg麦芽糖,用少量磷酸钠缓冲液溶解,然后用磷酸钠缓冲液定容至100 mL。

四、实验操作

(1)取4支试管,按照表2-8-1加入试剂,并记录实验数据。

表2-8-1 测定α-淀粉酶活力的反应体系

试剂(步骤)	空白管	样品管	标准空白管	标准管
1%可溶性淀粉溶液/mL	0.5	0.5	0	0
蒸馏水/mL	0.5	0	1.0	0
待测酶液/mL(迅速加入,并立即计时,25 ℃条件下准确保温3 min)	0	0.5	0	0
3,5-二硝基水杨酸显色剂/mL(立即加入)	1	1	1	1
麦芽糖标准溶液/mL	0	0	0	1
100 ℃沸水浴5 min后冷却(不可置于冷水中迅速降温)				
蒸馏水/mL	10	10	10	10
$A_{540\ nm}$	$A_{空}=$	$A_{样}=$	$A_{标空}=$	$A_{标}=$

(2)根据公式计算酶活力。

$$酶活力(U/mg) = \frac{(A_{样} - A_{空}) \times 标准管中麦芽糖的微摩尔数}{(A_{标} - A_{标空}) \times 样品管中酶的毫克数}$$

实验九
维生素C的定量测定

一、实验目的

掌握2,6-二氯酚靛酚滴定法测定维生素C的原理和步骤。

二、实验原理

维生素C又称抗坏血酸,还原型维生素C能还原染料2,6-二氯酚靛酚钠盐,本身则氧化成脱氢维生素C。2,6-二氯酚靛酚(DCPIP)是一种染料,在碱性溶液中呈蓝色,在酸性溶液中呈红色。维生素C具有强还原性,能将2,6-二氯酚靛酚还原为无色。因此,可用2,6-二氯酚靛酚滴定样品中的还原型维生素C。当维生素C全部被氧化后,稍多加一些染料,使滴定液呈淡红色,即为终点。若无其他杂质干扰,样品提取液中所还原的标准染料量与样品中所含的还原型维生素C量成正比。

三、实验用品

1. 实验材料

松针、菜椒、大枣。

2. 实验器材

组织搅碎机、吸管、50 mL容量瓶、100 mL容量瓶、100 mL锥形瓶、5 mL微量滴定管、电子天平、研钵、漏斗等。

3. 实验试剂

(1) 2%草酸溶液:称取草酸2 g,溶于100 mL蒸馏水中。

(2) 1%草酸溶液:称取草酸1 g,溶于100 mL蒸馏水中。

(3)标准维生素C溶液(0.1 mg/mL):准确称取50 mg纯维生素C,用1%草酸溶液溶解,并稀释至500 mL。贮于棕色瓶中,冷藏,最好临用时配制。

(4)0.1% 2,6-二氯酚靛酚溶液:将500 mg 2,6-二氯酚靛酚溶于300 mL含有104 mg $NaHCO_3$的热水中,冷却后加水稀释至500 mL,滤去不溶物,贮于棕色瓶内,冷藏保存(4 ℃可保存一星期)。每次临用时,以标准维生素C溶液标定。

(5)1% HCl溶液。

四、实验操作

1.提取样品

(1)松针:用水将松针洗净,用滤纸吸去表面水分。称取1 g松针,放入研钵中,加1% HCl溶液5 mL一起研磨。放置片刻,将提取液转入50 mL容量瓶中。如此反复2~3次。最后用1% HCl溶液稀释到50 mL并混匀,静置10 min,过滤,滤液备用。

(2)新鲜蔬菜和水果类:用水将蔬果洗净,用纱布或吸水纸吸干表面水分。然后称取10 g蔬果,加2%草酸溶液50 mL,放入组织搅碎机中打成浆状。称取浆状物5 g,倒入50 mL容量瓶中以2%草酸溶液稀释至50 mL。静置10 min,过滤(最初数毫升滤液弃去),滤液备用。

2.滴定

(1)标准液滴定。

准确吸取标准维生素C溶液1 mL(含0.1 mg维生素C)于100 mL锥形瓶中,加9 mL 1%草酸溶液,用微量滴定管吸取0.1% 2,6-二氯酚靛酚溶液将标准液滴定至淡红色,红色能保持15 s即为滴定终点。由所用染料的体积计算出1 mL染料相当于多少毫克维生素C。

(2)样液滴定。

准确吸取滤液样品两份,每份10 mL,分别放入两个100 mL锥形瓶内,滴定方法同前。

注意:滴定过程宜迅速,一般不超过2 min。滴定所用的染料不应少于1 mL或多于4 mL,如果样品中维生素C含量太高或太低,可酌量增减样液。

五、作业与思考

根据实验所得数据，计算出样品中维生素C的质量。

$$m = \frac{V \cdot m_1}{m_0}$$

式中：m——每克样品中含维生素C的质量(mg/g)；

V——滴定时所用的染料体积(mL)；

m_1——每毫升染料能氧化维生素C的质量(mg/mL)；

m_0——10 mL样液对应样品的质量(g)。

实验十
植物组织中可溶性糖含量的测定
（蒽酮比色法）

一、实验目的

掌握蒽酮比色法测定糖含量的原理和方法。

二、实验原理

糖在浓硫酸作用下，可经脱水反应生成糠醛或羟甲基糠醛，生成的糠醛或羟甲基糠醛可与蒽酮反应生成蓝绿色糠醛衍生物，在一定范围内，颜色的深浅与糖的含量成正比。故蒽酮可用于糖的定量测定。

该法的特点是几乎可以测定所有的碳水化合物的含量。不但可以测定戊糖与己糖含量，而且可以用于测定所有寡糖类和多糖类，包括淀粉、纤维素等（因为反应液中的浓硫酸可以把多糖水解成单糖而发生反应），所以用蒽酮测出的碳水化合物含量，实际上是溶液中全部可溶性碳水化合物总量。在没有必要细致划分各种碳水化合物的情况下，用蒽酮比色法可以一次测出总量，省去许多麻烦，因此，蒽酮比色法有特殊的应用价值。但在测定水溶性碳水化合物时，应注意切勿将样品的未溶解残渣加入反应液中，不然细胞壁中的纤维素、半纤维素等与蒽酮试剂发生反应会增加测定误差。

此外，不同的糖类与蒽酮试剂的显色深度不同，果糖显色最深，葡萄糖次之，半乳糖、甘露糖较浅，五碳糖显色更浅，故测定糖的混合物时，常因不同糖类的比例不同造成误差，但测定单一糖类时，可避免此种误差。糖类与蒽酮反应生成的有色物质在可见光区的吸收峰为 620 nm 左右，故在此波长下进行比色。

三、实验用品

1. 实验材料

新鲜植物叶片。

2. 实验器材

吸管、试管、722型(7220型)分光光度计、水浴锅、电炉、电子分析天平、容量瓶、玻璃漏斗、量筒、研钵、锥形瓶等。

3. 实验试剂

蒽酮试剂：取2 g蒽酮溶于1000 mL浓度为80%的硫酸中，当日配制使用。

标准葡萄糖溶液(0.1 mg/mL)：将100 mg葡萄糖溶于蒸馏水并稀释至1000 mL(可滴加几滴甲苯作防腐剂)。

四、实验操作

1. 制作标准曲线

取干净试管6支，编号(0~6)，按表2-10-1加入试剂，并记录实验数据。

表2-10-1 蒽酮比色法定糖(标准曲线的制作)

试剂(操作)	管号					
	0	1	2	3	4	5
标准葡萄糖溶液/mL	0	0.1	0.2	0.3	0.4	0.5
蒸馏水/mL	1.0	0.9	0.8	0.7	0.6	0.5
置冰水浴中5 min						
蒽酮试剂/mL	4	4	4	4	4	4
沸水浴中准确煮沸10 min，取出，自然冷却，室温放置10 min，在620 nm处比色						
$A_{620\,nm}$						

以吸光度为纵坐标，标准液浓度(mg/mL)为横坐标绘制标准曲线图。

2. 可溶性糖的提取和测定

取新鲜植物叶片，洗净表面污物，用滤纸吸去表面水分。称取 1 g，剪碎，放入研钵中，加入 10 mL 蒸馏水，磨成匀浆，转入锥形瓶中，并用 20 mL 蒸馏水冲洗研钵 2~3 次，洗出液也转入锥形瓶中。用塑料薄膜将锥形瓶封口，于沸水中提取 30 min，冷却后过滤取滤液，加蒸馏水定容至 100 mL，即为待测液。吸取待测液 0.5 mL 于试管中，加蒸馏水 0.5 mL，浸于冰水中 5 min，再加入 4 mL 蒽酮试剂，混匀后封口，沸水浴 10 min。取出自然冷却，室温放置 10 min 后比色，其他条件与制作标准曲线的相同，测得吸光度后由标准曲线查算出样品液的糖含量。

五、作业与思考

根据实验所得数据，计算出总糖的质量分数。

$$w = \frac{C \times V}{m} \times 100\%$$

式中：w——总糖的质量分数（%）；

C——从标准曲线查出的糖含量（mg/mL）；

V——待测液稀释后的体积（mL）；

m——0.5 mL 待测液对应样品的质量（mg）。

实验十一
酵母RNA的提取及含量测定

一、实验目的

（1）了解并掌握稀碱法提取RNA的原理和步骤。
（2）了解测量核酸浓度不同方法的原理。
（3）熟悉和掌握紫外吸收法测定核酸含量的原理和操作步骤。
（4）熟悉紫外分光光度计的基本原理和使用方法。

二、实验原理

1.RNA提取原理

由于RNA的来源和种类很多，因此制备RNA的方法也有很多。一般有苯酚法、去污剂法和盐酸胍法，苯酚法是实验室最常用的方法之一。组织匀浆用苯酚处理并离心后，RNA即溶于上层被酚饱和的水层中，DNA和蛋白质则留在酚层中。将水层吸出并加入乙醇后，RNA即以白色絮状沉淀形式析出，此法能较好地除去DNA和蛋白质，并且提取的RNA具有生物活性。

工业上常用稀碱法和浓盐法提取RNA，这两种方法所提取的均为变性的RNA，主要用作制备核苷酸的原料，其工艺比较简单。浓盐法是往组织匀浆中加入10%左右的氯化钠溶液，在90℃条件下提取3~4 h，迅速冷却，提取液经离心后，取上清液，加入乙醇，RNA以沉淀的形式析出。稀碱法用稀碱将细胞裂解，然后用酸中和，离心取上清液，往除去蛋白质等杂质后的上清液加入乙醇，RNA以沉淀形式析出。

酵母RNA含量达2.67%~10%，而DNA含量仅为0.03%~0.516%，因此，提取RNA多以酵母为原料。

2. 测定RNA含量的原理

(1)紫外吸收法:RNA具有吸收紫外线的性质,在波长260 nm处有最大吸收峰,且在一定浓度范围内(0~50 μg/mL)吸光度与浓度成正比,符合朗伯-比尔定律。此法优点是样品用量少,不用进行显色反应,测完后样品可以继续使用。

由于蛋白质含有芳香族氨基酸,故也能吸收紫外光。通常蛋白质的最大吸收峰在波长280 nm处,在波长260 nm处的吸收值仅为RNA的十分之一或更低,故RNA样品中的蛋白质含量较低时,蛋白质对RNA的紫外测定影响不大。

(2)地衣酚显色法:RNA与浓盐酸共同加热,会发生降解,生成糠醛,糖醛与地衣酚反应,在三价铁离子或二价铜离子的作用下,生成鲜绿色的复合物,在670 nm处有最大吸收峰,且吸光度与浓度成正比,符合朗伯-比尔定律。此法缺点是反应特异性差,易受干扰。

(3)定磷法:在酸性环境中,定磷试剂中的钼酸铵以钼酸形式与样品中无机磷酸反应生成磷钼酸,当有还原剂存在时,磷钼酸立即被还原成蓝色的还原产物——钼蓝,其最大吸收峰在660 nm处,当无机磷含量在1~25 μg/mL范围内,吸光度与磷含量成正比。测量样品中RNA的总磷量,需先将它用硫酸或高氯酸消化成无机磷再行测定,总磷量减去未消化的无机磷的量,即得RNA含磷量,由此可计算出RNA含量。此法优点是测量准确,缺点是操作烦琐。

三、实验用品

1. 实验器材

pH试纸、电子天平、分析天平、50 mL离心管、100 mL烧杯、量筒、吸管、离心机、紫外分光光度计等。

2. 实验试剂

干酵母粉、乙酸、95%乙醇、无水乙醇、酸性乙醇、0.2% NaOH溶液、氨水、5%硝酸银溶液、200 μg/mL标准核酸等。

四、实验操作

(1)称2 g干酵母粉放入50 mL离心管中,加入10 mL 0.2% NaOH溶液,混匀。

(2)沸水浴30 min后在流水下冷却。加入乙酸数滴,使提取液呈酸性(pH=5~6),4000 r/min离心5 min。

(3)取上清液,加入2倍体积的95%乙醇,边加边搅拌,静置5 min,待RNA沉淀完全后,4000 r/min离心5 min。弃去上清液,保留沉淀,加入5 mL 95%乙醇,4000 r/min离心5 min,保留沉淀,重复此操作两次。吹干沉淀,即为RNA粗品。

(4)准确称取0.05 g RNA粗品,用50 mL蒸馏水溶解。

(5)取RNA水溶液2 mL,加氨水2 mL及5%硝酸银溶液1 mL,观察是否有絮状的嘌呤银化合物。

(6)称量提取的RNA粗品的质量,并计算样品中RNA的含量。

五、作业与思考

(1)破坏酵母细胞时为什么要在沸水浴中进行?

(2)为什么用酵母作为本实验原料?如何使RNA从酵母中释放出来?RNA的等电点是多少?

(3)为什么用稀碱溶液可以使酵母细胞裂解?

(4)RNA的溶解性质是什么?常用什么试剂分离沉淀RNA?

第三篇

微生物学实验

实验一
培养基的配制及灭菌

一、实验目的

(1)学习和掌握培养基的配制原理。

(2)通过制备牛肉膏蛋白胨培养基、高氏1号培养基和马丁氏培养基,掌握配制培养基的一般方法和步骤。

二、实验原理

(1)牛肉膏蛋白胨培养基一般用于细菌的培养,其中牛肉膏为微生物提供碳源、磷酸盐和维生素,蛋白胨主要提供氮源和维生素,NaCl是无机盐来源。

(2)高氏1号培养基是用来培养和观察放线菌形态特征的合成培养基,若加入适量的抗菌药物,便可用来分离各种放线菌。

(3)马丁氏培养基是一种用来分离真菌的选择性培养基。此培养基中葡萄糖作为主要碳源,蛋白胨为主要氮源,K_2HPO_4、$MgSO_4$是无机盐的来源,为微生物提供钾、磷、镁元素。马丁氏培养基的特点是培养基中加入的孟加拉红和链霉素能有效抑制细菌和放线菌的生长,而对真菌无抑制作用,因而真菌在这种培养基上可以得到优势生长,从而达到分离真菌的目的。

三、实验用品

1.实验器材

试管、锥形瓶、烧杯、量筒、玻璃棒、天平、药匙、高压蒸汽灭菌锅、pH试纸(pH检测范围5.5~9)、棉花、牛皮纸(或铝箔)、记号笔、麻绳、纱布等。

2. 实验试剂

牛肉膏、蛋白胨、NaCl、可溶性淀粉、KNO_3、$K_2HPO_4 \cdot 3H_2O$、$MgSO_4 \cdot 7H_2O$、$FeSO_4 \cdot 7H_2O$、葡萄糖、1%孟加拉红水溶液、1%链霉素水溶液、1 mol/L NaOH 溶液、1mol/L HCl 溶液等。

四、实验操作

1. 牛肉膏蛋白胨培养基的制备

培养基配方：牛肉膏 3 g，蛋白胨 10 g，NaCl 5 g，水 1000 mL，pH=7.4~7.6。

(1) 称量：按培养基配方准确地称取牛肉膏、蛋白胨、NaCl，放入烧杯中。牛肉膏常用玻璃棒挑取，放在小烧杯或表面皿中称量，用热水溶化后倒入烧杯中；也可放在称量纸上，称量后直接放入水中，这时若稍微加热，牛肉膏便会与称量纸分离，然后立即取出纸片。注意蛋白胨易吸湿，在称取时动作要迅速。另外，称药品时严防药品混杂，一把药匙只用于一种药品。

(2) 溶解：往烧杯中先加入少于所需量的水，用玻璃棒搅拌均匀，然后在石棉网上加热至药品完全溶解后，补充水到所需总体积，如配制固体培养基，将称好的琼脂放入已溶的药品中，再加热溶解，最后补充水到所需总体积。在制备用锥形瓶盛装的固体培养基时，一般可先将一定量的液体培养基分装于锥形瓶中，然后按1.5%~2%的量将琼脂分别加入各锥形瓶中，不必单独加热溶解，而是灭菌和加热溶解同步进行，节省时间。注意在琼脂溶解过程中应控制火力，并不断搅拌，防止糊底烧焦。在配制培养基时，不可用铜锅或铁锅加热，以免金属离子进入培养基中，影响细菌生长。

(3) 调 pH：在未调 pH 前，先用精密 pH 试纸测量培养基的原始 pH，偏酸加入 1 mol/L NaOH 溶液，边加边搅拌，并随时用 pH 试纸测量，直至达到 7.4~7.6。原始 pH 偏碱则用 1 mol/L HCl 溶液调节。注意在配制 pH 较低的琼脂培养基时，若预先调好 pH 并在高压蒸汽下灭菌，琼脂会因水解不能凝固。因此，应将培养基的其他成分和琼脂分开灭菌后再混合，或在中性 pH 条件下灭菌，再调节 pH。

(4) 过滤：趁热用滤纸或多层纱布过滤，这有利于某些实验结果的观察，一般在无特殊要求的情况下，这一步可以省略。

(5) 分装：按实验要求，可将配制的培养基分装至试管或锥形瓶内。①液体分装：分装高度以试管高度的1/4为宜。分装至锥形瓶的量则根据需要而定，一般以不超过锥形瓶容积的1/2为宜,如果是用于振荡培养,则根据通气量的要求酌情减少分装量;有的液体培养基在灭菌后,需要补加一定量的其他无菌成分,如抗生素等,则分装量一定要准确。②固体分装:分装至试管,其分装量不超过试管高度的1/5,灭菌后制成斜面培养基;分装至锥形瓶的量以不超过锥形瓶容积的1/2为宜。③半固体分装:分装至试管一般以试管高度的1/3为宜,灭菌后垂直放置。

(6)加塞:培养基分装完毕后,在试管口或锥形瓶瓶口处塞上棉塞,以阻止外界微生物进入培养基内造成污染。

(7)包扎:加塞后,将全部试管用麻绳捆好,再在棉塞外包一层牛皮纸,以防止灭菌时冷凝水润湿棉塞,牛皮纸再用一根麻绳扎好。用记号笔注明培养基名称、组别、配制日期。锥形瓶加塞后,外包牛皮纸,用麻绳以活结扎好,同样注明相应信息。

(8)灭菌:将上述培养基在0.1 MPa、121 ℃条件下高压蒸汽灭菌20 min。

(9)搁置斜面:若制备的是斜面培养基,则待灭菌的培养基冷却至50 ℃左右时,将试管口端斜搁在玻璃棒或其他合适高度的器具上,搁置的斜面长度以不超过试管总长度的一半为宜。

(10)无菌检查:将灭菌培养基放在37 ℃环境中培养24~48 h,以检查灭菌是否彻底。

2. 高氏1号培养基的制备

配方:可溶性淀粉20 g、NaCl 0.5 g、KNO$_3$ 1 g、K$_2$HPO$_4$·3H$_2$O 0.5 g、MgSO$_4$·7H$_2$O 0.5 g、FeSO$_4$·7H$_2$O 0.01 g、琼脂15~25 g、水1000 mL,pH=7.4~7.6。

(1)称量和溶解:按配方先称取可溶性淀粉,放入小烧杯中,并用少量冷水将淀粉调成糊状,再转移至少于所需水量的沸水中,继续加热,使可溶性淀粉完全溶解。然后再称取其他各成分并溶解。微量成分FeSO$_4$·7H$_2$O,可先配成0.01 g/mL的贮备液,再在1000 mL培养基中加1 mL贮备液即可。待所有药品完全溶解后,补充水分到所需的总体积。如要配制固体培养基,琼脂的加入、溶解过程与牛肉膏蛋白胨培养基的制备相同。

(2)调pH、分装、加塞、包扎、灭菌及无菌检查的方法与牛肉膏蛋白胨培养基的制备相同。

3. 马丁氏培养基的制备

配方:K$_2$HPO$_4$ 1 g、MgSO$_4$·7H$_2$O 0.5 g、蛋白胨5 g、葡萄糖10 g、琼脂15~20 g、水

1000 mL。

按每 1000 mL 马丁氏培养基加 1% 孟加拉红水溶液 3.3 mL。临用时,按照每 100 mL 培养基中加入 1 g/mL 的链霉素水溶液 0.3 mL(无菌操作),使链霉素最终质量浓度为 30 μg/mL。

(1)称量和溶解:按培养基配方,准确称取各成分,并将各成分依次溶解在少于所需量的水中。待各成分完全溶解后,补足水分到所需体积。按每 1000 mL 培养基加入 1 g/mL 的孟加拉红水溶液 3.3 mL,混匀后,加入琼脂加热溶解。

(2)分装、加塞、包扎、灭菌及无菌检查的方法与牛肉膏蛋白胨培养基的制备相同。

(3)加链霉素:用无菌水将链霉素配成浓度为 1 g/mL 的溶液,按每 100 mL 培养基中加 1 g/mL 链霉素溶液 0.3 mL,使每毫升培养基中含链霉素 30 μg。由于链霉素受热容易分解,待培养基温度降至 45~50 ℃后才能加入。

五、作业与思考

(1)培养基配制好后,为什么必须立即灭菌?如何检查灭菌后的培养基是否为无菌的?

(2)在配制培养基的过程中应注意些什么问题?为什么?

(3)配制合成培养基时最好用什么方法加入微量元素?天然培养基为什么不需要另加微量元素?

(4)自然环境中的微生物是生长在不成比例的基质中的,为什么在配制培养基时需要注意各种营养成分的比例?

(5)配制高氏 1 号培养基时怎么避免沉淀产生?

(6)细菌能在高氏 1 号培养基上生长吗?如何分离放线菌?

(7)什么是选择性培养基?

(8)用马丁氏培养基分离真菌时发现有细菌生长,你认为是什么原因?如何进一步分离纯化得到所需真菌?

(9)配制马丁氏培养基时未调 pH,根据配制牛肉膏蛋白胨培养基和高氏 1 号培养基的经验和所学知识,你认为此培养基灭菌后是偏酸还是偏碱?为什么?

实验二
实验室环境与人体表面微生物的检查

一、实验目的

(1)证明实验室环境与人体表面存在微生物。
(2)比较来自不同场所与不同条件下的细菌的数量和类型。
(3)观察不同类型微生物的菌落形态特征。
(4)体会无菌操作的重要性。

二、实验原理

平板培养基含有细菌生长所需要的营养成分,将不同来源的菌体样品接种于培养基上,在适宜温度下培养1～2 d,一些菌体就能通过细胞分裂而进行繁殖,形成一个肉眼可见的细胞群体集落,称为菌落。每一种细菌所形成的菌落都有它自己的特点,例如菌落的大小,表面干燥或湿润,隆起或扁平,粗糙或光滑,边缘整齐或不整齐,菌落透明或半透明或不透明,质地疏松或紧密,菌落的颜色等。因此,可通过平板培养来检查环境中细菌的数量和类型。

三、实验用品

1.实验器材

灭菌棉签(装在试管内)、接种环、试管架、酒精灯、记号笔、废物缸等。

2.实验试剂

无菌水、培养基(牛肉膏蛋白胨琼脂平板)等。

四、实验操作

每组各从"实验室环境"和"人体表面"中选择一个内容做实验,或由教师指定分配,最后结果供全班讨论。

1. 写标签

在进行实验之前,先用记号笔在器皿上做好记号,写上班级、姓名、日期和样品来源(如实验室空气或无菌室空气或头发等)。字尽量小些,写在皿底的一边,不要写在当中,以免影响观察结果。若写在皿盖上,在同时观察两个及两个以上培养皿,须打开皿盖时,容易混淆。

2. 实验室细菌检查

(1) 空气。

将一个牛肉膏蛋白胨琼脂平板放在实验室,移去皿盖,使培养基表面暴露在空气中;将另一个牛肉膏蛋白胨琼脂平板放在无菌室或无人走动的其他实验室,移去皿盖,让培养基暴露于空气中。1 h 后盖上两个皿盖。

(2) 实验台和门把手。

①用记号笔在皿底中央画一直线,再过此线中点画一垂线。

②取棉签:左手拿装有棉签的试管,在火焰旁用右手的手掌边缘和小指、无名指夹持棉塞(或试管帽),将其取出,让管口很快地通过酒精灯的火焰,烧灼管口;轻轻地倾斜试管,用右手的拇指和食指小心地将棉签取出;塞回棉塞(或试管帽),并将空试管放在试管架上。

③弄湿棉签:左手取装有灭菌水的试管,如上法拔出棉塞(或试管帽)并烧灼管口,将棉签插入水中,再提出水面,在管壁上挤压一下以除去过多的水分,小心将棉签取出,烧灼管口,塞回棉塞(或试管帽),并将灭菌水试管放在试管架上。

④取样:用湿棉签在实验台的台面或门把手上约 2 cm^2 的范围内擦拭。

⑤接种:在火焰旁用左手拇指和食指或中指使平皿开启一缝,再将棉签伸入,在琼脂表面接种,即滚动一下,立即闭合皿盖。将原本放棉签的空试管从试管架取下然后拔出棉塞(或试管帽),烧灼管口,插入用过的棉签,再将试管放回试管架。

⑥划线:另取接种环用火焰灼烧灭菌,按划线法进行接种,整个划线过程均要求无菌操作,即靠近火焰,而且动作要快。

3. 人体细菌的检查

(1)手指(洗手前与洗手后)。

①取两个琼脂平板,分别在两个琼脂平板上标明洗手前与洗手后(以及班级、姓名、日期等信息)。

②移去皿盖,将未洗过的手指在琼脂平板的表面,轻轻地来回划线,然后盖上皿盖。

③用肥皂和刷子用力刷手,再用流水将手冲洗干净,干燥后,在另一琼脂平板表面用手指来回划线,然后盖上皿盖。

(2)头发。

取一个琼脂平板,揭开皿盖,在平板上方用手将头发用力摇动数次,使细菌落到琼脂平板表面,然后盖上皿盖。

(3)咳嗽喷出物。

将去皿盖的琼脂平板放在离口腔6~8 cm处,对着平板表面用力咳嗽,然后盖上皿盖。

(4)鼻腔。

①按照"实验台和门把手"检查法的步骤②和③取出棉签,并将其弄湿。

②用湿棉签在鼻腔内滚动数次。

③按"实验台和门把手"检查法的步骤⑤和⑥,进行接种与划线,然后盖上皿盖。

4. 微生物培养

将所有的琼脂平板翻转,使皿底朝上,放于37 ℃培养箱中,培养1~2 d。

五、实验结果记录

(1)菌落计数:在划线的平板上,如果菌落很多且重叠,则数平板1/4面积内的菌落数量。非划线的平板,也一分为四,数1/4面积的菌落数即可。

(2)根据菌落大小、形状、高度、干湿等特征对各平板上的菌落进行观察。但要注意,如果细菌数量太多,会使很多菌落生长在一起,或者菌落的生长受到限制而变得很小,因而外观不典型,故观察菌落的特点时,要选择分离得很开的单个菌落。

(3)菌落特征描述方法如下。

①大小:大、中、小(或呈针尖状)。可先将整个平板上的菌落粗略观察一下,再决

定大、中、小的标准,或由教师指出一个大小范围。

②颜色:黄色、金黄色、灰色、乳白色、红色、粉红色等。

③干湿情况:干燥、湿润、黏稠。

④形状:圆形、不规则等。

⑤高度:扁平、隆起、凹下。

⑥透明程度:透明、半透明、不透明。

⑦边缘:整齐、不整齐。

六、作业与思考

(1)将自己的平板观察结果记录下来。

(2)与其他同学所得到的结果进行比较。

(3)比较各种来源的样品,哪一种样品的平板上的菌落数与菌落类型最多?

(4)人多的实验室与无菌室(或无人走动的实验室)相比,平板上的菌落数与菌落类型有什么区别?能解释一下造成这种区别的原因吗?

(5)洗手前后的手指接种的平板,菌落数有无区别?

(6)通过本次实验,在防止培养物污染与防止细菌扩散方面,你学到些什么?有什么体会?

实验三
食用真菌的培养

一、实验目的

(1) 了解食用真菌的培养方式,掌握食用真菌的生产过程。
(2) 了解液体培养基制备真菌菌丝的意义及用途。
(3) 学习一种食用真菌的母种、原种或栽培种的培养技术,并掌握基本的原理和技术方法。

二、实验原理

根据食用真菌不同种和不同培养阶段的需求,按培养基的配制原则制备不同的培养基,在适宜的温度条件下可进行固体或液体培养。液体培养是研究食用真菌的生化特征和生理代谢途径的最适方法之一。食用真菌菌丝在液体培养基里分散状态好,营养吸收和气体交换容易,生长快。在固体栽培中,用液体菌种代替固体原种时,由于液体菌种的流动性大、易分散,扩展迅速,生长很快,极大地缩短了培养时间,提高了生产效率。

三、实验用品

1. 实验材料

菌种:平菇、香菇、木耳。

2. 实验器材

搪瓷盘(或玻璃大器皿)、培养皿盖、锥形瓶、灭菌玻璃珠、灭菌大口吸管、干燥小离心管、玻璃瓶或塑料袋、铁丝支架、有孔玻璃钟罩、旋转式恒温摇床、接种铲、接种针、镊子、小刀(铲)和滤纸等。

3. 实验试剂

马铃薯葡萄糖培养基(PDA培养基)、玉米粉蔗糖培养基、酵母膏麦芽汁琼脂培养基、棉籽壳培养基、0.1%~0.2%的氯化汞(HgCl)溶液或75%乙醇、无菌水等。

四、实验操作

食用真菌母种的来源除原已保存的或从有关单位购买的外，一般是自行分离的。母种分离的方法按其材料可分为孢子分离法、组织分离法和菇(耳)木分离法三种。

1. 制备培养基和孢子收集器

马铃薯200 g，葡萄糖(或蔗糖)20 g，水1000 mL。马铃薯去皮，切成小块，加1500 mL水煮沸30 min，双层纱布过滤，取滤液加糖，补充水至1000 mL，加1.5%琼脂制成PDA斜面或平板培养基。用搪瓷盘(或玻璃大器皿)、垫有润湿滤纸的培养皿盖、铁丝支架、有孔玻璃钟罩等制成孢子收集器，整个装置灭菌备用。

2. 组织分离法

选取优良平菇或香菇的子实体，遵循无菌操作原则，将子实体的菌柄切除，用75%乙醇擦拭菌盖和菌柄表面3次，用小刀从菌盖中部纵切一刀，撕开菌盖，在菌盖与菌柄交界处切取一小块组织，移种在PDA斜面或平板培养基上，然后将培养基放在20 ℃左右的环境中，培养3~5 d，待菌丝长满培养基表面(或再移种培养数次后)，即为母种。

3. 菇(耳)木分离法

菇(耳)木分离法是分离生长在基质内的菌丝的方法。有的食用菌因子实体小而薄，或组织再生能力弱，难以用组织分离法获得母种，此时可选用菇(耳)木分离法。实验以木耳为例，选取长势一致、肥厚的新鲜木耳棒，截取长有子实体的约1 cm厚的一小段，遵循无菌操作原则，切除表层部分，浸入0.1%~0.2%的氯化汞(HgCl)溶液中消毒约2 min，再放入无菌水中漂洗几次，切成小条，移种在PDA斜面或平板培养基上，放在20~25 ℃的环境中培养3~15 d，待菌丝长满培养基表面(或再移种培养数次后)，即为母种。

五、作业与思考

(1)观察自己的实验结果,分析造成这种结果的原因,并提出改进意见。

(2)市场销售的食用真菌有哪些?生产它们的过程有什么差异?

实验四
革兰氏染色及观察

一、实验目的

(1) 学习并掌握革兰氏染色法。
(2) 了解革兰氏染色的原理。
(3) 巩固显微镜操作技术及无菌操作技术。

二、实验原理

革兰氏染色法可将细菌分为革兰氏阳性(G^+)和革兰氏阴性(G^-)两种类型,这是由这两种细菌细胞壁的结构和组成的差异决定的。首先利用草酸铵结晶紫初染,所有细菌都会染上结晶紫的蓝紫色。然后利用鲁氏碘液进行媒染,由于碘与结晶紫形成碘-结晶紫复合物,增强了染料在菌体中的滞留能力。之后用95%乙醇进行脱色,革兰氏阳性菌和革兰氏阴性菌两种细菌的脱色效果不同。革兰氏阳性菌的细胞壁肽聚糖含量高,细胞壁厚且脂质含量低,肽聚糖本身并不结合染料,但其所具有的网孔结构可以滞留碘-结晶紫复合物(现在一般认为乙醇处理可以使肽聚糖网孔收缩而使碘-结晶紫复合物滞留在细胞壁中),菌体保持原有的蓝紫色。而革兰氏阴性细菌的细胞壁肽聚糖含量低,交联度低,细胞壁薄且脂质含量高,乙醇处理时以脂质为主的外膜迅速溶解,细胞壁通透性增加,原先滞留在细胞壁中的碘-结晶紫复合物容易被洗脱下来,菌体变为无色,用复染剂(如番红)染色后又变为复染剂颜色(红色)。

三、实验用品

1. 实验材料

菌种:大肠杆菌(在牛肉膏蛋白胨琼脂斜面培养基上培养了16 h的大肠杆菌)、金黄色葡萄球菌(在牛肉膏蛋白胨琼脂斜面培养基上培养了16 h的金黄色葡萄球菌)。

2. 实验器材

酒精灯、载玻片、显微镜、双层瓶(内装有香柏油和二甲苯)、擦镜纸、接种环、试管架、镊子、载玻片夹子、载玻片支架、滤纸、滴管等。

3. 实验试剂

革兰氏染液、草酸铵结晶紫染液、鲁氏碘液、95%乙醇、番红复染液和无菌生理盐水等。

四、实验操作

1. 制片

分别取活跃生长期的大肠杆菌和金黄色葡萄球菌,各自按常规方法涂片(不宜过厚)、干燥和固定。

2. 初染

滴加草酸铵结晶紫染液覆盖涂菌部位,染色1～2 min后倾去染液,水洗至流出水无色。

3. 媒染

先用鲁氏碘液冲去残留水迹,再用鲁氏碘液覆盖1 min,倾去鲁氏碘液,水洗至流出水无色。

4. 脱色

将载玻片上残留水用吸水纸吸去干,在白色背景下用滴管滴加95%乙醇脱色(脱色时间一般为20～30 s),当流出液体无色时立即用水洗去乙醇。

5. 复染

将载玻片上残留水用吸水纸吸干,用番红复染液染色2 min,水洗,用吸水纸吸干残留水分并晾一会儿。

6. 镜检

用油镜观察。

7. 混合涂片染色

在载玻片同一区域用大肠杆菌和金黄色葡萄球菌混合涂片,其他步骤同1~6。

五、作业与思考

(1)绘出油镜下观察到的混合涂片的菌体图像。

(2)根据观察结果填写表3-4-1。

表3-4-1　革兰氏染色观察结果

菌名	菌体颜色	细菌形态	结果(G^+,G^-)
大肠杆菌			
金黄色葡萄球菌			

(3)你的革兰氏染色实验是否成功?有哪些问题需要注意?为什么?

(4)现有一株未知杆菌,个体明显大于大肠杆菌,请你鉴定该菌是革兰氏阳性菌还是革兰氏阴性菌。如何确定你的染色结果是正确的?

(5)为什么用老龄菌进行革兰氏染色会造成假阴性?

实验五
微生物的分离纯化和计数法

一、实验目的

(1)掌握倒平板的方法。
(2)掌握常用的几种分离纯化微生物的基本操作技术。
(3)初步观察来自土壤的三大类群微生物的菌落形态特征。
(4)学习平板菌落计数的基本原理和方法。

二、实验原理

从混合微生物群体中获得某一种或某一株微生物的过程称为微生物的分离与纯化。

微生物的平板分离法主要有:①平板划线分离法;②稀释涂布平板法。后者除能有效分离纯化微生物外,还可用于测定样品中活菌数量。

微生物的平板菌落计数法是将待测菌液经适当稀释后,涂布在平板上,经过培养在平板上形成肉眼可见的菌落。统计菌落数,根据稀释倍数和取样量计算出样品中细胞密度。由于待测样品往往不易完全分散成单个细胞,平板上形成的每个菌落不一定是由单个细胞生长繁殖而成的,有的可能来自两个或多个细胞。因此,平板菌落计数的结果往往比样品中实际细胞数低。

三、实验用品

1. 实验材料

从校园或其他地方采集的土壤样品,大肠杆菌培养液。

2. 实验器材

台秤、试管、锥形瓶、无菌玻璃涂布棒、无菌吸管、接种环、无菌培养皿、无菌玻璃珠、显微镜等。

3. 实验试剂

高氏1号培养基、牛肉膏蛋白胨琼脂培养基、马铃薯培养基、链霉素、无菌水等。

四、实验操作

1. 平板划线分离法

(1) 倒平板：将配制好的培养基(已灭菌)倒在培养皿内，用记号笔注明培养基名称、土样编号、实验日期等。

(2) 制备0.1 g/mL的土壤悬液(无菌操作)：用台秤称取10 g土壤样品，加入盛有90 mL无菌水并带有玻璃珠的锥形瓶中振摇20 min，使土壤与水充分混匀。

(3) 划线(连续划线法)：用接种环蘸取一点儿土壤悬液在平板上划线。划线的方法很多，但目的都是通过划线将样品在平板上进行稀释，培养后能形成单个菌落。

(4) 挑菌落：培养一段时间后，平板上会长出菌落，从平板上的单个菌落挑取少许菌苔，涂在载玻片上，在显微镜下观察细胞的个体形态，结合菌落形态特征，综合分析。如不纯，仍需用平板划线分离法进行纯化，直至确认为纯培养为止。

2. 平板菌落计数(活菌计数)

(1) 编号：取无菌培养皿9套，分别用记号笔标明10^{-4}，10^{-5}，10^{-6}(稀释度)，各3套。另取6支各盛有4.5 mL无菌水的试管，依次标明10^{-1}，10^{-2}，10^{-3}，10^{-4}，10^{-5}，10^{-6}。

(2) 稀释：用1 mL无菌吸管吸取1 mL已经充分混匀的大肠杆菌培养液(待测样品)，精确地加0.5 mL大肠杆菌培养液至标有10^{-1}字样的试管中，稀释度为10^{-1}，吸管中多余的菌液放回原试管中。

(3) 将10^{-1}试管用手或置于振荡器上振荡，使菌液充分混匀。另取一支1 mL吸管插入10^{-1}试管菌液中吸取1 mL，精确地加0.5 mL菌液至标有10^{-2}字样的试管中，稀释度为10^{-2}。依此类推，一直稀释到稀释度为10^{-6}。

(4) 取样：用3支1 mL的无菌吸管分别吸取10^{-4}，10^{-5}，10^{-6}菌液1 mL，加入相应的无菌培养皿中，每个培养皿加0.2 mL。

(5)倒平板:尽快向培养皿中倒入约15 mL熔化后冷却至45 ℃左右的牛肉膏蛋白胨琼脂培养基,置水平位置迅速转动培养皿,使培养基和菌液混合均匀。待培养基凝固后将平板倒置于37 ℃恒温培养箱中培养。

(6)计数:培养48 h后取出培养皿,统计菌落数。根据统计的菌落数,计算出同一稀释度(3个平板上)的菌落平均数,按下列公式进行计算:

每毫升样品中菌落形成单位(CFU/mL)=同一稀释度的平均菌落数×稀释倍数×5

五、作业与思考

(1)将培养后的菌落计数结果填入表3-5-1。

表3-5-1　平板菌落计数结果

稀释度	10^{-4}				10^{-5}				10^{-6}			
	1	2	3	平均	1	2	3	平均	1	2	3	平均
菌落数 (CFU/mL)												

(2)你从10^{-4},10^{-5},10^{-6}的平板上分离得到了哪些类群的微生物?简述它们的菌落形态特征。

(3)如何确定平板上的单个菌落是否为纯培养,请写出实验的主要步骤。

(4)如果要分离得到极端嗜盐细菌,在什么地方取样分离为宜,说明理由。

(5)平板菌落计数法中,为什么熔化后的培养基要冷却至45 ℃左右才能倒平板?

实验六
显微镜直接计数法

一、实验目的

了解血球计数板的构造、计数原理和计数方法,掌握显微镜下直接计数的技能。

二、实验原理

测定微生物细胞数量的方法很多,通常采用的有显微镜直接计数法和平板计数法两种。

显微镜直接计数法适用于各种含单细胞菌体的纯培养悬浮液,但若有杂菌或杂质,常不易分辨。菌体较大的酵母菌或霉菌孢子可采用血球计数板进行计数,一般细菌采用彼得罗夫·霍泽(Petrof Hausser)细菌计数板进行计数。血球计数板和细菌计数板的原理和部件相同,只是细菌计数板较薄,可以使用油镜观察,而血球计数板较厚,不能使用油镜观察。

血球计数板是一块特制的厚型载玻片,载玻片上由4条槽分成3个平台。中间的平台较宽,又被一短横槽分隔成两半,每个半边上面各有一个计数区,计数区可分为9个大方格(3×3)。计数区的刻度有两种:一种是大方格内分为16个中方格,每一个中方格又分为25个小方格即16×25型(希利格式);另一种是大方格内分为25个中方格,每一个中方格又分为16个小方格即25×16型(汤麦式)。但是不管计数区是哪一种构造,它们都有一个共同特点,即每一大方格都是由16×25=25×16=400个小方格组成。

计数区边长为1 mm,则计数区的面积为1 mm^2,每个小方格的面积为1/400 mm^2。盖上盖玻片后,计数区的高度为0.1 mm,所以每个计数区的体积为0.1 mm^3,每个小方格的体积为1/4000 mm^3。

使用血球计数板计数时,先要测定每个小方格中微生物的数量,再换算成每毫升菌液(或每克样品)中微生物的数量。

已知:1 mL菌液体积=1000 mm³;

所以:1 mL菌液体积应相当于小方格数为1000 mm³/(1/4000 mm³)=4×10⁶(个),即系数K=4×10⁶。

因此:每毫升菌液中含有的细胞数=每个小格中细胞平均数(N)×系数(K)×菌液稀释倍数(D)。

三、实验用品

1. 实验材料

青霉菌孢子或酵母菌培养物。

2. 实验器材

显微镜、血球计数板、盖玻片(22 mm×22 mm)、吸水纸、计数器、滴管、擦镜纸等。

四、实验操作

(1)根据待测菌液浓度,加无菌水适当稀释,以每小格的菌体可数为度。

(2)取洁净的血球计数板一块,在计数区上盖上一块盖玻片。

(3)将菌液摇匀,用滴管吸取少许,从计数板中间平台两侧的沟槽内沿盖玻片的下边缘滴入一小滴(不宜过多),让菌液利用液体的表面张力充满计数区,勿使气泡产生,并用吸水纸吸去沟槽中流出的多余菌液。也可以将菌液直接滴加在计数区上,不要让计数区两边平台沾上菌液,以免加盖盖玻片后,造成计数区深度增加。然后加盖盖玻片(勿使产生气泡)。

(4)静置片刻,将血球计数板置于载物台上并夹稳,先在低倍镜下找到计数区后,再转换高倍镜观察并计数。由于生活细胞的折射率和水的折射率相近,观察时应降低光照强度。

(5)计数时若计数区是由16个中方格组成,按对角线方位,数中间大方格的左上、左下、右上、右下这4个中方格(即100小格)的菌数。如果是25个中方格组成的计数区,除数上述四个中方格外,还需数中央1个中方格的菌数(即80个小格)。为了保证计数的准确性,避免重复计数和漏记,在计数时,对沉降在格线上的细胞的统计应有统一的规定。如菌体位于大方格的双线上,计数时则数上线不数下线,数左线不数右线,以减少误差,即位于本格上线和左线上的细胞计入本格。(对于出芽的酵母菌,芽体达到母细胞大小一半时,即可作为2个菌体计算。)

(6)每个样品重复计数2~3次(每次数值不应相差过大,否则应重新操作),求出每个小格中细胞平均数(N),按公式计算出每毫升(克)菌液中含有的细胞数。

(7)计数完毕,取下盖玻片,用水将血球计数板冲洗干净,切勿用硬物洗刷或抹擦,以免损坏网格刻度。洗净后将血球计数板晾干或用吹风机吹干,再放入盒内保存。

五、作业与思考

将实验结果填入表3-6-1中:

表3-6-1　血球计数板计数结果

计数次数	每个中方格细胞数					每个小格中细胞平均数	菌液稀释倍数	每毫升(克)菌液中含有的细胞数
	1	2	3	4	5			
第一次								
第二次								
第三次								

注:若计数区是由16个中方格组成,则每个中方格细胞数只填写1~4。

实验七 糖发酵

一、实验目的

(1) 了解糖发酵的原理,以及糖发酵在肠道细菌鉴定中的重要作用。
(2) 掌握用糖发酵鉴别不同微生物的方法。

二、实验原理

糖发酵实验是常用的鉴别微生物的生化反应,在肠道细菌的鉴定方面尤为重要,绝大多数细菌都能利用糖类作为碳源,但是它们分解糖类物质的能力有很大差异,有的细菌能分解某种糖产生有机酸和气体,有些细菌只产酸不产气。发酵培养基含有蛋白胨、指示剂(溴甲酚紫)、倒置的德汉氏小管和糖类。当发酵产酸时,溴甲酚紫指示剂可由紫色(pH>6.8)转变为黄色(pH<5.2)。气体的产生可由倒置的德汉氏小管中有无气泡来判断。

三、实验用品

1. 实验材料

大肠杆菌、普通变形杆菌。

2. 实验器材

试管架、接种环、培养箱等。

3. 实验试剂

葡萄糖发酵培养基试管和乳糖培养基试管(各3支,内装有倒置的德汉氏小管)。

四、实验操作

1. 编号

用记号笔在各试管外壁上分别标明发酵培养基的名称和所接种细菌的菌名。

2. 接种

取葡萄糖发酵培养基试管3支,两支分别加入大肠杆菌、普通变形杆菌,第三支不接种,作为对照。另取乳糖发酵培养基试管3支,两支分别接入大肠杆菌、普通变形杆菌,第三支不接种,作为对照。

接种后,轻缓摇动试管,使菌体分布均匀,防止倒置的德汉氏小管进入气泡。

3. 培养

将6支试管均置于37 ℃培养箱中培养24～48 h。

4. 观察结果

观察各试管颜色变化及德汉氏小管中有无气泡。

五、作业与思考

(1) 将结果填入表3-7-1中,"+"表示产酸或产气,"-"表示不产酸或不产气。

表3-7-1　实验结果记录表

糖类发酵	大肠杆菌	普通变形杆菌	对照
葡萄糖发酵			
乳糖发酵			

(2) 假如某些微生物可以有氧代谢葡萄糖,那么这些微生物的发酵实验应该出现什么结果?

实验八
IMViC 与硫化氢实验

一、实验目的

了解 IMViC 与硫化氢反应的原理及其在肠道细菌鉴定中的意义和方法。

二、实验原理

IMViC 是吲哚、甲基红、伏-普和柠檬酸盐 4 个实验的缩写。这 4 个实验主要用来快速鉴别大肠杆菌和产气肠杆菌,多用于水的细菌检查。大肠杆菌虽非致病菌,但在饮用水中如果超过一定数量,则表示水质受粪便污染。产气肠杆菌也广泛存在于自然界中,因此检查水中的细菌存在情况时,要将大肠杆菌和产气肠杆菌分开后再检查。

吲哚实验是用来检查吲哚是否产生的实验,有些细菌可与产生色氨酸酶,可分解蛋白胨中的色氨酸,产生吲哚和丙酮酸。吲哚与二甲基氨基苯甲醛结合,形成红色的玫瑰吲哚。但并非所有的微生物都具有分解色氨酸产生吲哚的能力,因此吲哚实验可以作为一个生物化学检测的指标。吲哚与对二甲基氨基苯甲醛反应:大肠杆菌吲哚反应为阳性,产气肠杆菌为阴性。

甲基红实验是用来检测由葡萄糖产生的有机酸,如甲酸、乙酸、乳酸等。当细菌代谢糖产生酸时,培养基就会变酸,使加入培养基中的甲基红指示剂由橙黄色(pH 6.3)转变为红色(pH 4.2),即甲基红反应。尽管所有的肠道微生物都能发酵葡萄糖产生有机酸,但这个实验在区分大肠杆菌和产气肠杆菌上仍然是有价值的。这两个细菌在培养的早期均产生有机酸,但大肠杆菌在培养后期仍能维持 pH 为 4,而产气肠杆菌则转化有机酸为非酸性末端产物,如乙醇、丙酮酸,使 pH 升至 6 左右。因此,大肠杆菌甲基红反应为阳性,产气肠杆菌甲基红反应为阴性。

伏-普实验用来测定某些细菌利用葡萄糖产生非酸性或中性末端产物的能力,如丙酮酸。并同时进行缩合,脱羧生成乙酰甲基甲醇,此化合物在碱性条件下能被空气中的氧气氧化成二乙酰。二乙酰与蛋白胨中精氨酸的胍基作用,生成红色化合物,即伏-普反应阳性,不产生红色化合物者为反应阴性。有时为了使反应更为明显,可加入少量含胍基的化合物,如肌酸等。产气肠杆菌伏-普反应为阳性,大肠杆菌伏-普反应为阴性。

柠檬酸盐实验用来检测柠檬酸盐是否被利用。有些细菌利用柠檬酸盐作为碳源,如产气肠杆菌;而另一些细菌不能利用柠檬酸盐,如大肠杆菌。细菌在分解柠檬酸盐及培养基中的磷酸铵后,产生碱性化合物,使培养基的pH升高,当加入1%溴麝香草酚蓝指示剂后,培养基就会由绿色转变为深蓝色。溴麝香草酚蓝的指示范围为:pH小于6时呈黄色,pH在6.5~7时为绿色,pH大于7.6时呈蓝色。

硫化氢实验是检测硫化氢是否产生的实验,也是常用于肠道细菌检查的生化实验。有些细菌能分解含硫的有机物(如胱氨酸、半胱氨酸、甲硫氨酸等)产生硫化氢,硫化氢一遇到培养基中的铅盐或铁盐等后,就形成黑色的硫化铅或硫化亚铁沉淀物。大肠杆菌硫化氢反应为阴性,产气肠杆菌硫化氢反应为阳性。

三、实验用品

1.实验材料

大肠杆菌、产气肠杆菌。

2.实验器材

锥形瓶、培养皿、吸管、试管、涂布棒、玻璃棒、培养箱、培养摇床、高压灭菌锅等。

3.实验试剂

甲基红指示剂、40% KOH、5% α-萘酚、乙醚和吲哚试剂、蛋白胨液体培养基、葡萄糖蛋白胨液体培养基、柠檬酸盐斜面培养基、醋酸铅培养基。

在配制柠檬酸盐培养基时,pH不要偏高,以培养基呈淡绿色为宜。吲哚实验中用的蛋白胨液体培养基宜选用色氨酸含量高的蛋白胨,用胰蛋白胨水解酪素得到的蛋白胨为好。

四、实验操作

1.接种与培养

(1)用接种针将大肠杆菌、产气肠杆菌分别穿刺接入醋酸铅培养基中(硫化氢实验),放入37 ℃培养箱中培养48 h。

(2)将大肠杆菌、产气肠杆菌分别接入蛋白胨液体培养基(吲哚实验),葡萄糖蛋白胨液体培养基(甲基红实验和伏-普实验)和柠檬酸盐斜面培养基(柠檬酸盐实验)中,放入37 ℃培养箱中培养48 h。

2.结果观察

(1)硫化氢实验:培养48 h后,观察醋酸铅培养基中黑色硫化铅是否产生。

(2)吲哚实验:往培养48 h后的蛋白胨液体培养基内加入3~4滴乙醚,摇动数次,静置1 min,待乙醚上升后,沿试管壁徐徐加入2滴吲哚试剂。在乙醚和培养物之间产生红色环状物则为阳性反应。

配制蛋白胨液体培养基所用的蛋白胨最好是含色氨酸高的,如用胰蛋白胨水解酪素得到的蛋白胨中色氨酸含量较高。

(3)甲基红实验:培养48 h后,往葡萄糖蛋白胨液体培养基内加入甲基红试剂2滴,培养基变为红色者为阳性,变为黄色者为阴性。

(4)伏-普实验:培养48 h后,往葡萄糖蛋白胨液体培养基内加入5~10滴40% KOH,然后加入等量的5% α-萘酚溶液,用力振荡,再放入37 ℃温箱中保温15~30 min(以加快反应速度),若培养物呈红色则为伏-普反应阳性。

(5)柠檬酸盐实验:培养48 h后观察柠檬酸盐斜面培养基上有无细菌生长和是否变色,蓝色为阳性,绿色为阴性。

五、作业与思考

1.实验结果记录

将结果填入表3-8-1,"+"表示阳性反应,"-"表示阴性反应。

表3-8-1 实验结果记录表

菌名	IMViC实验				硫化氢实验
	吲哚实验	甲基红实验	伏-普实验	柠檬酸盐实验	
大肠杆菌					
产气肠杆菌					
对照					

2.思考题

(1)讨论IMViC实验在医学检验上的意义。

(2)解释在细菌培养中吲哚实验的化学原理,为什么这个实验中用吲哚作为色氨酸酶活性的指示剂,而不用丙酮酸?

(3)为什么大肠杆菌甲基红反应为阳性,而产气肠杆菌为阴性?这个实验与伏-普实验的最初底物与最终产物有何异同处?为什么会出现不同?

(4)简述在硫化氢实验中醋酸铅的作用,可以用哪种化合物代替醋酸铅?

实验九
水中细菌总数和总大肠菌群的测定

一、实验目的

(1) 了解大肠菌群数量的测定对饮用水的重要性。
(2) 学习并掌握多管发酵法测定大肠菌群数的原理和技术。

二、实验原理

若水源被粪便污染,则有可能也被肠道病原菌污染,然而肠道病原菌在水中容易死亡与变异,因此数量较少,要从水源特别是自来水中分离出肠道病原菌比较困难与很费时,这就需要找到一个合适的指示菌。要求指示菌是大量出现在粪便中的非病原菌,并且和水源病原菌相比是较易检出的。若指示菌在水中不存在或数量很少,则大多数情况下此水源中也没有病原菌。应用最广泛的指示菌是大肠菌群,即在37℃培养条件下能发酵乳糖、产酸产气的需氧和兼性厌氧革兰氏阴性无芽孢杆菌。根据水中大肠菌群的数目来判断水源是否被粪便所污染,并间接推测水源受肠道病原菌污染的可能性。

作为生活饮用水水源的水质,应符合:若只经过加氯消毒即供作生活饮用水的水源水,总大肠菌群平均每升不超过1000个,经过净化处理及加氯消毒后工作生活饮用的水源水,总大肠菌群平均每升不得超过10000个。检测大肠菌群的方法有多管发酵法与滤膜法两种。多管发酵法使用历史较久,又称为水的标准分析方法,为我国大多数卫生单位与水厂所采用;滤膜法是一种快速的检测方法,不仅结果重复性好,又能测定大体积的水样,目前国内已有很多大城市的水厂采用此法来检测大肠菌群。

三、实验用品

1.实验器材

移液吸头、培养皿、接种环、试管架、显微镜、载玻片、灭菌锥形瓶、灭菌带玻璃塞的空瓶、灭菌培养皿、灭菌吸管、灭菌试管、无菌过滤器、镊子、夹钳、真空泵、滤膜、烧杯、恒温培养箱等。

2.实验试剂

革兰氏染液、蒸馏水、蛋白胨、乳糖、牛肉膏、氯化钠、1.6%溴甲酚紫乙醇溶液、伊红美蓝培养基、牛肉膏蛋白胨琼脂培养基、乳糖蛋白胨发酵培养基（内有倒置小导管）、3倍浓缩乳糖蛋白胨发酵培养基（内有倒置小导管）。

四、实验操作

（一）配培养基

1.乳糖蛋白胨培养液（供多管发酵法的复发酵用）

配方：蛋白胨10 g、牛肉膏3 g、乳糖5 g、氯化钠5 g、1.6%溴甲酚紫乙醇溶液1 mL、蒸馏水1000 mL、pH为7.2~7.4。

制备：按配方分别称取蛋白胨、牛肉膏、乳糖及氯化钠于1000 mL蒸馏水中，加热助溶，调整pH为7.2~7.4。加入1.6%溴甲酚紫乙醇溶液1 mL，充分混匀后分装于试管内，每管10 mL，取一小导管（预先装满培养基）倒放入试管内。塞好棉塞、包扎。置于高压灭菌锅内，115 ℃高压蒸汽灭菌20 min，取出后置于阴凉处备用。

2.三倍浓缩乳糖蛋白胨培养液（供多管发酵法的初发酵用）

按上述"乳糖蛋白胨培养液"的配方，除蒸馏水外，其他成分均按三倍配制。然后取一些分装于小试管中，每管5 mL，剩下的分装于大试管中，每管50 mL。在每管内倒放装满培养基的小导管，塞好棉塞、包扎。置于高压灭菌锅内，115 ℃高压蒸汽灭菌20 min，取出置于阴凉处备用。

3.伊红美蓝培养基

配方：蛋白胨10 g、乳糖10 g、磷酸氢二钾2 g、琼脂20~30 g、蒸馏水1000 mL、2%伊红水溶液20 mL、0.5%美蓝（亚甲基蓝）水溶液13 mL。

除了伊红和美蓝外,其余成分混匀溶解,115 ℃高压蒸汽灭菌20 min,灭菌后再分别加入伊红和美蓝,充分混匀,切勿产生气泡。现市场上有售配制好的伊红美蓝培养基,使用方便。

(二)大肠菌群的测定

1. 多管发酵法(按三个步骤进行)

多管发酵法适用于饮用水、水源水,特别是浑浊度高的水的大肠菌群测定。

(1)生活饮用水的测定步骤。

①初步发酵实验:取2支装有50 mL三倍浓缩乳糖蛋白胨培养液的大发酵管,各加入100 mL水样(无菌操作)。取10支装有5 mL三倍浓缩乳糖蛋白胨培养液的发酵管,各加入10 mL水样(无菌操作)。混匀后置于37 ℃恒温箱中培养24 h,观察管内产酸产气的情况。

情况分析:

若红色培养液不变为黄色,小导管没有气体,则不产酸不产气,为阴性反应,表明无大肠菌群存在。

若培养液由红色变为黄色,小导管有气体产生,则产酸又产气,为阳性反应,说明有大肠菌群存在。

若培养液由红色变为黄色,小导管没有气体产生,说明只产酸不产气,仍为阳性反应,表明有大肠菌群存在。

若红色培养液颜色不变,小导管有气体产生,但不浑浊,是操作技术上有问题,应重新检验。

②确定性实验:用平板划线分离法,将培养24 h后的产酸(培养基呈黄色)、产气或只产酸不产气的发酵管取出,以无菌操作,用接种环挑取一环发酵液于伊红美蓝培养基平板上划线(做3个平板)。置于37 ℃恒温箱内培养18~24 h,然后取出平板观察菌落特征。如果平板上长有如下特征的菌落,经涂片和进行革兰氏染色后,结果为革兰氏阴性的无芽孢杆菌,则表明有大肠菌群存在。

需进行涂片和革兰氏染色的菌落特征:

深紫黑色,具有金属光泽的菌落;

紫黑色,不带或略带金属光泽的菌落;

淡紫红色,中心色较深的菌落。

③复发酵实验:以无菌操作,用接种环在具有上述菌落特征、革兰氏染色阴性的无芽孢杆菌的菌落上挑取一环菌体,转移至装有 10 mL 普通浓度乳糖蛋白胨培养液的发酵管内,每管可接种同一平板上(即同一初发酵管)的 1~3 个典型菌落的细菌。塞上棉塞后置于 37 ℃恒温箱内培养 24 h,有产酸、产气者即证实有大肠菌群存在。根据证实有大肠菌群存在的阳性菌管数查表3-9-1,估计每升水样中大肠菌群数。

表3-9-1 每升水样中总大肠菌群数

10 mL水样的阳性管数	100 mL水样的阳性管数		
	0	1	2
0	<3	4	11
1	3	8	18
2	7	13	27
3	11	18	38
4	14	24	52
5	18	30	70
6	22	36	92
7	27	43	120
8	31	51	161
9	36	60	230
10	40	69	>230

五、作业与思考

(1)根据你的结果判断所取水样是否符合饮用水标准。

(2)测定大肠菌群数有何实际意义?为什么选用大肠菌群作为水的卫生指标?

实验十
大分子物质的水解试验

一、实验目的

(1) 证明不同微生物对各种有机大分子物质的水解能力不同,从而了解不同微生物有着不同的酶系统。

(2) 掌握微生物水解大分子物质实验的原理和方法。

二、实验原理

大分子物质如淀粉、蛋白质和脂肪等不能被微生物直接利用,必须靠胞外酶进行分解后,才能被微生物吸收利用。胞外酶主要为水解酶,通过加水将大的物质裂解为较小的化合物,较小的化合物便能被运输至细胞内。如淀粉酶将淀粉水解为小分子的糊精、双糖和单糖。淀粉遇碘液会发生蓝色反应,据此可分辨微生物能否产生淀粉酶,比如能分泌胞外淀粉酶的微生物则能利用淀粉,在淀粉培养基上培养该类微生物,用碘处理其菌落不呈蓝色,而是无色透明圈。还有些微生物能水解牛奶中的蛋白质酪素,酪素是否水解可用石蕊牛奶培养基来检测。石蕊培养基由脱脂牛奶和石蕊组成,呈浑浊的蓝色,牛奶中的酪素水解成氨基酸和肽后,培养基就会变得透明。在酸存在下,石蕊会转变为粉红色,但过量的酸可引起牛奶的固化(凝乳形成);氨基酸的分解会引起碱性反应,使石蕊变为紫色。此外,某些细菌能还原石蕊,使试管底部变为白色。

三、实验用品

1. 实验材料

大肠杆菌、枯草芽孢杆菌、金黄色葡萄球菌、产气肠杆菌、普通变形杆菌。

2. 实验器材

平皿、接种环、酒精灯、试管、接种针等。

3. 实验试剂

卢哥氏碘液、淀粉培养基、石蕊牛奶培养基，培养基配方参照表3-10-1。

表3-10-1 培养基配方

淀粉培养基(pH 7.2)		石蕊牛奶培养基(pH 6.8)	
蛋白胨	10 g	牛奶粉	100 g
牛肉膏	5 g	石蕊	0.075 g
氯化钠	5 g	水	1000 mL
可溶性淀粉	10 g	121 ℃高压蒸汽灭菌15 min	
琼脂	15~20 g		
水	1000 mL		
应先用少量水将可溶性淀粉溶解			
121 ℃高压蒸汽灭菌20 min			

四、实验操作

1. 淀粉水解实验

(1) 准备淀粉培养基平板：将高压蒸汽灭菌后冷却至50 ℃左右的淀粉培养基倒入无菌平皿中，凝固后即为淀粉培养基平板。

(2) 接种：在无菌操作台上，用记号笔在平皿底部划成4部分，在每部分分别写上接种菌的名称，用接种环各取少量的枯草芽孢杆菌、大肠杆菌、金黄色葡萄球菌和产气肠杆菌分别点种在培养基表面的不同部分的中心。

(3) 培养：将接种后的平皿置于37 ℃恒温箱中培养24 h。

(4) 检测：取出平板，打开皿盖，滴加少量的碘液于培养基上，轻轻旋转，使碘液均匀铺满整个培养基。菌落周围如出现无色透明圈，则说明淀粉已经被水解，表示该细菌具有分解淀粉的能力，为阳性，并且可以用透明圈的大小说明该菌株水解淀粉能力的强弱；反之，则为阴性。记录实验结果。

2. 石蕊牛奶实验

(1)取2支石蕊牛奶培养基试管,用记号笔标记各管接种菌的名称。

(2)分别接种普通变形杆菌和金黄色葡萄球菌。

(3)将接种后的试管置于35 ℃培养箱中培养24~48 h。

(4)检测:观察培养基颜色变化,记录实验结果。石蕊在酸性条件下为粉红色,碱性条件下为紫色,而被还原时为白色。

五、作业与思考

1. 实验结果记录

将实验结果填入表3-10-2。

表3-10-2　实验结果记录表

菌名	淀粉水解实验	石蕊牛奶实验
大肠杆菌		
枯草芽孢杆菌		
金黄色葡萄球菌		
普通变形杆菌		
产气肠杆菌		

注:以"+"表示阳性,"-"表示阴性。

2. 思考题

(1)如何解释淀粉酶是胞外酶而非胞内酶?

(2)不用碘液,能否证明淀粉水解的存在?

(3)请解释在石蕊牛奶培养基中的石蕊为什么能起到氧化还原指示剂的作用。

第四篇

细胞生物学实验

实验一
显微镜的技术参数及特殊光镜的演示实验

一、实验目的

(1) 了解普通光学及各种特殊光学显微镜的构造、成像原理及应用。

(2) 掌握显微镜的正确使用方法,了解显微镜的技术参数和特殊光学显微镜的结构特点。

(3) 安装镜台测微尺,并用镜台测微尺标定目镜测微尺,然后用目镜测微尺测量细胞的大小。

二、实验原理

普通光学显微镜由光学和机械两大系统构成。

1. 光学系统及成像原理

(1) 光学系统的构成:物镜、目镜、聚光器、光源部件等。

(2) 成像原理:根据透镜成像的原理,对微小物体进行放大(二次成像)。当被检物体放在物镜前方的 1~2 倍焦距之间,光线通过物镜在镜筒中形成一个倒立的放大实像,这个实像恰好位于目镜的焦平面之内,再通过目镜形成一个放大的倒立虚像。调节调焦装置可使眼睛看到的物体更清晰。

2. 机械系统(从下往上)

(1) 镜座:位于最底部,是整台显微镜的基座,用于支持和稳定镜体。有的在镜座内装有照明光源。

(2) 载物台:也称镜台,是位于物镜转换器下方的方形平台,用于放置被观察的玻片标本。中央有圆形的通光孔,来自下方的光线经此折射到标本上。

(3)镜臂:支持镜筒和镜台的弯曲状结构,是拿取显微镜时握持的部位。

(4)调焦螺旋:调节焦距的装置,可使载物台升降,调好焦距,使物像呈现在视野中央。

(5)物镜转换器:装载不同放大倍数的物镜。转动旋转盘可使不同物镜达到工作位置(与光路合轴),使用时注意凭手感让所需物镜准确到位。

(6)镜筒:上端装有目镜,下端与物镜转换器相连。

3. 显微镜的技术参数

(1)分辨率(R):显微镜能将邻近的两个质点分辨清楚的能力。

$$R = \frac{0.61\lambda}{NA} = \frac{0.61\lambda}{n \cdot sin(\frac{\alpha}{2})} \tag{1}$$

式中:λ——照明光线波长;

NA——物镜的数值孔径;

n——介质的折射率;

α——镜口角。

思考:如何提高显微镜的分辨能力?

通常$\alpha=2\theta$,最大值可达$140°$,θ最大为$70°$,$sin\ 70°=0.94$;λ一般为$0.45\ \mu m$(蓝色光),由公式可知当λ和sin值均不变时,介质折射率n越大,能区分的二点之间的距离就越短,物镜的分辨率越好。

$n=1$(空气中),分辨率$R=0.29\ \mu m$;

$n=1.52$(油镜下),$R=0.19\ \mu m$,油镜下分辨率更好。

$R=0.2\ \mu m$是光镜的分辨极限。

(2)放大率:放大倍数。

$$M = Mob \times Moc = \frac{H}{f_1} \times \frac{250}{f_2} \tag{2}$$

式中,Mob——物镜放大倍数;

Moc——目镜放大倍数;

H——光学筒长(mm);

f_1——物镜焦距(mm);

250——明视距离(mm);

f_2——目镜焦距(mm)。

物镜的放大率是对于一定的镜筒长度而言的,镜筒长度的变化不仅导致放大率的变化,成像质量也受到影响。因此,显微镜的镜筒长度是一定的。适宜的总放大率是所用物镜数值孔径的 500～1000 倍,在此范围内称为有效放大倍数。

(3)清晰度:显微镜形成轮廓明显物像的能力。

影响清晰度的主要因素是物镜。同一光学系统中,放大倍数越高,像差就越大。要提高物像的清晰度,必须使用高数值孔径的物镜,并匹配低倍的目镜,而不应单纯增加目镜的放大倍数。

(4)焦点深度:当显微镜对标本的某一点或平面聚焦时,焦点平面上下物像清晰的距离或深度。

$$T = \frac{K \cdot n}{M \cdot NA} \qquad (3)$$

式中,M——显微镜的总放大倍数;

K——常数,约等于 0.24;

n——介质的折射率;

NA——物镜的数值孔径

4. 显微镜的使用

须严格遵照显微镜的使用要求。

三、实验用品

1. 实验材料

鱼血细胞装片、马蛔虫子宫细胞装片等。

2. 实验器材

普通光学显微镜、目镜测微尺、镜台测微尺等。

四、操作前的注意事项

(1)使用前,一定要检查上一组的同学是否规范地放置好了显微镜:断电源、开关处于关的状态、视场光阑最小、载物台位置处于最低的状态、任何物镜都不与光路合轴。如果放置规范,可以进行后续的操作,否则,请按照上述要求调整显微镜的状态。

(2)光路合轴:将照明光束与显微镜的光轴调整到同一轴线上,使光源均匀照明视场。具体操作:转动聚光器的升降旋钮,把聚光器升至最高位置。打开电源灯开关,将标本放置在载物台上,用低倍镜聚焦。缩小视场光阑,在视场中见到边缘模糊的视场光阑图像时,稍微降低聚光器,直到视场光阑的图像清晰为止。旋转聚光器上的两个调中螺杆,将视场光阑图像调至视场中心;打开视场光阑,使图像周边与视场边缘相接。反复缩放视场光阑,确认光阑与视场完全重合即可。(一般学生用镜是事先调好的,所以此步可以省略。)

(3)光阑的调节:把孔径光阑缩小到所用物镜数值孔径的70%~80%。视场光阑的大小应以光阑的内缘线外切孔径光阑或孔径光阑外边内接视场光阑为宜。

(4)油镜的使用:用香柏油或石蜡油作为介质。减少光线的折射,提高视野亮度和分辨能力。

五、实验操作

(一)普通光学显微镜

(1)将标本在载物台上固定好。

(2)插上电源,打开电源灯。

(3)旋转物镜转换器,使低倍物镜与光路合轴。

(4)慢慢调大视场光阑,眼睛从侧面注视载物台,转动粗准焦螺旋,将载物台升至最高;然后眼睛注视目镜,慢调粗准焦螺旋使载物台慢慢下降,直至在目镜中能看到模糊的标本图像;调节细准焦螺旋至图像清晰为止。

(5)使用物镜转换器将物镜转换为高倍镜,调节细准焦螺旋至标本图像最清晰。

(6)进一步调整视场光阑,使视野中光线亮度及图像亮度达到最适的程度为止。

(7)观察完后,转动粗准焦螺旋使载物台下降,小心取下玻片标本(防止用力过猛将玻片摔碎,防止玻片擦坏物镜和目镜),擦净载物台。

(8)旋转物镜转换器,不让任何镜头与光路合轴(防止物镜不慎跌落砸坏载物台及通光孔),将视场光阑调至最小。

(9)关掉电源灯。

(10)小心拔下电源插头。

(11)摆正显微镜,将其放到桌上安全的地方,套上防护罩。

(二)特殊的光学显微镜

几种特殊的光学显微镜:暗视野显微镜、荧光显微镜、相差显微镜、倒置显微镜。发展方向:使用波长较短的光作为光源,不断提高显微镜的分辨率。

1.暗视野显微镜

照明光线不直接进入物镜,暗视野显微镜只允许被标本反射和衍射的光线进入物镜,视野背景是黑的,物体边缘是亮的。

原理:暗视野显微镜与普通显微镜的区别在于装配了一套特殊的聚光器——暗视野聚光镜。暗视野聚光镜的中央有一较大的圆形挡光片,外周是一圈透光光阑,当光线射入时,挡光片挡住了进入视野中的直射光,所以看到的视野一片黑暗,但挡光片外圈光阑可射入环状光束,这些光束经聚光镜抛物面反射汇聚于样品处,并斜向照明样品,使被照明的样品发出的反射光和散射光进入物镜,使看到的物体变明亮,而背景是暗的。该法虽看不清微粒的结构,但可分辨出 $0.004\ \mu m$ 小微粒的存在和运动。

主要用途:观察活细胞的几何轮廓及其运动,如鞭毛、染色体、纺锤体,但不能辨清其细微结构。提高物像与背景间的反差,分辨率提高40多倍,可观察4~200 nm的微粒。

2.荧光显微镜

高发光效率的点光源,经过滤色系统,发出一定波长的光作为激发光,能激发标本的荧光物质发出一定的荧光,再通过物镜和目镜放大后进行观察。

原理:利用波长较短的蓝紫光或紫外光照射样本,使样本中分子、原子的外层电子从低能态轨道跃迁,即从较低能态进入较高能态,但在这种高能态不稳定,在很短时间后,电子就要返回到原来的稳态轨道,这种回归释放出的能量就是荧光。放出的荧光波长较原来激发光的波长要长,且荧光比较柔和。

荧光有两种:一种是自发荧光,是胞内某些天然物质经紫外光照射后发出的光,如植物叶绿体中的叶绿素,就能发出血红色的荧光。另一种是诱发荧光,是细胞经荧光染料(荧光色素,如酸性品红、甲基绿、中性红、吖啶橙、吖啶黄、刚果红等)染色后产生的荧光。标本经固定后,用吖啶橙染色,可使细胞内的RNA发出红色荧光,使DNA

发出绿色荧光。荧光染色剂的浓度很低,不毒害细胞,可进行活体观察。

用途:用于切片或活体染色的细胞免疫荧光观察,研究组织、细胞中物质的吸收、运输及化学物质的分布、定位,基因定位,疾病诊断等。

3. 相差显微镜

1935年,荷兰科学家F. Zernike成功设计了相差显微镜,并因相差显微技术获得了1953年诺贝尔物理学奖。

原理:利用光干涉、衍射现象把透过标本的可见光的光程差变成振幅差,从而提高了各种结构间的明暗对比度,使各种结构变得清晰可见,肉眼得以观察到无色透明标本的细节。

构造:相差显微镜有不同于普通光学显微镜的两个特殊之处。

(1)环形光阑:位于光源与聚光器之间,使透过聚光器的光线形成空心光锥,聚焦到标本上。

(2)相位板:物镜中的后焦面加了相位板,其上为一暗环。相位板上涂有氟化镁,可将直射光或衍射光的相位推迟 $1/4\lambda$,从而造成振幅叠加或抵消,引起正反差或负反差。

4. 倒置显微镜

物镜与照明系统位置颠倒,物镜在载物台之下,照明系统在载物台之上,用于观察培养的活细胞或细菌。

(三)测微尺的使用

目镜测微尺是一块圆形的玻片,中心刻有一尺,长5~10 mm,分成50~100格,每格实际长度因不同物镜的放大率和不同镜筒长度而异。镜台测微尺是在一块载玻片中央,用树胶封固的一圆形的测微尺,长1或2 mm,分成100或200格,每格的实际长度为0.01 mm(10 μm)。当用目镜测微尺来测量细胞的大小时,必须先用镜台测微尺换算出目镜测微尺每一格的长度。方法如下。

(1)调好显微镜,使其处于工作状态。

(2)在显微镜载物台上放置镜台测微尺,转动显微镜镜筒并移动镜台测微尺,调整目镜测微尺的纵线与镜台测微尺刻度线的位置,将目镜测微尺的一条细线与镜台测微尺的一条细线重合在一起(使两尺左边的一直线重合),然后由左向右找出两尺另一重合的直线并记录两条重合线间两尺各自的格数。

(3)按照下列公式计算目镜测微尺每格等于多少微米，

$$X = \frac{na}{M} \tag{4}$$

式中：X——目镜测微尺每格的实际刻度值；

　　a——镜台测微尺每格的刻度值(通常为 10 μm)；

　　n——镜台测微尺的刻度数；

　　M——目镜测微尺的刻度数。

举例：如果镜台测微尺 4 格=目镜测微尺 6 格，那么目镜测微尺每格代表的长度为

$$X = \frac{na}{M} = \frac{4 \times 10}{6} \approx 6.7 \text{ μm}$$

(4)细胞大小的测量：将待测细胞装片放在载物台上，调清物像后，用目镜测微尺测量其各径和高所占格数，并根据标定结果计算实际长度。(注意：测量和标定时物镜放大倍数应一致。)

(5)计算：根据测量结果计算各种细胞及细胞核的体积

$$\text{椭球形}: V = 4 \cdot \pi \cdot a \cdot b \cdot 2/3 \tag{5}$$

式中：a——长半径；

　　b——短半径。

$$\text{圆球形}: V = 4/3 \cdot \pi \cdot 3r \tag{6}$$

式中：r——半径。

$$\text{圆柱形}: V = \pi \cdot r \cdot 2h \tag{7}$$

式中：r——半径；

　　h——高。

六、作业与思考

(1)怎样提高显微镜的分辨率？

(2)简述普通光学显微镜的操作注意事项。

(3)列表说明暗视野显微镜、相差显微镜及荧光显微镜的工作原理及其应用。

(4)分别测量 10 个马蛔虫子宫细胞和 10 个鱼血细胞的大小，对细胞大小差异形成直观概念。(要求记录标定数据、原始测量数据、标定和计算过程。)

实验二
死活细胞的鉴别

一、实验目的

(1)掌握死活细胞鉴别的原理和方法。
(2)了解细胞存活率的意义。

二、实验原理

细胞的存活率是反映细胞群体生活状态的重要指标。现有多种方法可以鉴别细胞的死活,最常用的是染色排除法和荧光排除法。染色排除法的原理:许多酸性染料如台盼蓝等不容易通过活细胞的质膜进入胞内,却能渗入死亡的细胞内,使其着色,而活细胞不着色。以此来区分死活细胞。

$$细胞存活率 = \frac{细胞总数 - 死细胞数}{细胞总数} \times 100\%$$

三、实验用品

1.实验材料

人口腔上皮细胞。

2.实验器材

载玻片、盖玻片、吸管、吸水纸等。

3.实验试剂

0.9%生理盐水、0.4%台盼蓝(生理盐水配制)。

四、实验操作

(1)将载玻片刷洗干净,用纱布擦干,置于实验台的适当位置。

(2)蒸馏水漱口,将牙签粗的一端放入自己口腔中。

(3)适当用力在口腔颊内刮几下(用力轻重适宜,以获得活力旺盛的细胞,又不损伤细胞)。

(4)将刮下的白色黏性物薄而均匀地涂在载玻片上(可用生理盐水浸没细胞,细胞容易展开;也可不用,但细胞容易贴壁)。

(5)染色:加入约0.1 mL(1~2滴)0.4%台盼蓝染液,混合,盖上盖玻片即制成临时装片,镜检。

五、作业与思考

根据镜检结果,描述结果、绘制结果图并计算存活率。

实验三
细胞膜通透性实验

一、实验目的

(1) 了解细胞膜的通透性及各类物质进入细胞的难易程度和速度。

(2) 观察溶血现象并掌握其发生机制。

二、实验原理

细胞膜是细胞与外环境进行物质交换的选择性屏障,是一种半透膜,可选择性地允许物质进出细胞,各种物质出入细胞的方式是不同的,水是生物界最普遍的溶剂,通透性高,水分子可以从渗透压低的一侧通过细胞膜向渗透压高的一侧扩散,这种现象称为渗透。

1. 几个关键参数

(1) 溶血现象:当红细胞处于低渗溶液中时,水会进入细胞内,引起细胞吸水胀破;即红细胞的细胞膜破裂,血红蛋白从红细胞中逸出的现象称为溶血现象。

(2) 等渗溶液:渗透压与血浆渗透压相等的溶液称为等渗溶液。

(3) 高渗溶液:渗透压高于血浆渗透压的溶液称为高渗溶液。

(4) 低渗溶液:渗透压低于血浆渗透压的溶液称为低渗溶液。

(5) 半透性:膜或膜状结构只允许溶剂(通常是水)或部分溶质(一般为小分子物质)通过。

(6) 渗透作用:膜两侧溶液浓度存在差异,造成化学势能差,在势能差的驱动下,溶剂通过半透膜的现象。

2. 溶血现象

将红细胞放在低渗盐溶液中,水分子大量进入细胞内使细胞胀破,血红蛋白释放到介质当中,介质由不透明的红细胞悬液变为红色透明的血红蛋白溶液,这种现象称为溶血。

红细胞在等渗盐溶液中短时间之内不会发生溶血,但是由于红细胞的细胞膜对不同物质的通透性不同,时间久了,膜两侧的渗透压平衡会被打破,也会发生溶血现象。

由于各种溶质透过细胞膜的速度不同,因此发生溶血的时间也不相同。发生溶血现象所需的时间,可以作为测量某种物质进入红细胞速度的指标。即溶血时间对应着穿膜速度。

3. 物质穿膜运输的类型

(1)被动运输(不耗能):物质顺浓度梯度或电化学梯度跨膜运输的过程称为被动运输,被动运输分为简单扩散(不需要膜蛋白)和协助扩散(需要膜蛋白的协助,包括载体蛋白、通道蛋白)。

(2)主动运输(耗能):物质逆浓度梯度,在载体蛋白和能量的作用下,被运进或运出细胞膜的过程。

4. 影响物质穿膜通透性的因素

(1)脂溶性越大的分子越容易穿膜(非极性的物质比极性的物质更容易溶于脂类物质)。

(2)小分子(小的非极性分子,如 O_2、CO_2 等)比大分子更容易穿膜。

(3)不带电荷的分子更容易穿膜(离子难溶于脂质物质,离子带水膜使体积增大)。

(4)亲水性分子和离子的穿膜依赖于专一性的跨膜蛋白。

三、实验用品

1. 实验材料

鸡血红细胞(抗凝鸡血的稀释液)。

2. 实验器材

离心管、试管架、滴管、显微镜、离心机等。

3.实验试剂

蒸馏水、0.85%NaCl溶液、0.085%NaCl溶液、0.8 mol/L(0.3 mol/L为等渗)甲醇溶液、0.8 mol/L(0.3 mol/L为等渗)乙醇溶液、6%(5%为等渗)葡萄糖溶液、2%(1.5%为等渗)TritonX-100等。

四、实验操作

实验大致流程见图4-3-1,具体操作如下。

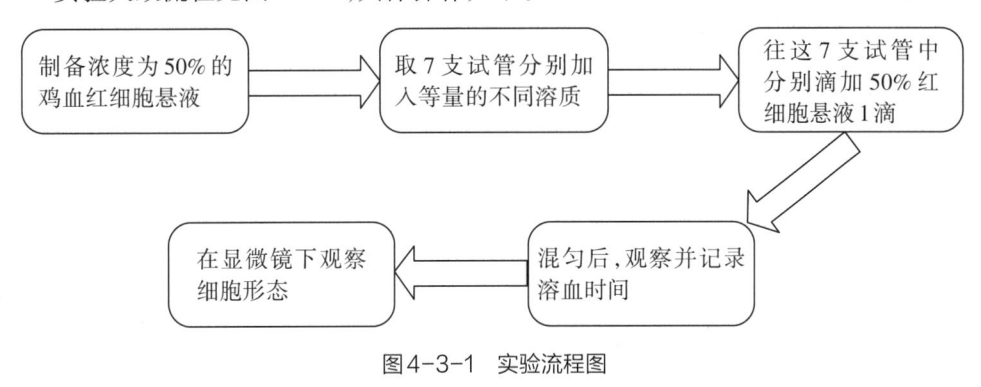

制备浓度为50%的鸡血红细胞悬液 → 取7支试管分别加入等量的不同溶质 → 往这7支试管中分别滴加50%红细胞悬液1滴 → 混匀后,观察并记录溶血时间 → 在显微镜下观察细胞形态

图4-3-1　实验流程图

(1)取鸡血6 mL,加0.85%NaCl溶液4 mL,在1000 r/min条件下离心5 min。

(2)将上述离心后的红细胞按沉淀量配成50%浓度的悬液(总体积应不少于1.2 mL)。

(3)每组取7支试管,分别加入如下溶液,各3 mL:

①蒸馏水;

②0.85%NaCl溶液;

③0.085%NaCl溶液;

④0.8 mol/L(0.3 mol/L为等渗)甲醇溶液;

⑤0.8 mol/L(0.3 mol/L为等渗)丙三醇溶液;

⑥6%(5%为等渗)葡萄糖溶液;

⑦2%(1.5%为等渗)TritonX-100。

(4)向上述7支试管中分别加入50%红细胞悬液1滴,轻摇混匀,观察试管中是否有溶血现象发生(观察时间1 h),记录溶血时间,并于显微镜下观察各溶液的细胞状态。

五、作业与思考

将实验结果填入表4-3-1。

表4-3-1　实验结果记录表

编号	溶液类型	是否溶血	溶血时间	现象记录
1	蒸馏水			
2	0.85% NaCl溶液			
3	0.085% NaCl溶液			
4	0.8 mol/L 甲醇溶液			
5	0.8 mol/L 丙三醇溶液			
6	6% 葡萄糖溶液			
7	2% TritonX-100			

实验四
细胞凝集反应

一、实验目的

(1)以鸡血为实验材料,观察细胞凝集反应。
(2)了解凝集反应原理,掌握实验操作过程。

二、实验原理

动物细胞表面的糖蛋白、糖脂中的糖链伸向膜的表面,是细胞识别、免疫及接触抑制现象的必要组分。凝集素是一类含糖的,且能与糖专一并可逆结合的蛋白质,能与细胞外被的寡糖链相连接,使细胞发生凝集并刺激细胞分裂。

三、实验用品

1. 实验材料

鸡血红细胞。

2. 实验器材

显微镜、天平、载玻片、滴管、离心管、烧杯、10 mL移液管、试管、试管架等。

3. 实验试剂

抗凝血剂、磷酸盐缓冲液(PBS)等。

四、实验操作

(1)2%鸡血红细胞悬液制备:新鲜鸡血加抗凝剂,再用生理盐水洗5次,每洗一次之后2000 r/min离心5 min,弃上清液,按血细胞比容用生理盐水配成2%鸡血红细胞悬液。

(2)土豆凝集素制备：土豆 2 g，加 10 mL PBS，浸泡 2 h，即为土豆凝集素。

(3)细胞凝集反应：取土豆凝集素 1 滴、2% 鸡血红细胞悬液 1 滴，于载玻片上混匀，静置 20 min，盖上盖玻片。

(4)对照：取 PBS 1 滴、2% 鸡血红细胞液 1 滴于载玻片上混匀，静置 20 min，盖上盖玻片。

(5)镜检。

五、作业与思考

描述现象并绘图。

实验五
血涂片的制备和瑞氏染色显示白细胞

一、实验目的

(1)掌握正确的采血及血涂片制备的方法。
(2)掌握瑞氏染液的成分。
(3)掌握瑞氏染色原理、过程,熟悉染色结果的类型。

二、实验原理

瑞氏染色既有物理的吸附作用,又有化学的亲和作用。各种细胞成分的化学性质不同,对各种染料的亲和力也不一样。如血红蛋白、嗜酸性粒细胞为碱性蛋白质,与酸性染料伊红结合,被染成粉红色,称为嗜酸性物质;细胞核蛋白、淋巴细胞、嗜碱性粒细胞为酸性,与碱性染料亚甲基蓝或天青结合,被染成紫蓝色或蓝色,称为嗜碱性物质;中性粒细胞呈等电状态与伊红和亚甲基蓝均可结合,被染成淡紫红色,称为嗜中性物质;完全成熟的红细胞,酸性物质彻底消失后,被染成粉红色。

三、实验用品

1. 实验器材

普通光学显微镜、目镜测微尺、镜台测微尺、载玻片、采血针、酒精棉球等。

2. 实验试剂

瑞氏染液:由酸性染料伊红(E^-)和碱性染料亚甲基蓝(M^+)组成。伊红通常为钠盐,有色部分为阴离子。亚甲基蓝又名美蓝,有对醌型和邻醌型两种结构,通常为氯盐,即氯化美蓝,有色部分为阳离子。将适量伊红、亚甲基蓝溶解在甲醇中,即为瑞氏染料。

甲醇的作用：一是溶解亚甲基蓝和伊红；二是固定细胞。

四、实验操作

1. 血涂片的制备

(1) 准备两张经过脱脂的干净载玻片。

(2) 用70%酒精棉球消毒指腹或耳垂。

(3) 用消毒过的针刺破指腹或耳垂的皮肤，挤去第一滴血不要（因含单核白细胞较多），再用载玻片的一端与血滴接触。取另一张载玻片，斜置血滴左缘，先向后稍移动轻轻触及血滴，使血液沿玻片端展开成线状，两玻片的角度以45°为宜（角度过大血膜较厚，角度小则血膜薄），将沾有血液的载玻片轻轻向前推进，速度要一致，否则血膜呈波浪形，厚薄不匀（初学者可把载玻片放在桌上操作）。

(4) 使涂片在空气中自然干燥备用。制作不理想者需要重新制备。

2. 瑞氏染色显示白细胞

(1) 待血涂片干燥后加瑞氏染色液5~8滴覆盖整个血膜，染色1 min。

(2) 然后用清水直接冲洗血涂片，水流不宜过大，至流下的水无色即可。不可先倒掉染液，防止染液残渣留在细胞中影响染色结果。

(3) 用纱布擦干或吸水纸吸干载玻片下端（无细胞面）的水，然后置于载物台上进行观察，先用低倍镜查找，后用高倍镜观察细节。

(4) 记录实验结果。要点：红细胞不着色，白细胞有核；细胞分为嗜中性粒细胞、嗜酸性粒细胞、嗜碱性粒细胞、淋巴细胞和单核细胞等不同类型。

五、作业与思考

绘图并进行结果分析。

实验六
叶绿体的分离及观察

一、实验目的

(1) 了解叶绿体分离的一般原理和方法。
(2) 熟悉用普通光学显微镜观察叶绿体的方法。

二、实验原理

叶绿体的分离应在等渗溶液(0.35 mol/L氯化钠或0.4 mol/L蔗糖溶液)中进行,以免渗透压的改变使叶绿体受到损伤。利用差速离心法将叶绿体匀浆液离心,从而使叶绿体得到分离。分离过程最好在0~5 ℃的条件下进行;如果在室温下进行,则分离和观察的速度要快。

三、实验用品

1. 实验材料

嫩白菜叶。

2. 实验器材

玻璃研钵、尼龙布、烧杯、离心机、载玻片、盖玻片、普通光学显微镜等。

3. 实验试剂

0.35 mol/L NaCl、清水等。

四、实验操作

(1) 选取新鲜的嫩白菜叶,洗净、擦干后去除叶梗和粗脉,撕成小碎块,称3 g放于玻璃研钵中,加入 10 mL 0.35 mol/L NaCl 溶液,匀浆 3~5 min。

(2)匀浆液用2层尼龙布过滤,将滤液收集在 50 mL 烧杯中。

(3)将滤液平分到2个离心管中,离心机配平,1000 r/min 离心 2 min,弃去沉淀。

(4)将上清液以 3000 r/min 的速度离心 5 min,弃去上清液,沉淀即为叶绿体。

(5)将沉淀用 0.35 mol/L NaCl 溶液悬浮,取一滴叶绿体悬液滴于载玻片上,加盖玻片后置于显微镜下观察。

(6)撕取一小片白菜叶片下表皮置于滴有清水的载片上(放在清水中),盖上盖玻片,在显微镜下观察气孔的形状和保卫细胞里面的叶绿体。

五、作业与思考

(1)记录叶绿体悬液的观察结果。

(2)记录保卫细胞叶绿体的观察结果。

实验七
口腔上皮细胞线粒体的超活染色及观察

一、实验目的

(1) 掌握口腔上皮细胞临时标本的制作方法。
(2) 掌握各操作步骤的作用及注意事项。

二、实验原理

线粒体是一种存在于大多数真核细胞中的重要细胞器,是细胞进行呼吸作用的场所,是细胞中制造能量的结构。活体染色是应用无毒或毒性较小的染色剂真实地显示活细胞内某些结构且对细胞生命活动影响很小的一种染色方法。詹纳斯绿 B(Janus green B)染液是线粒体的专一性活体染色剂。线粒体中细胞色素氧化酶系使染料保持氧化状态呈蓝绿色,而在周围的细胞质中染料被还原,成为无色状态。

三、实验用品

1. 实验器材

口腔黏膜上皮细胞。

2. 实验器材

光学显微镜、载玻片、盖玻片、培养皿、消毒牙签、吸水纸、擦镜纸等。

3. 实验试剂

詹纳斯绿B染液、生理盐水等。

四、实验操作

以口腔黏膜上皮细胞作为实验材料,采用詹纳斯B绿染色法显示细胞中的线粒体。

1. 口腔黏膜上皮细胞涂片的制作

(1)将载玻片刷洗干净,用纱布擦干,置于实验台的适当位置。

(2)蒸馏水漱口,将牙签粗的一端放入自己口腔中。

(3)适当用力在口腔颊内刮几下(用力轻重适宜,以获得活力旺盛的细胞,又不损伤细胞为度)。

(4)将刮下的白色黏性物薄而均匀地涂在载玻片上(可用生理盐水浸没细胞,细胞容易展开;也可不用,但细胞容易贴壁)。

2. 染色

(1)在载玻片中央滴一滴詹纳斯绿B(Janus green B)染液,均匀覆盖细胞,染色0.5~1 min,加盖玻片后立即用显微镜观察。

(2)观察:低倍镜下可见成群或分散的口腔黏膜上皮细胞,大多呈扁平状,核呈圆形或椭圆形,位于细胞中央,被染成淡蓝色。选择单个轮廓清楚的细胞,转换到高倍镜观察,可见细胞质中散在一些被染成蓝绿色的粒状和短棒状的颗粒,即线粒体。

五、作业与思考

根据观察到的结果,描述现象并绘图。

实验八
植物细胞微丝束的光学显微镜观察

一、实验目的

(1)了解细胞骨架的结构。
(2)掌握细胞装片的制作技术。

二、实验原理

细胞骨架是指细胞中纵横交错的纤维网络结构,由各种不同成分的蛋白质组成,按组成成分和形态结构的不同可将细胞骨架分为微管、微丝和中间纤维等类型,对细胞形态的维持,细胞的生长、运动、分裂、分化和物质运输等起重要作用。

用适当浓度的非离子去垢剂 Triton X-100 处理细胞,可以使细胞中的可溶性蛋白和脂类物质被溶解除去。而微丝束是不可溶性蛋白,不会被 Triton X-100 破坏而留在细胞中,再用固定剂对其进行固定,然后用非特异性蛋白染料(考马斯亮蓝R250)对其进行染色,可在光学显微镜下观察到细胞骨架的网状结构。

注:考马斯亮蓝R250并不特异地显示微丝,但由于有些细胞骨架纤维(如微管)在该实验条件下不稳定,又因某些类型的纤维太细而在光镜下无法分辨,因此看到的基本是由微丝组成的纤维束,直径在40 nm左右。

三、实验用品

1.实验材料

洋葱。

2.实验器材

水浴锅、5~10 mL塑料离心管、镊子、剪刀、载玻片、盖玻片、吸管、吸水纸等。

3.实验试剂

6 mmol/L PBS、M 缓冲液、1% Triton X-100、3% 戊二醛、咪唑缓冲液、0.2% 考马斯亮蓝 R250 染料等。

(1) 6 mmol/L PBS (pH 6.5)：

A 液：$NaH_2PO_4 \cdot H_2O$，0.936 mg/mL；

B 液：$Na_2HPO_4 \cdot 12H_2O$，2.148 mg/mL；

工作液：A 液 68.5 mL，B 液 31.5 mL（用 5% $NaHCO_3$ 调 pH 至 6.5）。

(2) M 缓冲液 (pH 7.2)：

咪唑 3.40 g，KCl 3.71 g，$MgCl_2 \cdot 6H_2O$ 101.65 mg，EGTA[乙二醇双(2-氨基乙基醚)四乙酸] 380.35 mg，EDTA（乙二胺四乙酸）29.22 mg，甘油 292 mL，加蒸馏水至 1000 mL（用 1 mol/L HCl 调 pH 至 7.2）。

(3) 1% Tritno X-100：

Triton X-100 液 1 mL，M 缓冲液 99 mL。

(4) 3% 戊二醛：

25% 戊二醛 12 mL，6 mmol/L PBS 88 mL。

(5) 0.2% 考马斯亮蓝 R250 染液：

考马斯亮蓝 R250 粉末 0.2 g，甲醛 46.5 mL，冰醋酸 7 mL，蒸馏水 46.5 mL。

四、实验操作

以洋葱内表皮为实验材料，用光学显微镜观察细胞骨架的形态与分布。

1.取材

撕取洋葱鳞茎内表皮 5 mm²，浸入装有 6 mol/L PBS 的烧杯或小瓶内，使材料下沉，处理 5 min。

2.抽提

吸去 PBS，加去垢剂 1%Triton X-100 液 2 mL，使液体充分浸泡材料，在室温或 37 ℃条件下处理 20 min。

3.冲洗

吸去 1%Triton X-100 液，用 M 缓冲液轻轻冲洗 3 次，每次 3 min。

注:咪唑为缓冲剂,其中的EGTA和EDTA是螯合剂,用于螯合Ca^{2+},在低Ca^{2+}条件下,骨架纤维保持聚合状态。在Mg^{2+}和高浓度Na^+、K^+条件下,球形肌动蛋白装配成微丝。

4.固定

加3%戊二醛固定15 min。

5.冲洗

吸去3%戊二醛固定液,用6 mmol/L PBS缓冲液冲洗3次,每次3 min。

6.染色

吸去PBS,滴几滴0.2%考马斯亮蓝R250染料,染色10 mins。

7.制片

吸去染料,用蒸馏水洗2~3次,将标本平铺在载玻片上,加盖玻片。

8.镜检

将制好的装片置于光学显微镜的低倍镜下,可见到规则排列的长方形洋葱表皮细胞,细胞内可见到被染成蓝色的粗细不等的纤维网络结构,即构成细胞骨架的微丝束。选择染色较好的细胞,转高倍镜继续观察,调节细准焦螺旋可见到清晰的细胞骨架的立体结构。

五、作业与思考

描述现象并绘制洋葱表皮细胞骨架图。

实验九
布拉舍(Brachet)染色法显示 RNA、DNA

一、实验目的

(1) 了解 Brachet 染色法显示 RNA 及 DNA 的原理。
(2) 掌握 Brachet 染色法的操作过程。

二、实验原理

Brachet 染色法又称为甲基绿-派洛宁(methyl green-pyronin)染色法,当用甲基绿-派洛宁混合染料染细胞时,DNA 被染成绿色而 RNA 被染成红色。

该法在 1899 年由 Pappenheim 首创,1902 年 Unna 对其进行了改良。

1940 年 Brachet 研究证明了其原理:DNA 分布于细胞核的染色质上,RNA 分布于细胞质及细胞核的核仁内。虽然 DNA 和 RNA 在结构上具有很多相似之处,但两者聚合程度不同,DNA 聚合程度较高,RNA 聚合程度较低。

甲基绿和派洛宁都是碱性染料在 pH 为 4.6 的条件下,甲基绿与派洛宁跟核酸发生竞争性结合。甲基绿与 DNA 双螺旋外侧的磷酸基团结合力强,结合后阻止派洛宁从碱基之间插入,DNA 被甲基绿染成绿色。派洛宁与 RNA 结合力强,RNA 结构松散,派洛宁可以插入,从而中和磷酸基团,并阻止甲基绿染色,RNA 被派洛宁染成红色。这样就能使细胞中两种核酸分别显示出来。

此反应对 pH 敏感,染料的纯度和染料的结合力都能影响染色效果。

三、实验用品

1.实验材料

洋葱。

2.实验器材

显微镜、载玻片、盖玻片、镊子、剪刀等。

3.实验试剂

甲基绿(2%)-派洛宁(1%)混合染料（1:9,体积比）等。

四、实验操作

以洋葱鳞茎内表皮为实验材料,采用Brachet染色法显示细胞中的RNA及DNA。

1.取材

用镊子撕取一小块洋葱内表皮,剪成4~5 mm²的小块,置于载玻片上。

2.染色

用吸管吸取1滴甲基绿-派洛宁混合染料（又称Unna染料）,滴在表皮上,染色30~40 min。

3.冲洗

清水冲洗表皮至流下水无色即可,并用吸水纸将残留的水吸干。

4.观察

盖上盖玻片后镜检。细胞质和核仁被染成红色(富含RNA),细胞核被染成绿色(富含DNA)。证明RNA在细胞中的分布:主要集中在细胞质及细胞核内,在细胞核中主要集中在核仁内(在染色质及染色体内也存在微量RNA)。

五、作业与思考

描述现象并绘制洋葱鳞茎内表皮染色图。

实验十
过碘酸-希夫反应(PAS)显示多糖

一、实验目的

(1)了解PAS反应的原理。
(2)了解多糖在细胞中的分布情况。

二、实验原理

过碘酸是一种强氧化剂,可把多糖氧化成高分子醛化物。具体作用机理是打开多糖中葡萄糖的二、三位碳原子之间的连接,同时将多糖中的乙二醇基氧化为两个游离醛基。然后,游离醛基可与希夫(Schiff)试剂反应,形成红色-紫红色的化合物,颜色深浅与多糖含量成正比。

三、实验用品

1.实验材料

草履虫培养液。

2.实验器材

离心机、离心管、显微镜、擦镜纸、量筒、染色缸、纱布等。

3.实验试剂

0.5%过碘酸(HIO_4)溶液、碱性品红、偏重亚硫酸钠(或偏重亚硫酸钾)、乙酸钠、HCl、甲基绿、95%酒精、100%酒精。

(1)过碘酸酒精溶液(新鲜配制)。

过碘酸($HIO_4 \cdot 2H_2O$)0.4 g、95%酒精35 mL、0.2 mol/L乙酸钠(27.2 g溶于1000 mL

蒸馏水)5 mL、蒸馏水 5 mL。

此溶液配好后保存在 0～4 ℃的冰箱内,瓶身覆盖黑纸,此液如显棕黄色即失效。

(2)Schiff 原液。

先将 200 mL 蒸馏水加热至沸腾,移开火焰,往水中加入碱性品红 1 g,充分搅拌(或继续加热至沸腾,有助于溶解),至药品完全溶解。待溶液冷却到 50 ℃时,过滤到磨口棕色试剂瓶中。加入 1 mol/L HCl 溶液 20 mL,冷却到 25 ℃时加入 1 g 偏重亚硫酸钾($K_2S_2O_5$)或偏重亚硫酸钠($Na_2S_2O_5$),充分振荡后盖紧瓶塞,在室温下放置于暗处过夜(至少 14～24 h,有时需 2～3 d)。取出时,其颜色应退至淡黄色或近于无色,[溶液如呈浅红色可加一匙(约 0.5 g)中性活性炭吸色,剧烈振荡 1 min],过滤后即得无色溶液。

Schiff 原液配成后须塞紧瓶塞,外包黑布或黑纸,储存在冰箱(4 ℃下可保存数月,冷冻可长期保存)或黑暗低温处。如果配制后的溶液颜色呈红色,除因操作时的差错外,多由于碱性品红或偏重亚硫酸钠质量不好。如果溶液颜色变为粉红色,则失效不能再用。

(3)Schiff 酒精溶液。

Schiff 原液 11.5 mL、1 mol/L HCl 0.5 mL、100% 酒精 23 mL。配好后如溶液略带红色仍可使用,避光、避热、避氧气保存。

(4)偏重亚硫酸水溶液(漂洗液)。

100 g/L 偏重亚硫酸水溶液(10 g 偏重亚硫酸钠或偏重亚硫酸钾,加 100 mL 蒸馏水)5 mL,蒸馏水 90 mL,1 mol/L HCl 5 mL,摇匀后塞紧瓶塞。新配制的溶液二氧化硫气味很浓,至无味时便不能再用。此溶液不能放置太久,最多 6～7 d,最好在使用前现用现配,否则会因 SO_2 逸出而失效。

(5)1 mol/L 盐酸。

取相对密度为 1.19 的浓盐酸 82.5 mL,加蒸馏水至 1000 mL(如果是相对密度为1.16 的浓盐酸则用 98.8 mL,加蒸馏水至 1000 mL)。

(6)10 g/L 甲基绿水溶液。

1 g 甲基绿,99 mL 蒸馏水,再加 1 mL 冰醋酸。

四、实验操作

以草履虫为实验材料,采用过碘酸-希夫反应显示细胞质中的多糖成分。

(1)取适量草履虫培养液,用纱布过滤掉培养液中的稻草后,离心无稻草的草履虫培养液,1400 r/min 至少离心 5 min,取沉淀 1~2 滴滴于载玻片上。

(2)用 95% 酒精固定 10 min,此过程中要防止酒精完全挥发干,要不断补充酒精。

(3)滴加几滴 0.5% 过碘酸酒精溶液作用 15 min。

(4)滴加 Schiff 酒精溶液(暗处室温)作用 30~45 min。

(5)用偏重亚硫酸水溶液漂洗 3 次(除去多余的无色 Schiff 试剂),每次 2 min。

(6)清水冲洗约 1 min 后晾干,用 10 g/L 的甲基绿复染 5 min,然后水洗,晾干,镜检。镜检要点:细胞内的糖原为红色-紫红色颗粒;颜色深浅与细胞中糖原含量成正比,多时呈深紫红色。

五、作业与思考

描述结果并绘图。

第五篇

分子生物学实验

实验一
平板划线法

一、实验目的

(1)掌握分子生物学实验的基本方法和技能。
(2)熟练掌握培养基制备的基本过程及平板划线法。

二、实验原理

平板划线法主要是借划线将细菌在琼脂平板表面分散开,使单个细菌能固定在某一点,生长繁殖后形成单个的菌落从而达到分离纯化的目的。平板划线法常用于分离单个菌落,也可用于观察细菌的生长状况和观察某些生化反应。

三、实验用品

1.实验材料

菌液。

2.实验器材

高压蒸汽灭菌锅、37 ℃恒温培养箱、接种环等。

3.实验试剂

蛋白胨、酵母提取物、NaCl、NaOH、氨苄西林(Amp)。

四、实验操作

1.培养基的配制

(1)LB 液体培养基:称取蛋白胨(Tryptone)10 g,酵母提取物(Yeast extract) 5 g,NaCl 10 g,溶于 800 mL 去离子水中,用 NaOH 调 pH 至 7.5,加去离子水至总体积为 1 L,0.1 MPa、121 ℃下蒸汽灭菌 20 min。

(2)LB固体培养基:每升LB液体培养基加入12 g琼脂粉,0.1 MPa、121 ℃下蒸汽灭菌20 min。

(3)氨苄西林(Ampicillin,Amp)母液:配成100 mg/mL水溶液,-20 ℃保存备用。

2.平板划线法

(1)倒平板。

将LB固体培养基用微波炉加热至彻底溶解,冷却至60 ℃后,在超净工作台中往培养基中加入一定量的Amp,混匀。然后,左手手掌持一次性培养皿,大拇指与中指轻轻将平皿盖子拿起,右手持培养基快速往培养皿中倒入一定量的溶解的固体培养基。静置数分钟至凝固。

(2)标记。

在培养皿底部,用记号笔注明接种的菌名、接种者姓名、日期等信息。

(3)取菌种。

左手持装有大肠杆菌菌液的试管,用持有接种环的右手手掌及小指拔出试管塞,将试管管口迅速通过火焰2~3次进行灭菌。将已灭菌且已冷却的接种环伸入菌种管中,取一环菌液,然后退出菌种管,将菌种管管口及试管塞再次通过火焰2~3次灭菌,塞好试管塞,放至原来的位置。

(4)划线接种。

左手手掌持LB培养基平板,大拇指与中指轻轻将平皿盖子拿起,右手持接种环在培养基表面来回划线,划线时使接种环与接种平板面呈30°~40°角,以腕力在培养基表面轻而快地来回滑动。

(5)恒温培养。

划线完毕,盖上皿盖,将培养皿倒放,送进37 ℃恒温培养箱培养。

(6)观察。

培养18~24 h后将培养皿取出。观察培养基表面生长的各种菌落,注意其大小、形状、边缘、表面结构、透明度、颜色等性状。

五、作业与思考

(1)认真做好实验记录。

(2)次日观察菌落,描述菌落形状、大小等,并拍照附图。

实验二
碱裂解法提质粒DNA

一、实验目的

(1)掌握常用的质粒DNA的提取方法和检测方法。
(2)了解提取质粒DNA的原理及实验中各试剂的作用。

二、实验原理

细菌质粒是一类双链、闭环的DNA,大小从1~200 kb不等,有的甚至超过了200 kb。各种质粒都是存在于细胞质中、独立于细胞染色体之外的自主复制的遗传成分,通常情况下可持续稳定地处于染色体外的游离状态,但在一定条件下也会可逆地整合到寄主染色体上,随着染色体的复制而复制,并通过细胞分裂传递给后代。

质粒已成为目前最常用的基因克隆的载体分子,可获得大量纯化的质粒DNA分子。目前,提取质粒DNA的方法有很多,本实验采用碱裂解法提取质粒DNA。

碱裂解法是一种应用特别广泛的制备质粒DNA的方法,碱变性抽提质粒DNA是基于染色体DNA与质粒DNA的变性与复性的差异而达到分离目的。在pH 12~12.5的碱性条件下,染色体DNA的氢键断裂,双螺旋结构解开而变性。质粒DNA的大部分氢键也断裂,但超螺旋共价闭合环状的两条互补链不会完全分离,当以pH为4.8的乙酸钾高盐缓冲液去调节其pH至中性时,变性的质粒DNA又恢复为原来的构型,保存在溶液中,而染色体DNA不能复性而形成缠连的网状结构,通过离心,染色体DNA与不稳定的大分子RNA、蛋白质-SDS复合物等一起沉淀下来而被除去。

三、实验用品

1.实验材料

大肠杆菌 E. coli DH5α(含重组质粒)。

2. 实验器材

微量移液器(20 μL、200 μL、1000 μL)、台式高速离心机、恒温振荡摇床、高压蒸汽灭菌锅、旋涡混合器、恒温水浴锅、冰箱、1.5 mL塑料离心管(EP管)、离心管架、移液吸头及吸头盒、卫生纸、一次性培养皿、接种环、酒精灯等。

3. 实验试剂

① LB液体培养基：称取蛋白胨(Tryptone) 10 g，酵母提取物(Yeast extract) 5 g，NaCl 10 g，溶于800 mL去离子水中，用NaOH调pH至7.5，加去离子水至总体积为1 L，高压蒸汽灭菌20 min。

② 氨苄西林(Ampicillin, Amp)母液：将Amp配成100 mg/mL水溶液，于-20 ℃冰箱内保存备用。

③ 溶液Ⅰ(pH 8)：葡萄糖(50 mmol/L)，Tris·HCl(25 mmol/L)，EDTA (10 mmol/L)。

④ 溶液Ⅱ：NaOH(0.4 mol/L)，SDS (2%)，用前等体积混合。

⑤ 溶液Ⅲ：60 mL的5 mol/L乙酸钾，11.5 mL的冰醋酸，28.5 mL H_2O。

⑥ TE缓冲液(pH 8)：1 mol/L Tris-HCl(pH 8) 1 mL，0.5 mol/L EDTA(pH 8) 0.2 mL，加dd H_2O至100 mL。121 ℃高压蒸汽灭菌20 min，4 ℃保存备用。

⑦ 0.5 mol/L EDTA(乙二胺四乙酸)：用700 mL H_2O中溶解186.1 g Na_2-EDTA·$2H_2O$，用10 mol/L NaOH调pH至8(需约50 mL)，补H_2O到1 L。

⑧ 苯酚-氯仿-异戊醇(25∶24∶1，体积比)。氯仿可使蛋白变性并有助于液相与有机相分开，异戊醇可消除抽提过程中出现的泡沫。苯酚和氯仿均有很强的腐蚀性，操作时应戴手套。

⑨ 无水乙醇：4 ℃预冷，用后放回。

⑩ 70%乙醇：4 ℃预冷，用后放回。

⑪ RNA酶A(RNase A)母液：将RNA酶A溶于10 mmol/L Tris·HCl(pH 7.5)，15 mmol/L NaCl中，配成10 mg/mL的溶液，100 ℃加热15 min，使混有的DNA酶失活。冷却后用1.5 mL EP管分装成小份后保存于-20 ℃冰箱中。

⑫ 灭菌双蒸水(dd H_2O)。

四、实验操作

1. 常规方法

(1) 用灭菌的牙签挑取单菌落放入 3 mL LB 液体培养基(含 0.1 mg/mL Amp)中,37 ℃振荡培养过夜(12~14 h)。

(2) 将菌液转入 1.5 mL EP 管中,10000 r/min 离心 1 min,弃上清液,收集沉淀下来的所有菌体。

(3) 加入 100 μL 溶液 I 于含有菌体细胞的 EP 管中,旋涡振荡将细菌沉淀悬浮,室温放置 10 min。

(4) 加 200 μL 溶液 II,快速轻轻混匀内容物(千万不能旋涡振荡),冰浴静置 5 min,菌体裂解液变清。

(5) 加 150 μL 溶液 III(冰上预冷),盖紧管口,轻轻颠倒数次混匀(千万不能旋涡振荡)。冰上放置 15 min,让质粒 DNA 复性。

(6) 12000 r/min 离心 10 min,将上清液转至另一 EP 管(做好标记)中。

(7) 向上清中加入等体积(约 450 mL)的苯酚-氯仿-异戊醇(除去蛋白质和脂质),振荡混匀,12000 r/min 离心 5 min。将上清液转移到另一个 1.5 mL EP 管中。

(8) 向上清液中加入等体积的氯仿-异戊醇(去除微量酚和脂质),振荡混匀,12000 r/min 离心 5 min。将上清液转移到另一个 1.5 mL EP 管中。

(9) 向上清液中加入等体积预冷的无水乙醇,混匀,室温放置 30~60 min,12000 r/min 离心 10 min。

(10) 弃上清液,将管口敞开倒置于卫生纸上使所有液体流尽,加入 1 mL 70% 乙醇洗涤沉淀一次,12000 r/min 离心 5 min。

(11) 吸除上清液,将管倒置于卫生纸上使液体流尽,室温干燥。

(12) 将沉淀溶于 20 μL TE 缓冲液(pH 8,含 20 μg/mL RNase A,约 4 μL)中,37 ℃水浴 30 min 以降解 RNA 分子,然后将产物储于 -20 ℃ 冰箱中。

2. 试剂盒方法

(1) 从 4 ℃冰箱中拿出长满菌体的 LB 平板,打开培养皿,用镊子(灭菌)夹取 100 μL 的吸头挑取单菌落,之后把带有菌落的吸头放入带有抗生素的 LB 液体培养基中(4 mL 或 10 mL,认真标记),37 ℃振荡培养过夜(若是第二天进行二次活化,则按照 1:20 的比例将菌液接种于培养基中,37 ℃振荡培养 3 h,记得加抗生素)。

(2)取 1.5 mL 菌液加入 1.5 mL 的离心管中,12000 r/min 离心 1 min,弃上清液(尽量除尽上清液,否则可能影响质粒纯度)。

(3)向离心管中加入 250 μL 溶液 A,充分振荡使菌体充分悬浮、分散,直至无菌块存在。

(4)向离心管中加入 250 μL 的溶液 B,缓慢倒转 4~6 次,混匀,待溶液清亮即可进行下一步操作(注意:混匀时用力不宜过大,看到溶液变清亮即可)。

(5)向离心管中加入 350 μL 溶液 C,马上反复颠倒混匀 4~6 次。再静置 2 min 以充分中和溶液(注意:此时可见大量白色絮状沉淀物)。

(6)12000 r/min 离心 10 min。

(7)转移上清液于离心柱中,静置 2 min(注意:此时离心柱置于收集管中)。

(8)12000 r/min 离心 1 min,弃废液(注意:此时 DNA 被吸附于离心柱的硅基质膜上)。

(9)加入 500 μL 溶液 D(使用前确认溶液 D 中已加入 48 mL 无水乙醇),12000 r/min 离心 1 min,弃废液(注意:此步骤主要目的是将膜上的蛋白质、盐等杂质洗脱)。

(10)加入 500 μL 溶液 E(使用前确认溶液 E 中已加入 48 mL 无水乙醇),12000 r/min 离心 1 min,弃废液。

(11)12000 r/min 再次离心 2 min 以甩干剩余液体(注意:本步骤主要作用是去掉残余酒精,以利 DNA 溶解)。

(12)将离心柱置于新的离心管中,室温敞开离心管盖放置 5~10 min,向吸附膜的中间部位加入 50~100 μL 溶液 F,室温静置 2 min,12000 r/min 离心 2 min,管底即为质粒 DNA。溶液 F 可用双蒸水或 TE 代替(pH>7.5)。加入的溶液 F 或水或 TE 的体积视质粒拷贝数多少、用户对质粒浓度要求而定。TE 适合质粒的长期保存,但可能抑制各种酶活性,故视具体情况选择溶液 F 或水或 TE。

五、作业与思考

(1)将提取的质粒做好标记并保存好,用于下节课琼脂糖凝胶电泳检测质粒 DNA 实验(本篇实验三)。

(2)简述碱裂解法提取质粒过程中各试剂的作用。

(3)预习琼脂糖凝胶电泳检测质粒 DNA 实验。

实验三
琼脂糖凝胶电泳检测质粒DNA

一、实验目的

通过本实验学习琼脂糖凝胶电泳检测DNA的方法和技术

二、实验原理

琼脂糖凝胶电泳技术是分离、鉴定和提纯DNA片段的有效方法。琼脂糖是一种天然聚合长链状分子,可以形成刚性的滤孔,凝胶孔径取决于琼脂糖的浓度。琼脂糖的浓度越高,孔径越小,其分辨能力越强。一般琼脂糖凝胶可分辨0.1~60 kb的双链DNA片段。DNA分子在凝胶中移动时有电荷效应和分子筛效应。DNA分子是两性电解质,在高于其等电点的pH溶液中,DNA分子带负电荷,从负极向正极移动。根据DNA分子大小、结构及所带电荷的不同,不同的DNA以不同的速率通过介质而相互分离。溴化乙锭(EB)是一种荧光染料,能够与DNA分子紧密结合,在254 nm的紫外光激发下,发出明亮的红橙色荧光。

三、实验用品

1.实验材料

已提取好的质粒。

2.实验器材

琼脂糖凝胶电泳系统、凝胶成像仪、微波炉、微量移液器。

3.实验试剂

琼脂糖、EB、10×TAE 电泳缓冲液(40 mmol/L Tris, 20 mmol/L NaAc, 1 mmol/L

EDTA pH 8.0)、上样缓冲液(6×loading buffer)、0.05%溴酚蓝、DNA分子量标准(DNA Marker)。

四、实验操作

1. 制备琼脂糖凝胶

按照被分离DNA的大小,决定凝胶中琼脂糖的百分含量,可参照表5-3-1。

表5-3-1　不同浓度琼脂糖凝胶分离DNA分子的范围

琼脂糖的含量/%	分离线状DNA分子的有效范围/kb
0.3	5.0~60.0
0.6	1.0~20.0
0.7	0.8~10.0
0.9	0.5~7.0
1.2	0.4~6.0
1.5	0.2~4.0
2.0	0.1~3.0

如:称取0.2 g琼脂糖,放入锥形瓶中,加入20 mL 1×TAE电泳缓冲液,放入微波炉中加热至琼脂糖完全溶解,取出摇匀,则为1%琼脂糖凝胶液。

2. 胶板的制备

(1)将有机玻璃内槽洗净、晾干,放置于一水平制胶器中,并放好样品梳子。

(2)取琼脂糖0.2 g,加入20 mL 1×TAE电泳缓冲液于150 mL锥形瓶中,加热溶解。

(3)平衡凝胶槽,放好两侧挡板,调节好梳子与底板的距离(一般高出底板0.5~1 mm)。

(4)铺板:往溶解好的凝胶中加入终浓度为0.5 μg/mL的EB溶液,轻轻混匀,待冷至60 ℃左右时倒入凝胶槽,胶厚度一般为5~8 mm。

(5)待胶彻底凝固后,将凝胶放入盛有电泳液的电泳槽中(加样孔朝向负极端,DNA由负极向正极移动),使液面高出凝胶2~3 mm,小心拔出梳子。

3. 加样

将 DNA 样品与 6×loading buffer 按 5∶1(体积比)的比例混合后并用移液器加到凹孔中(样品不可溢出),留一个孔加入 DNA Marker,同时记录点样顺序及点样量。

4. 电泳

(1)打开电源,调节电压。电压与凝胶的浓度有关,一般电压不超过 5 V/cm。

(2)据指示染料(6×loading buffer 中的溴酚蓝)移动的位置,确定电泳是否终止,当溴酚蓝移动到距凝胶前沿 1~2 cm 处停止电泳。

(3)电泳完毕关闭电源,将凝胶放在凝胶成像仪下观察并拍照。

五、注意事项

琼脂糖在微波炉中加热时间不宜过长,当溶液起泡沸腾时停止加热,否则溶液会因为过热而暴沸,造成琼脂糖凝胶浓度不准,也会污染或损坏微波炉。溶解琼脂糖时,必须保证琼脂糖彻底溶解,否则,会造成电泳图像模糊不清。

六、作业与思考

绘制观察到的电泳条带,并在图中标注出正确的条带大小。

实验四
DNA的酶切与凝胶纯化回收

一、实验目的

(1)掌握限制性内切核酸酶的酶切原理及体系建立。
(2)了解纯化回收的原理。

二、实验原理

1. 限制性内切核酸酶

基因工程中必不可少的一种工具酶就是限制性内切核酸酶,限制性内切核酸酶是一类能专一识别双链DNA分子中特定核苷酸序列,并在识别序列内或附近特异切割双链DNA的核酸水解酶。图5-4-1所示为 *Bam*H I 酶切的序列片段。

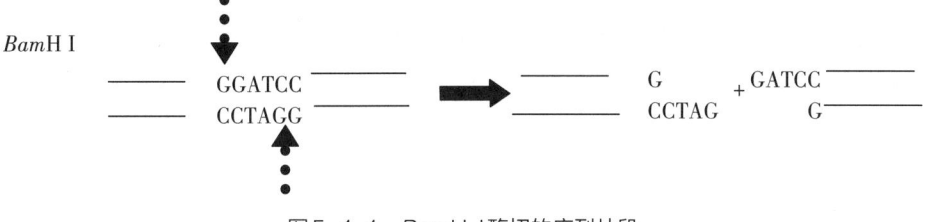

```
BamH I        ↓
         ——GGATCC——         ——G       GATCC——
           CCTAGG              CCTAG +     G
                ↑
```

图5-4-1 *Bam*H I酶切的序列片段

2. 命名原则

限制性内切核酸酶的命名采用的是1973年H.O.Smith和D.Nathans提议的命名原则。

(1)限制性内切核酸酶第一个字母(大写,斜体)代表该酶的宿主菌属名(genus);第二、三个字母(小写,斜体)代表宿主菌种名(species)。
(2)第四个字母代表宿主菌的株或型(strain)。
(3)若从一种菌株中发现了几种限制性内切核酸酶,即根据发现和分离的先后顺序用罗马字母表示。

3. 类型

据限制性内切核酸酶的识别切割特性、催化条件及是否具有修饰酶活性,可分为Ⅰ型、Ⅱ型、Ⅲ型三类,最常用的是Ⅱ型。Ⅱ型限制性内切酶核酸有严格的识别、切割顺序,它以核酸内切方式水解DNA链中的磷酸二酯键,产生的DNA片段5′端为P,3′端为OH,识别序列一般为4~6个碱基对,通常是反转录重复顺序,有180°的旋转对称性,即回文结构。Ⅱ型限制性核酸内切酶切割双链DNA并产生3种不同的切口——5′黏性末端、3′黏性末端、平末端。

4. 质粒的回收与保存

双酶切结束后,质粒与目的基因片段分离,由于基因和载体分子量大小不同,在电泳过程中可以分离开来,再利用DNA快速纯化回收试剂盒将目的基因纯化出来,再放入-20 ℃冰箱中保存,用于后续实验。

三、实验用品

1. 实验材料

提取的质粒。

2. 实验器材

恒温水浴锅、琼脂糖凝胶电泳系统、凝胶成像仪、微波炉、DNA快速纯化回收试剂盒、微量移液器等。

3. 实验试剂

*Bam*H I/*Hind* III 酶及其酶切缓冲液、琼脂糖、TAE电泳缓冲液等。

四、实验操作

1. 按下列酶切体系(表5-4-1)加入相应的反应物

酶切体系组成及计算方法:根据DNA量计算酶的用量,再计算酶切体系总体积、缓冲液(10 × buffer)和水的用量。(*Bam*H I/*Hind* III)酶切过夜。

表5-4-1　酶切反应体系

H_2O	27.0 μL
重组质粒	15.0 μL
10 × buffer	5.0 μL
Hind Ⅲ	1.5 μL
*Bam*H Ⅰ	1.5 μL
总体积	50.0 μL
37 ℃保温1 h。	

2. 检测

进行琼脂糖凝胶电泳检测。

3. 纯化回收

利用DNA快速纯化回收试剂盒将凝胶中的DNA进行纯化回收。

提示：试剂盒第一次使用前请先在漂洗液WB中加入指定量的无水乙醇，加入后请及时标记已加入乙醇，以免重复加入！

4. 切胶

在长波紫外灯下，用干净刀片将所需回收的DNA条带切下，尽量切除不含DNA的凝胶，得到凝胶体积越小越好（但不要将DNA切掉了）。

5. 称重

先称一个空1.5 mL离心管重量，然后将切下的含有DNA条带的凝胶放入1.5 mL离心管，称重。两次重量相减，即为凝胶的重量。

6. 加溶胶液

若凝胶浓度小于2%，则加3倍体积溶胶液，比如凝胶重为100 mg，其体积可视为100 μL，则加入300 μL溶胶液。如果凝胶浓度大于2%，则应加入6倍体积溶胶液。

7. 助溶

56 ℃水浴放置10 min（直至胶完全溶解），每2～3 min旋涡振荡一次帮助加速溶解。

8. 加异丙醇（可选做此步骤，一般不需要）

按每 100 mg 最初的凝胶重量加入 150 μL 的异丙醇，振荡混匀。

有时候加入异丙醇可以提高回收率，加入后不要离心。回收大于 4 kb 的片段时，不加入异丙醇，若加入了有的时候反而可能降低回收率。

9. 平衡液预处理吸附柱

使用平衡液预处理硅胶膜吸附柱为必做步骤，将吸附柱放入收集管中，往吸附柱加入 500 μL 平衡液（BL），静置 2 min 后，12000 r/min 离心 1 min，倒掉收集管中的废液，再将吸附柱重新放回收集管中。

10. 上柱

将凝胶溶液加入吸附柱中，室温放置 1 min，12000 r/min 离心 30～60 s，倒掉收集管中的废液。

如果凝胶溶液总体积超过 750 μL，可分两次将溶液加入同一个吸附柱中。

11. 第一次漂洗

加入 600 μL 漂洗液 WB（请先检查是否已加入无水乙醇），12000 r/min 离心 30 s，弃掉废液。

12. 第二次漂洗

加入 600 μL 漂洗液 WB，12000 r/min 离心 30 s，弃掉废液。

13. 离心

12000 r/min 离心 2 min，尽量除去漂洗液，以免漂洗液中残留乙醇抑制下游反应。

14. 洗脱

取出吸附柱，将其放入一个干净的离心管中，在吸附膜的中间部位加 50 μL 洗脱缓冲液 EB（洗脱缓冲液事先在 65～70 ℃ 水浴中加热效果更好），室温放置 2 min，12000 r/min 离心 1 min，离心下来的溶液即为 DNA。如果需要较多量 DNA，可将得到的溶液重新加在吸附膜的中央，离心 1 min。

洗脱液体积越大，洗脱效率越高，如果需要 DNA 浓度较高，可以适当减少洗脱液体积，但是最小体积不应小于 25 μL，体积过小会降低 DNA 洗脱效率，降低产量。

五、注意事项

(1)溶胶液中含有刺激性化合物,操作时要戴乳胶手套,避免沾染皮肤、眼睛和衣服。若沾染皮肤、眼睛时,要立即用大量清水或者生理盐水冲洗。

(2)纯化回收的DNA片段一般在0.1~40 kb之间,过长、过短片段的回收效率会迅速降低。

(3)回收DNA的量和起始DNA的量、洗脱体积、DNA片段大小有关。一般起始量为1~15 μg,0.1~5 kb的DNA片段,回收率可高达85%。

(4)切胶回收时,需在紫外灯下操作,但紫外灯对DNA片段有损坏作用,故应尽可能使用能量低的长波紫外线,并且尽可能地缩短紫外线下处理的时间。

(5)洗脱液EB不含有螯合剂EDTA,不影响下游酶切、连接等反应。也可以使用水洗脱,但应该确保pH大于7.5,pH过低影响洗脱效率。用水洗脱的DNA片段应该保存在-20 ℃冰箱中。DNA片段如果需要长期保存,可以用TE缓冲液洗脱(10 mmol/L Tris-HCl,1 mmol/L EDTA,pH 8),但是TE中含有的EDTA可能影响下游酶切反应,使用时可以适当稀释。

六、作业与思考

(1)做好实验记录,例如凝胶重量等数据。

(2)绘制实验结果图。

实验五
大肠杆菌感受态细胞的制备

一、实验目的

通过本实验,掌握大肠杆菌感受态细胞的制备方法和技术。

二、实验原理

细胞经过物理或化学方法处理后,处于容易吸收外源DNA的生理状态称感受态。质粒本身不具备感染细胞的能力,为了使细胞能吸收外源DNA,必须改变其细胞生理状态,使之具有很强的接受外源DNA的能力,因此在转化之前需要进行感受态细胞制备。

三、实验用品

1. 实验材料

大肠杆菌DH5α。

2. 实验器材

超净工作台、恒温摇床、试管、一次性培养皿等。

3. 实验试剂

LB培养基(液体、固体)、0.1 mol/L $CaCl_2$ 溶液(过滤灭菌)等。

四、实验操作

(1)挑取纯化的大肠杆菌单菌落接种于盛有3 mL LB液体培养基的小锥形瓶里,37 ℃、180 r/min振荡培养过夜。

(2)取 0.4 mL 培养菌液接入 40 mL LB 液体培养基中,37 ℃、180 r/min 振荡培养至 OD_{600} 为 0.5~0.6,再冰浴 15 min。

(3)将菌液移入 1.5 mL 无菌 EP 管中,4 ℃、4000 r/min 离心 5 min,弃上清液,沉淀用 300 μL 预冷的 0.1 mol/L $CaCl_2$(过滤灭菌)悬浮,用枪头轻轻混匀,冰浴 30 min。

(4)4 ℃,4000 r/min 离心 10 min,弃上清液,沉淀再加 100 μL 预冷的 0.1 mol/L $CaCl_2$,轻轻重悬(务必放在冰上)。

(5)重悬后的细胞为感受态细胞,保存于 -80 ℃ 冰箱中。

五、作业与思考

详细描述你的实验结果,并分析实验中应注意的细节。

实验六
蓝白斑筛选鉴定重组体

一、实验目的

(1) 了解α互补原理以及其他筛选鉴定方法。
(2) 通过本实验学会重组DNA(重组子)的筛选方法和技术。
(3) 熟悉重组DNA筛选的操作步骤。

二、实验原理

DNA片段的连接:质粒DNA与目的基因经同一种或两种限制性内切核酸酶消化后,产生具有相同的黏性末端或平末端的DNA片段,在DNA连接酶及ATP的作用下,具有相同末端的DNA片段之间能重新生成磷酸二酯键,从而使DNA片段相互连接。

转化是指将质粒DNA或以它为载体构建的重组子导入细菌,并使细菌细胞的生物学特性发生可遗传的改变的过程。其原理是当细菌处于0 ℃的$CaCl_2$低渗溶液中时,菌体细胞膨胀成球状,同时转化混合物中的DNA形成的抗DNA酶的羟基-钙磷酸复合物黏附于细胞表面,经过42 ℃短时间热激处理,促进细胞吸收DNA复合物,在丰富培养基上生长1 h后,球状细胞复原并分裂增殖,重组子中的基因在被转化的细菌中得到表达,再通过选择性培养基平板即可筛选出所需要的转化子。

蓝白斑筛选的基因工程菌为β-半乳糖苷酶缺陷型菌株。这种宿主菌基因组中编码β-半乳糖苷酶的基因突变,造成其编码的β-半乳糖苷酶失去正常N端一个146个氨基酸的短肽(即α肽链),从而不具有生物活性,即无法作用于X-gal产生蓝色物质。一些载体(如PUC系列质粒)带有β-半乳糖苷酶(Lac Z)N端α片段的编码区,该编码区中含有多克隆位点(MCS),可用于构建重组子。这种载体适用于仅编码β-半乳糖苷酶C端ω片段的突变宿主细胞。因此,宿主和质粒编码的片段虽都没有半乳糖苷酶活性,但它们同时存在时,α片段与ω片段可通过α-互补形成具有酶活性的β-半乳糖苷酶。这样,Lac Z基因在缺少近操纵基因区段的宿主细胞与带有完整近操纵基因区段的质粒之间实现了互补。由α-互补产生的Lac Z⁺细菌在诱导剂IPTG(异丙基硫代半乳糖苷)的作用下,在生色底物X-gal存在时产生蓝色菌落。而当外源DNA插入到质粒的多克隆位点后,几乎不可避免地破坏α片段的编码,使得带有重组质粒的Lac Z⁻细菌形成白色菌落。这种重组子的筛选,称为蓝白斑筛选。

三、实验用品

1.实验材料

质粒DNA(*Bam*H I、*Hind* III 双酶切的质粒DNA)、目的DNA片段(*Bam*H I、*Hind* III 双酶切)。

2.实验器材

超净工作台、涂布棒、培养皿、恒温培养箱、恒温水浴锅、离心管、锥形瓶、摇床、冰盒、碎冰、微量移液器等。

3.实验试剂

T_4 DNA连接酶(5 U/μL)、*Bam*H I、*Hind* III、5×T_4 DNA连接酶缓冲液、感受态细胞、X-gal、IPTG、LB培养基(液体、固体)、无菌的0.1 mol/L $CaCl_2$溶液、氨苄西林、卡那霉素等。

四、实验操作

1.DNA的连接

(1)连接反应混合液的准备:按照表5-6-1在Eppendorf(EP)管中依次加入下列试剂。

表5-6-1 连接体系

经 *BamH* I、*Hind* III双酶切的质粒DNA(回收的产物)	4 μL
目的DNA片段(T-载体)	2 μL
5×T₄ DNA连接酶缓冲液	2 μL
T₄ DNA连接酶	1 μL
重蒸水	1 μL
总体积	10 μL

(2)将EP管放入16 ℃水浴中过夜,反应产物用于转化。

注:载体与目的基因的摩尔数之比应为1∶(3~5)。当目的基因浓度过高(过低)时,可通过增加(减少)重蒸水和减少(增加)目的基因的加入量来调节。

2.转化

(1)制备含有Amp的LB培养基平板。

(2)取一管100 μL的感受态细胞(如果是冰冻的则需要在冰上化冻后,进行后续操作),加入重组质粒(质粒与目的基因)的连接产物5 μL(不要超过5 μL),轻轻用枪吹打混匀。

(3)冰浴20 min。

(4)然后42 ℃保温90 s,或37 ℃保温5 min,迅速放入冰中,冰浴3~5 min。

(5)添加1 mL的LB液体培养基,37 ℃振荡培养45~60 min。

(6)取部分培养菌液(约100 μL),用移液器轻轻吹匀,吸至含有Amp抗生素的LB培养基平板上,另添加20 μL 20 mg/mL的X-gal和40 μL 100 mmol/L的IPTG,均匀涂布。

(7)培养基正面放置于37 ℃培养箱中培养30 min后,再倒置培养16 h。

(8)观察平板上长出的抗性菌落(转化子),有白色菌落和蓝色菌落,白色菌落可视为重组子,蓝色菌落为非重组子。统计蓝、白斑的比例。

五、作业与思考

白色菌落是否都是真正的重组子?为什么?

实验七
PCR扩增DNA及电泳检测

一、实验目的

(1) 了解PCR鉴定重组子的方法和原理。
(2) 通过本实验学会PCR鉴定重组子的方法和技术。

二、实验原理

抗生素平板与蓝白斑筛选对于鉴定阳性重组子非常重要,但并不精确,因为平板上许多菌落存在假阳性的情况,如载体DNA缺失后自我连接引起的转化,以及非特异性片段插入组建载体的转化,而真正阳性重组体只有很小一部分。要验证外源目的基因片段已插入了载体,还要鉴定转化子中重组质粒DNA分子的大小。所以必须从转化子中鉴定出真正的重组子,此时就需要用到PCR技术。可以利用现有的引物,以含有重组子的菌液为模板进行PCR扩增,或先用碱裂解法提取质粒,再以质粒为模板进行PCR扩增,检测构建的质粒是否是所期望的重组质粒。

三、实验用品

1. 实验器材

超净工作台、涂布棒、培养皿、恒温培养箱、PCR扩增仪、电泳仪、电泳槽等。

2. 实验试剂

X-gal、IPTG、LB培养基、氨苄西林、卡那霉素、琼脂糖、电泳缓冲液、DNA分子量标准(DNA Marker)、引物、Taq酶及其他PCR反应体系的成分、上样缓冲液、乙醇、TE等。

四、实验操作

(1)从蓝白斑筛选培养基上,挑取白色单菌落作为模板进行PCR反应,按照表5-7-1在0.2 mL Eppendorf管中依次加入下列试剂。

表 5-7-1 反应体系

模板DNA	菌落
引物F	0.25 μL
引物R	0.25 μL
10×buffer	1.0 μL
dNTPs	1.0 μL
ddH$_2$O	7.25 μL
Taq酶	0.25 μL
总体积	10.0 μL

充分混匀后,稍离心。将反应管放入PCR扩增仪,进行扩增反应,程序参照表5-7-2。

表5-7-2 扩增程序

94 ℃预变性	3 min	
94 ℃变性	50 s	35个循环
61 ℃退火	50 s	
72 ℃延伸	1.5 min	
72 ℃延伸	10 min	

反应结束后,取8 μL PCR产物与2 μL上样缓冲液混合后,用1%琼脂糖凝胶在90 V电压条件下电泳30 min,以目的基因片段作为对照,确认是否正确插入重组质粒。

(2)将经电泳确认正确的PCR产物所对应的剩余菌液继续振荡培养至对数期,放入4 ℃冰箱中保存备用。

五、作业与思考

以菌液作模板和以质粒作模板进行扩增有什么区别?

实验八
酶切及电泳检测

一、实验目的

(1) 了解酶切鉴定重组子方法的原理。
(2) 通过本实验学会酶切鉴定重组子的方法和技术。
(3) 熟悉酶切鉴定重组子的操作步骤。

二、实验原理

从转化子中鉴定出真正重组子的比较常用的方法有酶切、电泳等。利用碱裂解法提取质粒,通过琼脂糖凝胶电泳测定它们的大小,并将可能的重组质粒进行酶切后再电泳,进一步验证质粒的重组情况。但对与插入片段大小相似的非目的基因片段,电泳法仍不能鉴别出假阳性重组子。

三、实验用品

1. 实验器材

超净工作台、涂布棒、培养皿、恒温培养箱、电泳仪、电泳槽、冰盒、微量移液器等。

2. 实验试剂

X-gal、IPTG、LB培养基(液体、固体)、氨苄西林、卡那霉素、提取质粒的试剂、限制性内切核酸酶、琼脂糖、电泳缓冲液、DNA分子量标准(DNA Marker)等。

四、实验操作

(1) 将转化后的细胞(蓝白斑筛选法)涂布在含有抗生素的LB平板上,过夜培养后,在平板上会长出许多抗性菌落(转化子),其中有白色菌落(可视为重组子)和蓝色菌落(可视为非重组子)。

(2)挑取白色单菌落接入5 mL含抗生素的LB液体培养基中,37 ℃振荡培养过夜。

(3)取1.5 mL菌液提取质粒(具体方法见本篇实验二),另取0.5 mL菌液至一新的EP管中。

(4)用电泳检测提取出来的质粒,选择疑似正确的重组质粒用于酶切。

(5)按表5-8-1建立酶切反应体系。

表5-8-1 酶切反应体系

H_2O	7.0 μL
重组质粒	10.0 μL
10×buffer	2.0 μL
Hind Ⅲ	0.5 μL
*Bam*H Ⅰ	0.5 μL
总体积	20.0 μL
37 ℃保温1 h	

(6)利用空载体与目的基因片段作为对照,对酶切后的重组质粒进行电泳,从酶切后的片段的数目及大小上进行判断。

五、作业与思考

酶切及电泳法鉴定重组子有什么不足的地方?

实验九
植物总RNA的提取及电泳检测

一、实验目的

(1) 了解真核生物基因组RNA提取的一般原理。

(2) 掌握RNA的制备方法以及常用的鉴定方法的原理、操作步骤、注意事项和技术关键。

(3) 通过RNA的电泳结果评价RNA质量。

二、实验原理

RNA是一类极易降解的分子,要得到完整的RNA必须最大限度地抑制提取过程中内源性及外源性核糖核酸酶对RNA的降解。高浓度变性剂异硫氰酸胍,可溶解蛋白质,破坏细胞结构,使核蛋白与核酸分离,灭活RNA酶,所以RNA从细胞中释放出来时不被降解。细胞裂解后,除了RNA,还有DNA、蛋白质和细胞碎片,可通过苯酚、氯仿等有机溶剂处理得到纯化、完整的总RNA。

较为成熟的分离总RNA的方法有很多,常用的有3种。①苯酚法:用SDS变性蛋白并抑制RNase活性,经多次苯酚-氯仿抽提除去蛋白、多糖、色素等后,用乙酸钠和乙醇沉淀RNA。②胍盐法:用异硫氰酸胍或盐酸胍和β-巯基乙醇变性蛋白,并抑制RNase的活性,经苯酚-氯仿抽提后再沉淀RNA。③氯化锂沉淀法:因为锂在一定pH下能使RNA相对特异地沉淀,但容易使小分子RNA损失,而且残留的锂离子对mRNA有抑制作用。

用于植物细胞总RNA的提取方法主要有苯酚法、异硫氰酸胍法、氯化锂沉淀法,或应用商品化的Trizol试剂和Qiagen等各类试剂盒。由于植物细胞具有坚硬的细胞壁,内含较多的多糖、脂质、多酚等次生代谢物,同种植物的不同组织和不同植物的同种组织材料,其RNA的提取方法也会有很大差异。常用的RNase变性剂有DEPC、氧钒核糖核苷复合物等。不同的RNA提取材料的处理方法也不尽相同。

三、实验用品

1. 实验材料

新鲜植物组织。

2. 实验器材

超净工作台、离心机、高压蒸汽灭菌锅、冰箱、电泳仪、电泳槽、液氮罐、陶瓷研钵、1.5 mL离心管、冰盒、微量移液器等。

3. 实验试剂

液氮、DEPC水、琼脂糖、1×TAE、上样缓冲液、Trizol试剂、氯仿、异丙醇等。

DEPC水:用高温烘烤(180 ℃、2 h)的玻璃瓶装蒸馏水,然后按1 L蒸馏水加1 mL DEPC的比例加入DEPC,处理过夜后,121 ℃、0.1 MPa高压蒸汽灭菌20 min。

75%乙醇:用DEPC水配制75%乙醇(配制过程中用到的器皿必须高温灭菌),然后分装到耐高温、低温的玻璃瓶中,存放于低温冰箱中。

四、实验操作

(1)材料处理。将材料(叶片、根、茎、果各取1~2 g)从-70 ℃冰箱中取出放入已灭菌并用液氮预冷的研钵中,快速将材料研磨成粉末状,然后转入1.5 mL离心管中。

(2)加入1 mL Trizol裂解5 min,加入1/5体积的氯仿,上下混匀液体,4 ℃静置10 min(氯仿为有机溶剂,可以有效地使有机相和无机相迅速分离。有机相中苯酚和蛋白结合,从而使得蛋白和RNA脱离,RNA进入水相)。

(3)4 ℃、12000 r/min离心10 min,一定注意要低温离心。离心后分成三层,RNA在上清液里,从离心机中轻轻拿出EP管,以免管内物质因振荡引起下层沉淀激起。吸取上清液的时候一定要轻柔,切忌吸取太多,一般吸取400~500 μL即可,避免吸到下层沉淀,将液体置于新的EP管中。

(4)加入等体积的异丙醇,4 ℃静置10 min,然后12000 r/min离心10 min(异丙醇主要用于沉淀RNA)。

(5)取出EP管后可以见到侧壁沉淀,轻轻吸弃上清液。

(6)往EP管中加入300 μL 75%酒精洗涤沉淀,帮助分离剩余的有机试剂(剩余有机试剂过多会影响吸光度值和PCR反应),轻弹沉淀,使其浮在酒精,静置1~2 min,让酒精充分接触沉淀,充分溶解有机试剂,然后4 ℃、12000 r/min离心5 min。轻轻吸弃上清液。

(7)将EP管再次放入离心机中瞬时离心,弃掉管壁残余液体。然后将EP管置于超净工作台中干燥5~10 min。注意RNA样品不要过度干燥,否则很难溶解。

(8)加入50 μL DEPC水,振荡,让沉淀充分溶解,再测量RNA浓度。将RNA保存于−80 ℃冰箱中。

(9)RNA质量检测:①提取的总RNA,其28S和18S两条带带形清晰,且28S rRNA的亮度均为18S rRNA的2倍,两条带之间无弥散现象,说明RNA在提取过程中结构完整,基本排除了RNase的污染,未发生明显降解。②取20 μL RNA溶液加入1980 μL 0.1%的DEPC水稀释100倍,再用紫外可见分光光度计(UV2102, UNICO)检测所得到的总RNA在波长为230 nm、260 nm、280 nm的吸光度值,每个波长重复3次,分别计算$A_{260\,nm}/A_{280\,nm}$和$A_{260\,nm}/A_{230\,nm}$,取平均值。③$A_{230\,nm}$用来检测RNA溶液中除蛋白质以外的杂质;$A_{260\,nm}$用来检测RNA溶液中RNA的量,每1个吸光度值表示40 μg/mL的RNA;$A_{280\,nm}$用来检测RNA溶液中蛋白质的量。用$A_{260\,nm}$与$A_{280\,nm}$、$A_{260\,nm}$与$A_{230\,nm}$的比值可估计RNA提取的质量,$A_{260\,nm}/A_{280\,nm}$接近2,$A_{260\,nm}/A_{230\,nm}$也接近2,说明所提RNA的纯度较高、蛋白含量较低,有效地排除了多糖及酚类物质的干扰。

五、作业与思考

(1)RNA酶的变性或失活剂有哪些?其中在总RNA的抽提中主要用哪几种?

(2)如何减少RNA提取过程中的降解?

(3)如何检测提取的总RNA的质量和纯度?

第六篇

遗传学实验

实验一
根尖有丝分裂制片和观察

一、实验目的

(1)了解植物有丝分裂各个时期规律性的变化。
(2)掌握植物细胞有丝分裂的制片技术。
(3)学会用显微镜观察植物细胞染色体在不同分裂时期的图像及其特点。

二、实验原理

生物在体细胞产生体细胞的过程中,主要采用有丝分裂方式。母细胞通过加倍染色体数目再将核内的染色体均等地分配给子细胞,从而母细胞的染色体数目与子细胞一致,又因为分裂过程中可形成纺锤丝,故称为有丝分裂。染色体在细胞分裂的间期、前期、中期、后期、末期具有不同的特征,细胞核和细胞膜也呈规律性变化。各种分裂旺盛的组织经过适当的取材处理,加以固定、离析、染色、压片,可以迅速将细胞分散在载玻片和盖玻片之间,制成装片进行有丝分裂和染色体观察。

三、实验用品

1. 实验材料

洋葱或大蒜根尖。

2. 实验试剂

对二氯苯饱和溶液、甲醇、冰醋酸、70%酒精、1 mol/L 盐酸、苯酚品红染液。

四、实验操作

1.取材

先将种子浸泡若干小时,然后转入一垫有湿润滤纸的培养皿中,放在25 ℃恒温培养箱中萌发,待幼根长至1~2 cm时取材;或将鳞茎置于盛水的培养皿中,放在25 ℃恒温培养箱中,待根尖长至2 cm左右时取材(根尖顶端0.5~1 cm)。

2.预处理

将取下的根尖置于盛有0.2%秋水仙素溶液的青霉素瓶中,浸泡3~4 h。

3.固定

将经过预处理的根尖,用水洗净,用甲醇-冰醋酸(3∶1,体积比)固定液固定6~24 h。固定材料可转入70%酒精中,放入4 ℃冰箱内保存备用。

4.解离

倒去固定液,用蒸馏水将根尖漂洗2~3次,再放入预热的1 mol/L盐酸中,60 ℃水浴中解离10 min,然后用蒸馏水漂洗2~3次。

5.染色

将根尖放在载玻片上,切下顶端1~2 mm,滴加苯酚品红染液染色5 min左右即可。

6.压片

盖上盖玻片,用镊子柄轻轻敲打盖玻片,根尖即铺成薄薄一层组织,然后用滤纸吸去多余染液,用铅笔的橡皮头敲打盖玻片,使细胞和染色体分散。

7.镜检观察

用显微镜仔细观察装片,寻找染色体轮廓清晰、染色适中、分散而不重叠的分裂中期相。

五、实验结果

1.绘图

通过实验观察到的现象,绘制植物有丝分裂各个时期的分裂图像。

2.总结各个时期的特点

(1)间期:细胞核看不到染色体结构,DNA在间期进行复制合成。

(2)前期:染色体开始缩短变粗。在动物和低等植物细胞中,核旁的两个中心粒向相反方向移动而形成纺锤体。高等植物细胞内看不到中心粒,但仍可看到纺锤体的出现。前期快结束时,核仁逐渐消失,核膜也渐渐崩解。

(3)中期:染色体排列在赤道面上,染色体的两臂分布在细胞的空间内。染色单体除着丝点连着外,其他部位彼此松开。

(4)后期:每一染色体的着丝点分裂为二,被纺锤丝拉向两极,染色单体也跟向两极移动,形成两条单染色体。

(5)末期:染色体到达两极,染色体的螺旋结构逐渐消失,出现核的重建过程,核膜、核仁重新出现,植物细胞的两个了核中间残留的纺锤体中部形成细胞板,并向四周扩展,逐渐形成细胞壁,成为两个子细胞。

3.注意事项

(1)根尖解离的时间必须适宜。

(2)取材部位要准确,只有分生区才有分裂时期的图像。

(3)取材要少,有利于染色体着色和细胞分散。

六、作业与思考

(1)简述有丝分裂各个时期的特征。

(2)观察植物细胞有丝分裂时,取材应注意哪些事项?

(3)固定液的作用是什么?在使用固定液时应注意哪些事项?

(4)根据你的实验操作情况,谈谈如何制备一张优良的片子。

实验二
植物细胞减数分裂

一、实验目的

(1) 掌握制备植物细胞减数分裂玻片标本的技术和方法。
(2) 了解高等植物细胞减数分裂过程,观察染色体的动态变化。

二、实验原理

分裂是生物在形成性细胞过程中的一种特殊的细胞分裂方式,有性组织(花药或胚珠)的生殖细胞中的染色体复制一次再连续进行两次细胞分裂即减数第一次分裂和减数第二次分裂,生成4个子细胞,每个子细胞所含的染色体数目是亲代的一半,故名减数分裂。

减数分裂在遗传上具有重要意义。性母细胞($2n$)经过减数分裂形成染色体数目减半的配子(n)。经过受精作用,雌雄配子融合为合子,染色体数目恢复为$2n$。这样在物种延续的过程中确保了染色体数目的恒定,从而使物种在遗传上具有相对的稳定性。另外在减数分裂过程中有同源染色体的配对、交换、分离和非同源染色体的自由组合等现象,导致了各种遗传重组的发生,而遗传重组是生物变异的重要源泉。

在适当的时候采集植物的花蕾制备染色体标本,就可在显微镜下观察到植物细胞的减数分裂的某个时期。

三、实验用品

1. 实验材料

(1) 植物:蚕豆($2n=12$)花药、玉米($2n=20$)花药、小麦($2n=42$)花药、大葱($2n=16$)花药、洋葱($2n=16$)花药、西红柿($2n=24$)花药,或其他植物花药。

(2)动物:蝗虫精巢。

2.实验器材

显微镜、镊子、解剖针、载玻片、盖玻片、大培养皿、酒精灯、吸水纸。

3.实验试剂

无水乙醇、醋酸洋红染液、石蜡、二甲苯、甲醇-冰醋酸(固定液)=3∶1(体积比)、加拿大树胶、正丁醇或叔丁醇。

四、实验操作

1.取材

在一朵花的减数分裂全过程中能观察染色体的时间是很短的,一般在终变期、中期Ⅰ、后期Ⅰ。因此,选取刚现蕾的花序作为观察花粉母细胞减数分裂的对象,要注意花蕾的形态和大小,适时选材。

(1)玉米:北方的玉米5月份取材,时间以8:30为好,夏玉米一般在7月份取材,以7:00—8:00为好。在玉米雌穗未抽出前的7~10 d手摸植株上部(喇叭口下部)有松软感觉,表明雄花序即将抽出,用刀在顶叶近喇叭口处纵向划一刀,切口长10~15 cm,剥出雄花序,在顶端花药长3~5 mm、花药尚未变黄时取材。

(2)蚕豆:从现蕾开始,在10:00—11:00选取2~3 mm大小的花蕾或一小段花序。蚕豆开花的次序是由下而上,由外而内。

(3)小麦:在植株开始挑旗,旗叶与下一叶片的叶耳间距为3~4 cm,花药长度在1.5~2 mm、呈黄绿色时取材最好。如花药为绿色时取材则为时过早,花药为黄色则已过时,7:00—8:00为取材最佳时间。

(4)大葱:在北方地里越冬的大葱,会于第二年春季3—4月长出花序,待花序长出、颜色呈绿色,花蕾长度在3~4 mm,花药长度为1~1.1 mm时取材。9:00—10:00为最佳取材时机。

(5)洋葱:4—5月长出花序,对取材时间的要求与大葱的相似。

(6)西红柿:5—9月均可取材,时间以8:30—9:30为好,花蕾以3~4 mm为宜(西红柿花期持续时间长,可随时取材)。

2. 固定

固定时将采集的材料置于卡诺氏固定液中 12～24 h，若不及时制片，可将固定后的材料用 70% 的乙醇冲洗至闻不到醋酸味为止，然后放入 70% 乙醇中存于 4 ℃冰箱内，可随时取用。通常制作幼小花药压片时，材料可不经固定，直接放在醋酸洋红染液中进行染色，但是先经固定的材料容易着色、分色及便于保存。

3. 染色制片

用蒸馏水将从固定液或 70% 酒精中取出的花蕾冲洗数遍，然后剥开花蕾，放在载玻片上，用解剖针及虹膜刀将花药横切成 3～4 段（或纵切），加一滴醋酸洋红染液于材料上，用解剖针轻压花药使花粉母细胞从切口逸出，静置染色 5～10 min，除去花药壁。加上盖玻片使染液刚好布满载玻片与盖玻片之间成一薄层（染液不可过多，过多会导致花粉母细胞逸出盖玻片边缘），加上盖玻片后，在酒精灯上轻微加热，以利于进一步着色和染色体的分散。在盖玻片上覆以吸水纸用拇指适当加压，把周围的染液吸干（勿使盖片移动），若细胞质染色过深，可在盖玻片的一边滴加 45% 醋酸，在另一边用吸水纸吸，让醋酸从盖玻片下流过，减轻细胞质的着色程度。

4. 镜检

在显微镜下找到减数分裂各时期的细胞，观察各时期的细胞特征。

5. 永久片的制作

较好的临时压片，可制成永久玻片标本。

(1) 将已制好的玻片浸入盛有 95% 乙醇和 45% 醋酸各半的培养皿中，有盖玻片的一面朝下，载玻片的一端架在玻璃棒上使其倾斜，盖玻片脱落后立即把盖玻片和载玻片转入盛有 95% 乙醇的培养皿中 3～5 min，再转入盛有 95% 乙醇和叔丁醇各半的培养皿中 3～5 min，最后转入纯叔丁醇中 3～5 min 进行脱水、透明，脱水后用溶于叔丁醇的加拿大树胶封片。

(2) 由于正丁醇价格较便宜，因此也可用正丁醇代替叔丁醇。操作过程是将制好的临时玻片以同样的方法浸入盛有 95% 乙醇和 45% 醋酸各半的培养皿中 5～6 min，并滴加几滴正丁醇，依次再移入 95% 乙醇中 1～2 min，95% 乙醇和正丁醇各半的培养皿中 2～5 min，纯正丁醇中 1～2 min，最后吸去多余的正丁醇，用溶于正丁醇的加拿大树胶封片。

五、实验结果

细胞的减数分裂包括减数第一次分裂(减数分裂Ⅰ)和减数第二次分裂(减数分裂Ⅱ)。

1. 减数第一次分裂(减数分裂Ⅰ)

(1)前期Ⅰ：

细线期：染色体很细很长，呈细线状在核内交织成网。每一染色体含两个染色单体，但显微镜下看不到双线结构，染色体呈丝状结构。

偶线期：染色体的形态与细线期差别不大，同源染色体配对，形成二价体，每个二价体有两个着丝粒，染色丝比细线期粗。

粗线期：染色体螺旋化，进一步缩短变粗，显微镜下可明显看到每个染色体的两个姊妹染色单体。二价体由四个姊妹染色单体和两个着丝粒组成，这时非姊妹染色单体间可能有交换的发生。

双线期：染色体进一步螺旋化，变得更为粗短，更为清晰，二价体中的两条同源染色体相互分开出现交叉现象，呈"X""V""∞""O"等形状。

终变期：染色体高度浓缩，染色体均匀分散在核膜附近。此时是检查染色体数的最好时期，核内有多少个二价体，说明有多少对同源染色体。

核仁和核膜在前期Ⅰ始终存在，在终变期时核仁、核膜开始消失。

(2)中期Ⅰ：核仁、核膜消失，二价体均匀排列在赤道板上，这时也是染色体计数的好时期。

(3)后期Ⅰ：二价体的两个同源染色体分开，由纺锤丝拉向两极。染色体又变成了染色丝状。

(4)末期Ⅰ：同源染色体分别到达细胞两极，染色体变成了染色质状，核膜、核仁重新出现，形成两个子核，每个子核染色体数目减半为n。同时细胞质分开形成两个子细胞叫二分体。

2. 减数第二次分裂(减数分裂Ⅱ)

(1)前期Ⅱ：染色体呈线状，每个染色体具两个姊妹染色单体，共享一个着丝粒，二者间有明显互斥作用(分开趋势)。前期Ⅱ快结束时核膜消失。

(2)中期Ⅱ：染色体排列在赤道板上，每条染色体有两个染色单体和一个着丝粒。

(3)后期Ⅱ:每个染色体从着丝粒处一分为二,分别向两极移动。

(4)末期Ⅱ:移到两极的染色体解螺旋,出现核仁、核膜,胞质分裂,各成为2个子细胞,最后形成4个子细胞叫四分体。

理想的植物细胞减数分裂玻片标本在显微镜下可观察到减数分裂各个时期的典型细胞。

六、作业与思考

绘制观察到的植物细胞减数分裂不同时期的典型细胞图(示染色体动态特征)。

实验三
人类几种常见遗传特征的调查

一、实验目的

(1) 通过对人类一些性状进行调查分析,了解人类常见遗传特征及其遗传方式。
(2) 学会系谱调查及分析的基本方法。

二、实验原理

人是最重要的遗传学研究对象之一,但由于不能控制人的生活条件和环境,而且人类世代时间较长,后代个体数很少,所以人类对自身的研究比对动物和植物的研究要困难得多。人类的许多性状的遗传机制复杂,常由多基因控制。利用系谱分析法可在一定程度上弄清人类性状或疾病基因的传递规律。所谓系谱,或称家系图,即指某一家族各世代成员数目、亲属关系与某基因表达的性状或某疾病在该家系成员中分布情况的示意图。系谱的调查一般都从最先发现的具有某一性状或症状的先证者入手,进而追溯其直系和旁系的亲属。系谱分析法常用于研究单基因遗传性状和单基因遗传方式。

人类的各种表型都是由特定的基因控制,在一定环境下形成的。由于每个人的基因型不同,某一特征的性状在不同的人身上会有不同的表现,从而将人与人区别开来。本实验将调查一些已知的人类遗传性状,初步了解这些性状的遗传特性,并在可能的情况下,学生可对自己家庭的某些性状作相应的系谱分析,从而掌握基本的系谱分析方法。

三、实验用品

1.实验器材

试管、试管架、滴管、显微镜、双凹玻片或普通载玻片、采血针、青霉素小瓶、胶布、记号笔、牙签或小玻棒、棉球、小镜子。

2.实验试剂

(1)苯硫脲(PTC)溶液的配制:取PTC粉末0.65 g,加蒸馏水500 mL摇匀,在室温下放置1~2 d至PTC完全溶解后即为PTC原液。

(2)PTC尝味使用液配制:将PTC原液编为1号液,将1号液用蒸馏水稀释1倍编为2号液,将2号液再稀释一倍编为3号液,以此类推,直至配成14号PTC溶液,14号液浓度为1/6000000,将配好的14种不同浓度PTC溶液分别置于消毒后的瓶内。

(3)A型(抗B)和B型(抗A)标准血清、70%酒精、0.9%生理盐水等。

四、实验操作

(一)几种形态特征的遗传

1.卷舌性状的调查

在人群中,有的人能卷舌,即舌的两侧能在口腔中向上卷成筒状,称为卷舌者。请同学们对照镜子或者请同学观察自己是否有卷舌能力。有的人舌尖部分不用上颌牙齿的帮助能向后翻转,即为翻舌。这种性状在人群中出现的概率不高,根据国外的统计只有1/1000左右。舌的活动在人群中可见3种类型:①舌能卷而不能翻;②舌能卷又能翻;③舌不能卷又不能翻。

2.眼睑性状的调查

人群中的眼睑可分为单重睑(俗称单眼皮)和双重睑(俗称双眼皮)两种性状。一些人认为双眼皮受常染色体显性基因控制,单眼皮为隐性性状,但目前仍存在争议,有待进一步研究。

3.耳垂性状的调查

耳朵可分为有耳垂(即耳垂下悬,与头连接处向上凹陷)和无耳垂(即耳轮一直向下延续到头部)两种类型,观察并区分两种性状。

4. 前额发际的调查

有的人前额发际基本属于平线,而有的人前额正中发际向下延伸呈峰形,即明显向前突出,形成"V"字形,称美人尖。

5. 发式和发旋的调查

人类的发式有卷发和直发之分,东方人多为直发。

每个人头顶稍后方中线处有一螺纹,称发旋。发旋的螺纹方向受遗传控制,有的呈顺时针方向,有的呈逆时针方向。记录自己的发式、发旋个数和螺旋方向。

6. 拇指关节外展的调查

人群中有的人拇指的最后一节能弯向桡侧,这一性状的纯合隐性个体的拇指关节可向后弯曲60°,不能弯曲为显性。观察自己的性状。

7. 食指与无名指长短比较

食指与无名指之间的长短关系表现为伴性遗传,控制基因位于X染色体上。

表型有两种:食指短于无名指,食指长于无名指。检查的方法是在白纸上画一横线,手掌向下放于纸上,使中指指尖方向与横线垂直,无名指指尖与横线相齐,看此时食指指尖是在横线的上方还是下方。

(二)几种生理特征的遗传

1. 苯硫脲尝味实验

苯硫脲(PTC)是一种白色结晶状药物,由于其含有 N—C═S 基团而有苦涩味,但对人无毒副作用。不同种族、民族和个体之间,对该物质的尝味能力不同,人体对苯硫脲的尝味能力是由一对等位基因(Tt)所控制的性状,T对 t 为不完全显性。正常尝味者能尝出浓度小于1/750000的PTC溶液的苦味,称为纯合尝味者,基因型为TT;而Tt基因型的个体(杂合子)尝味能力稍低,只能尝出浓度为 1/500000~1/400000 的PTC溶液的苦涩味,这种个体称为PTC杂合尝味者。当PTC浓度大于1/24000才能尝出其苦味的人,称为PTC味盲者,基因型为tt;有的味盲个体甚至对PTC结晶也尝不出苦味。因此,人类对PTC尝味能力属于不完全显性遗传(半显性遗传)。而且已知纯合体味盲者(tt)容易患结节性甲状腺肿,因此可以把PTC的尝味能力,作为一种辅助性诊断指标。我国汉族人群中,PTC味盲者约占10%。

苯硫脲尝味实验的操作如下。

(1)让受试者坐在椅子上,仰头张嘴。首先用滴管滴5~10滴14号液于舌根部,让受试者徐徐下咽品味,并用蒸馏水作对照实验。

(2)询问受试者能否鉴别此两种溶液的味道,若不能鉴别或不能断定,则依次用13号、12号……1号溶液重复实验(应注意与蒸馏水交替测试),直到明确鉴别出PTC的苦味为止。

(3)tt基因型的阈值范围为1~6号液,Tt基因型的阈值范围为7~10号液,TT基因型的阈值范围为11~14号液。为简化操作程序,也可只用6、7、10、11号4种溶液进行测试,尝不出6号液苦味者为tt基因型,尝出7号液和10号液但尝不出11号液的苦味者为Tt基因型,尝出11号液的苦味者为TT基因型。

(4)统计所有参与测试的人员的测试结果,按Hardy-Weinberg定律计算出所测人群中的PTC尝味基因的基因型频率和基因频率。

2.对苯甲酸钠的味觉感受能力

苯甲酸钠是另一种人群味觉感受不同的物质,有人感觉有味,且味道有多种,有人感觉无味。准备0.1%的苯甲酸钠溶液,滴几滴在受试者舌根部测知全班同学的味觉感受结果(酸、甜、苦、咸、无味)。

3.注意事项

用滴管在滴液体时,注意不要让滴管接触到受试者的口腔。

(三)人类ABO血型检测方法——玻片法

1.血型分类

血型是人体的遗传性状,人类ABO血型是红细胞血型系统中的一种,受一组复等位基因(I^A、I^B、i)控制。人类的红细胞表面有A和B两种抗原,血清中有抗B(β)和抗A(α)两种天然抗体,依抗原和抗体存在的情况,可将人类的血型分为A、B、AB和O四种血型。

由于A抗原只能和抗A结合,B抗原只能和抗B结合,因此可以利用已知的A型标准血清(即A型人的血清,又叫抗B血清)和B型标准血清(即B型人的血清,又叫抗A血清)来鉴定未知血型。因此一种血液其红细胞在A型标准血清中发生凝集者为B型,在B型标准血清中发生凝集者为A型,在两种标准血清中都发生凝集者为AB型,在两种标准血清中都不凝集者为O型。

2. 实验步骤

实验室常用的方法有试管法与玻片法。试管法的优点是敏感,较少发生假凝集;玻片法则简便易行,但如果控制不好,易发生不规则的凝集现象。本实验采用玻片法。

(1)取一清洁的双凹玻片(或用玻璃蜡笔在普通载玻片上划出相似的方格代替),两端上角分别用记号笔注明A和B,受试者姓名可注明在玻片的任意位置,然后分别用吸管吸取A型和B型标准血清各一滴,滴入相应凹格(或方格)内。

(2)用70%酒精棉球消毒受试者的耳垂或指端,待酒精干后,用无菌的采血针刺破皮肤,用吸管取1~2滴血液放入盛有0.3~0.5 mL生理盐水的青霉素小瓶中,用吸管轻轻吹打成约5%的红细胞悬液。

(3)在玻片的每一凹格(或方格)内分别滴一滴制好的红细胞悬液,注意滴管不要触及标准血清,然后立即用牙签或小玻棒分别搅匀两侧液体,使红细胞悬液和标准血清充分混匀。

(4)在室温下每隔数分钟轻轻晃动玻片几次,以加速凝集,10~30 min后观察有无凝集现象。若混匀的血清由浑浊变为透明,并出现大小不等的红色颗粒,表示红细胞已凝集。若仍呈浑浊状,无颗粒出现,则表明无凝集现象;若观察不清可置于显微镜低倍镜下观察;若室温过高,可将玻片放于加有湿棉花的培养皿中,以防干涸;室温过低可将玻片置于37 ℃恒温箱中,以促凝集。

(5)根据ABO血型检查结果,判断自己及受检者的血型。

3. 注意事项

标准血清必须有效;红细胞悬液不宜过浓或过稀;反应时间及温度要适中,应注意辨别假阴性和假阳性。

五、作业与思考

(1)将自己所观察或测定的实验数据记录在表6-3-1至表6-3-4上。

(2)以班为单位,统计每一性状的个体数,设计表格汇总统计结果并计算出相对性状的百分比。(但是,这些百分比不能说明以上各性状是否遗传,更不能确定是隐性还是显性。)

(3)要了解某性状是否是遗传性状,可以通过系谱法确定,每个同学可以选一个性状对自己的家庭成员进行调查,画出家庭系谱图,并确定这个性状的遗传特性(隐性还是显性遗传,还是其他)。

表6-3-1　全班同学几种身体性状特征调查记录表

姓名	卷舌		翻舌		眼睑		耳垂		发际		发式		发旋			拇指关节		无名指比食指	
	能	否	能	否	单	双	有	无	平	尖	直	卷	个数	顺	逆	直	曲	长	短
…	…	…	…	…	…	…	…	…	…	…	…	…	…	…	…	…	…	…	…
百分比																			

表6-3-2　几个生理特征的调查记录表

姓名	苯硫脲的味觉感受			苯甲酸钠的味觉感受			
	纯合尝味者	杂合尝味者	纯合味盲者	酸	甜	苦	咸	无味
…	…	…	…	…	…	…	…	…
百分比								

表6-3-3　遗传性状调查表(用于系谱分析)

遗传性状	本人	祖父	祖母	外祖父	外祖母	父亲	母亲	其他家庭成员
发旋:顺/逆								
发际:平/尖								
发式:直/卷								
耳垂:有/无								
眼睑:单/双								
卷舌:能/否								
翻舌:能/否								
拇指关节:直/曲								
无名指比食指:长/短								

表6-3-4 血型的调查记录表

姓名	血型			
	A	B	AB	O
...	...	...	...	...
百分比				

实验四
人类染色体组型分析

一、实验目的

(1)掌握染色体组型分析的各种数据指标。

(2)学习染色体组型分析的基本方法。

(3)对照标准图,学会识别人体各对染色体的带型特征。

(4)初步掌握人体染色体组型带型分析方法。

(5)了解染色体组型与带型分析的意义。

二、实验原理

染色体组型又称核型,是指将动物、植物、真菌等的某一个体或某一分类群(亚种、种、属等)的体细胞内的整套染色体,按它们相对恒定的特征排列起来的图像。核型模式图是指将一个染色体组的全部染色体逐个按其特征绘制下来,再按长短、形态等特征排列起来的图像。

(一)描述染色体的四个参数

1. 相对长度

$$相对长度 = \frac{每条染色体长度}{单倍常染色体全长 + X染色体长度} \times 100\%$$

相对长度可以用来表示每条染色体的长度。

2. 臂指数

$$臂指数 = \frac{长臂的长度(q)}{短臂的长度(p)} \times 100\%$$

臂指数可以用来确定臂的长度。

为了更准确地区别亚中部和亚端部着丝粒染色体，1964年Levan提出了划分标准：

①1~1.7之间，为中部着丝粒染色体(M)。

②1.7~3之间，为亚中部着丝粒染色体(SM)。

③3~7之间，为亚端部着丝粒染色体(ST)。

④7以上，为端部着丝粒染色体(T)

3. 着丝粒指数

$$着丝粒指数 = \frac{短臂的长度(p)}{染色体全长(p+q)} \times 100\%$$

着丝粒指数可以决定着丝粒的相对位置。

按Levan划分标准：

①37.5~50之间为M。

②25~37.5之间为SM。

③12.5~25之间为ST。

④0~12.5之间为T。

4. 染色体臂数(NF)

根据着丝粒的位置来确定：

①端部着丝粒染色体(T)，NF=1。

②中部、亚中部、亚端部着丝粒染色体(M、SM、ST)，NF=2。

（二）人类体细胞染色体的分类标准及其主要特征（表6-4-1）

表6-4-1 人类体细胞染色体的分类标准及其主要特征

类别	包括染色体的序号	主要特征
A群	第1~3对	体积大，中部着丝粒；第2对着丝粒略偏离中央。
B群	第4~5对	体积大，中部着丝粒；彼此间不易区分。
C群	第6~12对，X染色体	中等大小，亚中部着丝粒。第6对着丝粒靠近中央，X染色体大小介于第6与第7对染色体大小之间，第9对的长臂上有一次缢痕，第11对的短臂极长，第12对的短臂较短；彼此间不易区分。

续表

类别	包括染色体的序号	主要特征
D群	第13～15对	中等大小,亚端部着丝粒,有随体;彼此间不易区分。
E群	第16～18对	中等大小。第16对为中部着丝粒,长臂上有一次缢痕;第17、18对为亚中部着丝粒,后者的短臂较短。
F群	第19～20对	体积小,中部着丝粒;彼此间不易区分。
G群	第21～22对,Y染色体	第21、22对体积小,亚端部丝粒,有随体,长臂常呈分叉状;Y染色体较第21对略大,亚端部着丝粒,无随体,长臂常彼此平行。

染色体组型及分群依据:主要依据是染色体的相对长度、着丝粒的位置,其次是臂的长短,以及次级缢痕或随体的有无等特征。

分组排列原则:着丝粒类型相同,相对长度相近的分一组;同一组的按染色体长短顺序配对排列;各指数相同的染色体配为一对;可根据随体的有无进行配对;将染色体按长短排列,短臂向上。

三、实验用品

1. 实验材料

人体细胞染色体放大图。

2. 实验器材

直尺、剪刀、胶水、计算器、白纸。

四、实验操作

(1)取一张人体染色体放大图,将男性和女性染色体从图上逐一剪下,并对每个中期染色体逐一进行测量,包括每条染色体的长度和每个臂的长度。

(2)根据测量数据,计算出每对染色体平均的相对长度、臂指数与着丝粒指数。把相对长度与臂指数相近者配成一对。

(3)参照相对长度、臂指数与着丝粒指数的数值,并根据标准顺序,编排出染色体组型图。

五、注意事项

(1)剪下的染色体图要小心存放,最好在无风的环境下进行操作。

(2)剪好染色体后,应先按照长短顺序进行初步排序,将染色体分好群,以便正确配对。

(3)严格参照染色体的四个参数对各群的染色体进行配对,排出染色体组型。

六、作业与思考

(1)在实验中,要注意剪下的染色体的保存,认真比对染色体的四个参数,主要依据其长度、大小进行初步排序,再根据人类体细胞染色体的分类标准及其主要特征进行分群,在每个染色体的类群中进行配对,最后进行染色体的粘贴工作。实验操作中要求认真仔细、有耐心。

(2)用胶水或糨糊将每条染色体依照标准顺序粘贴在实验报告纸上(22对常染色体和男性、女性各一对性染色体)。

实验五
人类细胞中巴氏小体的观察

一、实验目的

(1)掌握人类X小体、Y小体玻片标本的制作方法。
(2)观察X小体、Y小体形态特征及所在部位,鉴定个体的性别。

二、实验原理

1949年巴尔(Barr)等人在研究猫的间期神经细胞时发现,雌猫体细胞核膜边缘有一个可被碱性染料染色的小体,而雄猫没有。后来有人发现在人类正常女性口腔上皮、阴道上皮、皮肤、结缔组织、子宫颈等组织中都发现了同样的小体,之后又有人进一步发现所有哺乳动物雌体细胞中都有一个这种小体。

一般认为这种小体是两个X染色体中的一个在间期时发生异固缩形成的,所以把它叫作X小体或X染色质,又叫巴氏小体。X小体的数目在女性中是性染色体数目减1,如正常女性只有2条X染色体则仅有一个X小体,具有3条X染色体的不正常女性则有两个X小体;雄性个体只有一条X染色体,则不发生异固缩,因此没有X小体,但性染色体组成为XXY的男性也可以有一个X小体。因此,我们可以根据X小体的有无和数目来鉴定胎儿性别和性别畸形。

Y小体是细胞中经荧光染料染色后显示强烈荧光的小体,这种小体是人类男性体细胞中Y染色体的长臂末端显现出的明亮小体,因此被称为Y小体或Y染色质。人们可以根据Y小体的有无来鉴定胎儿的性别和性别畸形。

三、实验用品

1. 实验材料

口腔黏膜细胞(男、女)、毛根鞘细胞。

2. 实验器材

普通显微镜、荧光显微镜、恒温水浴锅、压舌板、镊子、载玻片及盖玻片。

3. 实验试剂

甲醇、冰醋酸、50%乙醇、70%乙醇、75%乙醇、95%乙醇及无水乙醇、乙醚、50%醋酸溶液、5 mol/L 盐酸、苯酚品红染液。

四、实验操作

(1) 取材及制片:

口腔黏膜细胞:先让受检者用水漱口数次,尽可能去除口腔内杂物,然后用医用压舌板刮取受检者口腔颊部黏膜,将刮取物在载玻片上涂片,晾干。

毛根鞘细胞:取受检者带毛根鞘的毛发一根,放在一张干净的载玻片上。在根部加一滴50%醋酸溶液,静置5 min,待毛发软化后,用干净针头将根部组织刮下,去毛干,并用针头将刮下的组织均匀分开,晾干。

(2) 将制片置于甲醇-冰醋酸(3:1,体积比)固定液中20 min。

(3) 将载玻片依次放入95%、70%、50%乙醇及蒸馏水中,每次2 min。

(4) 置于5 mol/L 盐酸中水解约5 s。在此过程中 RNA 被分解,这一步骤十分关键,酸解不够不能除去 RNA,酸解过度又会破坏 DNA。

(5) 用蒸馏水漂洗2~3次,每次10~15 s。

(6) 苯酚品红染色10~20 min,蒸馏水漂洗,晾干即可镜检。如染色太深则可在95%乙醇中分化30 s左右,如太浅可复染。

人毛根鞘细胞制片可直接用染液染色后,移入75%乙醇中约30 s,轻轻摆动,取出晾干即可镜检。

五、实验结果

1. X小体

在显微镜下,可见X小体为一个结构致密的浓染小体,轮廓清楚,直径大约1 μm,常附着于核膜边缘或靠近核膜内侧,其形态有微凸形、三角形、卵形等。正常女性间期细胞核中X小体的占比为30%~50%,男性中则偶尔可见(2%)且不典型。

2. Y小体

荧光显微镜下,可见细胞核中有发亮的荧光小体,直径0.5~0.3 μm,正常情况下,Y小体的占比为25%~50%,正常女性无Y小体。性异常患者,如核型为47,XYY染色体的个体可见两个Y小体。

六、作业与思考

(1) 统计X小体的占比,绘2个典型细胞图,示X小体的形态部位。

(2) 计算Y小体细胞的占比。

实验六
果蝇的形态和生活史

一、实验目的

(1)了解果蝇生活史中各个阶段的形态特征,观察果蝇的几种常见突变类型。
(2)掌握鉴别雌雄果蝇的方法。
(3)学会果蝇的饲养管理方法和实验技术。

二、实验原理

普通果蝇是昆虫纲,双翅目,果蝇属的一个种,具完全变态。果蝇每12 d左右可完成一个世代,生活史较短,生长迅速;繁殖能力强,每只受精的雌蝇可产卵400~500个;培养果蝇的材料来源广泛,价格便宜;果蝇的生活要求简单,常温下就可生长繁育,容易饲养;果蝇不同的形态突变类型超过400种,便于观察分析;并且染色体数目较少($2n=8$),再加之果蝇唾液腺染色体巨大的特点,因此果蝇是遗传学研究中常用的实验材料。

三、实验用品

1. 实验材料

野生型果蝇(雌、雄)及常见的几种突变型果蝇,雌雄果蝇装片,果蝇卵、蛹装片。

2. 实验器材

显微镜、双筒解剖镜、放大镜、小镊子、麻醉瓶、麻醉皿、培养瓶、毛笔等。

3. 实验试剂

乙醚、乙醇、琼脂、5 mol/L盐酸、苯酚品红等。

四、实验操作

1. 果蝇生活史的观察

果蝇为完全变态,生活史包括卵、幼虫、蛹、成虫四个时期,各时期持续时间的长短随温度的高低而不同。在 20 ℃条件下从卵到成虫约为 8 d,蛹期为 6 d 左右,整个生活史 15 d 即可完成;在 25 ℃条件下,从卵到幼虫约 5 d,蛹期 4.2 d 左右,整个生活史约 10 d。20~25 ℃是果蝇生活的适宜温度。温度过高(30 ℃以上),会引起果蝇不孕或死亡,温度过低(10 ℃条件下),生活史可长达 57 d,会使果蝇生活力降低。实验中用到的果蝇一般培养在恒温箱内,盛夏时要注意降温。雌性成体一般能生活 4 周,雄性成体寿命较短,一对亲蝇能产生几百个后代。

(1)卵:羽化后的雌蝇一般在 12 h 后开始交配,交配两天后开始产卵,当卵经过子宫时,精子可由卵前端的锥形突出部的小孔或卵孔进入其中,虽然有很多精子进入卵,但一般情况下只有一个精子与卵发生受精作用。其他多余的精子被雌体贮藏起来,所以杂交实验时必须选取处女蝇。受精卵被排出体外发育或胚胎早期就在子宫内进行。

用解剖针将附有卵的培养基取少许涂于载玻片上,或用解剖针轻压雌果蝇下腹部把卵挤在载玻片上,用低倍镜观察。果蝇的卵约 0.5 mm 长,椭圆形,腹面稍扁平,在背面的前端伸出一对触丝,它的作用是使卵附在培养基表面而利于发育。

(2)幼虫:卵孵化后,要经过两次蜕皮才能从一龄幼虫发育为三龄幼虫。三龄幼虫体长约 5 mm,头部稍尖,位于头部的口器为肉眼可见的一个小黑点,口器后面有一对透明的唾液腺,通过体壁可见到一对生殖腺位于身体后半部的上方两侧,精巢较大为一明显的黑色斑点,卵巢较小。

(3)蛹:幼虫生活 7~8 d 准备化蛹,化蛹之前从幼虫培养基中爬出,附着在干燥的瓶壁或插在培养基的滤纸上逐渐形成一个梭形的蛹,在蛹前部有两个呼吸孔,后部有尾芽,起初蛹壳颜色淡黄、柔软,经 3~4 d 后变成深褐色,以示即将羽化。

(4)成虫:幼虫在蛹壳内完成成虫体形和器官的分化,最后从蛹壳前端爬出。刚从蛹壳里羽化出的果蝇,虫体较长大,翅还没有展开,体表也未完全几丁质化,呈半透明乳白色,不久蝇体变为粗短椭圆形,双翅伸展,体色加深,如野生型果蝇由开始的浅灰色转为灰褐色。果蝇成虫分头、胸、腹三部分。头部有一对大的复眼、三个单眼和一对触角；胸部有三对足、一对翅和一对平衡棒；腹部背面有黑色环纹，腹面有腹片，外生殖器在腹部末端；全身有许多体毛和刚毛。

2. 果蝇雌雄鉴别

利用果蝇做杂交实验时，必须准确地识别性别，雌雄成蝇的区别有许多（表6-6-1），可用放大镜、显微镜（低倍）、双筒解剖镜或直接从外形上加以辨认。

表6-6-1 雌蝇、雄蝇的区别

序号	区别内容	雌蝇	雄蝇
1	体型	较大	较小
2	腹部末端	稍尖	稍圆
3	腹部背面	有五条黑色环纹	有三条黑色环纹
4	性梳	无	有
5	腹部腹面	有6个腹片	有4个腹片
6	外生殖器外观	简单，尖，色淡；显微镜下可见阴道板、肛上板等	复杂，钝尖，色深；在低倍镜下可看到生殖弧、肛上板、阴茎

3. 果蝇的麻醉

在一软木塞上钉一图钉，在图钉上缠上脱脂棉，将此软木塞盖在1个200 mL的广口瓶上，即为麻醉瓶。麻醉时，首先将培养瓶倒置，让果蝇向瓶底部运动，然后打开麻醉瓶和培养瓶的瓶塞，迅速将培养瓶和麻醉瓶的瓶口相接（麻醉瓶在下，培养瓶在上），左手紧握两瓶接口稍倾斜，然后轻拍培养瓶瓶壁使果蝇落入麻醉瓶内，迅速盖好两个瓶塞。或者在培养瓶与麻醉瓶对口相接后翻转位置，使培养瓶在下，麻醉瓶在上，用黑纸遮住培养瓶，果蝇因趋光向麻醉瓶运动，达到一定数量后分别盖好两个瓶塞。把乙醚滴在麻醉瓶软木塞上的脱脂棉上，盖好塞子，倒置麻醉瓶。

五、作业与思考

绘果蝇的生活史图。

实验七
果蝇唾腺染色体标本的制备与观察

一、实验目的

(1)练习剥离果蝇幼虫唾腺的技术和制作唾腺染色体标本的方法。
(2)观察果蝇唾腺染色体的结构特点。

二、实验原理

1.发现

1881年,意大利Balbiani在双翅目昆虫摇蚊幼虫的唾腺细胞中发现了巨大的染色体。后来,其他学者又在果蝇和其他双翅目昆虫的幼虫唾腺细胞中发现了这种巨大染色体。

2.形成原因

①染色体螺旋化程度不高。②核内复制:果蝇幼虫的唾腺细胞在发育过程中,细胞核内的DNA多次复制,但细胞、细胞核不分裂,复制后的染色单体DNA也不分开(核内复制),形成了多线染色体。③体联会:同源染色体相互靠拢在一起呈现一种联会状态,使其比一般的体细胞染色体粗大。

3.特点

①巨大;②体联会现象决定了染色体看起来只有半数;③各个染色体中异染色质多的着丝粒部分相互靠拢形成染色中心;④横纹有深浅、数目、疏密的不同,各自对应排列,具有种的特异性;⑤若有缺失、易位、倒位、重复等现象,很容易在唾腺染色体上识别出来。

三、实验用品

1.实验材料

果蝇三龄幼虫。

2.实验试剂

0.8%生理盐水、0.2 mol/L HCl、蒸馏水、苯酚品红。

四、实验操作

1.三龄幼虫的饲养

注意培养基要较稀且富含营养,追加酵母,幼虫密度要小,低温培养。

2.剥离唾液腺

在载玻片上滴一滴生理盐水,取三龄幼虫置于生理盐水中并放在双筒解剖镜下进行观察。左手用解剖针或小镊子压住幼虫后端1/3处,右手持解剖针按住头部黑色口器向外拉,将头部从身体拉出,唾腺随之而出,丢弃杂质。

果蝇唾腺的特点:位置在幼虫体前约1/3处。形如一对香蕉,上小下大。一边常附着带状的不透明的脂肪。颜色半透明如玻璃,略带白色,比周围的组织都透明。

3.解离和染色

取解剖好的唾腺于载玻片上,加1~2滴蒸馏水,处理8~10 min,再用1 mol/L HCl解离1~2 min后,只需要用解剖针轻轻拨动,脂肪等杂质便会和唾腺自动分离。轻轻吸去酸液,用苯酚品红染色10 min左右。

4.揉片及观察

盖上盖玻片,用滤纸轻轻吸去多余染料,将装片平放在实验桌上,用大拇指适当用力按压盖玻片,获得染色体分散良好的装片,用显微镜进行观察。

注意事项:剥离唾腺时,一定要加生理盐水,否则唾腺易干;水不可过多,否则幼虫易漂起来并且活动,影响剥离;剥离时要去干净脂肪,染色时间不可过长,否则背景着色;压片前先轻敲,使唾腺染色体分散,压片时朝一个方向揉片。

五、作业与思考

(1)绘制你所观察到的果蝇唾腺染色体。

(2)剥离果蝇唾腺时应该注意的问题有哪些?

实验八
植物多倍体的人工诱导

一、实验目的

(1)了解多倍体植物及其在植物遗传与进化中的重要作用。
(2)了解人工诱导植物多倍体的原理、方法及其在植物育种中的应用。
(3)应用植物染色体制片技术,鉴别诱导后染色体数目的变化。

二、实验原理

染色体是基因的载体,随着染色体的复制和细胞分裂,基因从亲代传递到子代。自然界各种生物的染色体数目一般是相当稳定的,这是物种的重要遗传学特征。

由于各种生物的来源不同,细胞核内可能具有一个或一个以上的染色体组,凡是细核内含有一套完整染色体组的生物体就叫作单倍体;具有两套染色体组的生物体称为二倍体;细胞核内多于两套染色体组的生物体则称为多倍体,也如三倍体、四倍体、六倍体等,这类染色体数目的变化是以染色体组为单位的增减,所以也称作整倍体变异。

多倍体普遍存在于植物界,目前已知被子植物中有50%或更多的物种是多倍体,包括许多重要农作物,如小麦、大豆、油菜、马铃薯等。根据多倍体中染色体组的来源,可将其分为同源多倍体和异源多倍体。凡增加的染色体组来自同一物种或者是原来的染色体组加倍的结果,称为同源多倍体;如果增加的染色体组来自不同的物种,称为异源多倍体。异源多倍体通常由杂交和染色体加倍形成。

鉴于多倍体植物具有一些比二倍体更优良的性状,我们也可采用物理或化学方法诱发多倍体植物,其中秋水仙素诱导法效果最好,使用最为广泛。秋水仙素是从百合科植物秋水仙的种子及其他器官中提炼出来的一种生物碱,对植物种子、幼芽、花蕾、花粉、嫩枝等都可产生诱变作用。它的主要作用是抑制细胞分裂时纺锤体的形成,使染色体不走向两极而停滞在分裂中期,染色体数目加倍。

三、实验用品

1. 实验材料

黑麦($2n$=14)或大麦($2n$=14)种子。

2. 实验器材

显微镜、恒温培养箱、恒温水浴锅、镊子、载玻片及盖玻片等。

3. 实验试剂

0.02%秋水仙素、冰醋酸、甲醇、1 mol/L 盐酸、苯酚品红。

四、实验操作

1. 种子催芽

将黑麦或大麦种子用自来水洗净并浸泡半小时,然后转入有浸润吸水纸的平皿中,于 25 ℃恒温培养箱中催芽 36~48 h。

2. 秋水仙素处理

待种子萌发至根长 0.5~1 cm 时,倒掉平皿中的水,留下发芽的种子,用水洗净,吸干水,放回平皿中。加入 0.02%秋水仙素溶液,使萌发出的根尖浸泡在秋水仙素溶液中。盖上皿盖,置于 25 ℃恒温培养箱中处理 24 h。

3. 根尖的观察及固定

经处理之后,根尖膨大,形如鼓槌。取根尖,放入青霉素瓶中,用甲醇-冰醋酸(3:1,体积比)固定液固定 6 h 后弃去固定液,继续下列步骤或加入 70%酒精后放入 4 ℃冰箱中保存。

4. 根尖处理及压片

弃去固定液或酒精,加入预热至 60 ℃的 1 mol/L 盐酸,于 60 ℃恒温水浴锅中解离 10 min。弃去盐酸,用自来水将根尖反复清洗几遍,彻底洗净盐酸。用苯酚品红染色后,即可进行压片观察,鉴别根尖细胞染色体加倍情况。

五、作业与思考

本实验采用秋水仙素处理根尖使细胞中的染色体数目加倍,以便于直接压片进行染色体加倍情况的检查鉴别。压片中可观察到 $2n=14$, $2n=28$, 以及 $2n=56$ 等几种类型,将实验结果记录下来。

实验九
粗糙脉胞菌顺序四分子分析

一、实验目的

(1)了解粗糙脉胞菌的生活周期及特性。
(2)学习粗糙脉胞菌的培养方法和杂交技术。

二、实验原理

粗糙脉胞菌的菌株具有两种不同的接合型(matingtype),用 A、a 或 mt^+、mt^- 表示。接合型是由一对等位基因控制的菌株,并符合孟德尔分离定律。不同接合型菌株的细胞接合后可以进行有性生殖。在有性生殖过程中,不同接合型的菌丝相接触,两核配对,但不融合,形成双核体,随着双核体菌丝的发育,子囊壳中形成很多伸长的囊状孢子囊。在这些尚未成熟的子囊中含有二倍体合子。二倍体合子形成以后就很快在发育的子囊中进行减数分裂,形成 4 个孢子,之后再进行一次有丝分裂,形成 8 个单倍体子囊孢子,而整个子囊壳就成为成熟的子囊果。

粗糙脉胞菌的子囊孢子是单倍体,即它们是减数分裂的产物,由它们萌发长出的菌丝也是单倍体。所以一对等位基因决定的性状在杂交子代中就可以看到分离。在粗糙脉胞菌中,一次减数分裂产物包含在一个子囊中,所以从一个子囊中的子囊孢子的性状特征就很容易直观地看到一次减数分裂所产生的四分体中一对等位基因的分离。而且 8 个子囊孢子是顺序排列在狭长形的子囊中的,根据这一特征可以进行着丝粒作图,并发现基因转换。如果两个亲代菌株有某一遗传性状的差异,那么杂交所形成的每一个子囊,必定有 4 个子囊孢子属于一种类型,另 4 个子囊孢子属于一种类型,其分离比为 1∶1,且子囊孢子按一定顺序排列。如果这一对等位基因与子囊孢子的颜色或形状有关,那么在显微镜下可以直接观察到子囊孢子不同的排列方式。

三、实验用品

1. 实验材料

(1) 粗糙脉胞菌野生型菌株:Lys⁺ 接合型 A 分生孢子呈粉红色。
(2) 粗糙脉胞菌赖氨酸缺陷型菌株:Lys⁻ 接合型 a 分生孢子呈白色。

2. 实验器材

显微镜、恒温培养箱、镊子、载玻片、试管及培养皿等。

3. 实验试剂

基本培养基、补充培养基、完全培养基、杂交培养基、3%来苏尔。

四、实验操作

1. 杂交接种

将亲本菌株接种在同一杂交培养基上。在杂交培养基上接种两亲本菌株的分生孢子或菌丝,先接缺陷型,后接野生型。然后在培养基上放入一张灭菌的折叠滤纸,并在试管上贴上标签,注明亲本、杂交日期及实验者姓名。

2. 培养

将试管放入 25 ℃ 恒温培养箱中进行培养。5~7 d 后就会出现许多棕色原子囊果,随后子囊孢子逐渐发育成熟,变大变黑,约 21 d(3 周),就可在显微镜下观察到。需要注意的是,赖氨酸缺陷型子囊孢子成熟较迟,当野生型子囊孢子已成熟变黑时,缺陷型子囊孢子还呈灰色,因而我们能在显微镜下直接观察到不同的子囊类型。如果观察时间选择不当就不能观察到好的结果。观察时间过早,孢子都未成熟,全为灰色;过迟,孢子都成熟了,全为黑色,不能分清子囊类型。所以最好在子囊果发育至成熟大小,子囊壳开始变黑时,每日取几个子囊果压片观察,到合适时期置于 4~5 ℃ 冰箱中,在 3~4 周内都可用于观察。

3. 压片观察

将附有子囊果的滤纸条放入 3% 来苏尔溶液中 10 min 杀死孢子,以防止污染实验室。取一载玻片,滴 1~2 滴 3% 来苏尔溶液,用解剖针挑出子囊果放在载玻片上,盖上另一载玻片,用手指压片,将子囊果压破,置于显微镜低倍镜下观察,可见一个子囊果中会散出30~40个子囊,还能看到子囊孢子的排列情况。这里用载玻片而不用盖玻片做盖片,是因为子囊果很硬,盖玻片易破裂。此过程不需无菌操作,但要注意不能使分生孢子散出,否则不能分辨子囊类型。观察过的载玻片,用过的镊子和解剖针等物都必须在苏尔溶液中浸泡后取出洗净,以防止污染实验室。

五、作业与思考

根据观察到的子囊果的数目,记录每个杂交型完整子囊的类型。

第七篇

细胞工程实验

实验一
培养基母液的制备

一、实验目的

学习和掌握培养基母液的配制方法。

二、实验原理

在配制培养基前,为了操作方便和用量准确,常常将大量元素、微量元素、铁盐、有机物质、激素类分别配制成比培养基配方需要量大若干倍的母液。在配制培养基时,只需要按预先计算好的量吸取母液即可。

三、实验用品

1. 实验器材

电光分析天平(感量为 0.0001 g)、扭力天平(感量为 0.01 g)、台秤(感量 0.5 g)、烧杯(500 mL、100 mL、50 mL)、容量瓶(1000 mL、100 mL、50 mL、25 mL)、细口瓶(1000 mL、100 mL、50 mL、25 mL)、药勺、玻璃棒、电炉。

2. 实验试剂

NH_4NO_3、KNO_3、$CaCl_2 \cdot 2H_2O$、$MgSO_4 \cdot 7H_2O$、KH_2PO_4、KI、H_3BO_3、$MnSO_4 \cdot 4H_2O$、$ZnSO_4 \cdot 7H_2O$、$Na_2MoO_4 \cdot 2H_2O$、$CuSO_4 \cdot 5H_2O$、$CoCl_2 \cdot 6H_2O$、$FeSO_4 \cdot 7H_2O$、Na_2-EDTA$\cdot 2H_2O$、肌醇、烟酸、盐酸吡哆醇(维生素 B_6)、盐酸硫胺素(维生素 B_1)、甘氨酸。

四、实验操作

1. 大量元素母液的配制

按照表7-1-1中的"扩大10倍称量",用感量为0.01 g的扭力天平称取各药品,用蒸馏水分别溶解,混合。然后用蒸馏水定容到1000 mL的容量瓶中,即为10倍的大量元素母液。倒入细口瓶,贴好标签保存于冰箱中。配制MS培养基时,每配1 L培养基取此液100 mL。

表7-1-1　MS培养基大量元素母液制备

序号	药品名称	培养基中的浓度/(mg/L)	扩大10倍称量/mg	
1	NH_4NO_3	1650	16500	蒸馏水定容至 1000 mL
2	KNO_3	1900	19000	
3	$CaCl_2 \cdot 2H_2O$	440	4400	
4	$MgSO_4 \cdot 7H_2O$	370	3700	
5	KH_2PO_4	170	1700	

2. 微量元素母液的配制

MS培养基的微量元素无机盐由7种化合物(除Fe)组成。微量元素用量较少,特别是$CuSO_4 \cdot 5H_2O$、$CoCl_2 \cdot 6H_2O$,因此在配制时分为微量元素Ⅰ、微量元素Ⅱ分开配制。按照表7-1-2中的"扩大100倍称量",表7-1-3中的"扩大1000倍称量",用感量为0.0001 g的电光分析天平称量各药品。将各药品用少量蒸馏水溶解后混合,再用蒸馏水定容至1000 mL,转入细口瓶中,贴好标签,放入4 ℃冰箱中保存。每配制1 L MS培养基,取微量元素Ⅰ 10 mL,微量元素Ⅱ 1 mL。

表7-1-2　MS培养基微量元素Ⅰ的配制

序号	药品物名称	培养基中的浓度/(mg/L)	扩大100倍称量/mg	
1	$MnSO_4 \cdot 4H_2O$	22.30	2230	蒸馏水定容至1000 mL
2	$ZnSO_4 \cdot 7H_2O$	8.60	860	
3	H_3BO_3	6.20	620	
4	KI	0.83	83	
5	$Na_2MoO_4 \cdot 2H_2O$	0.25	25	

表7-1-3　MS培养基微量元素Ⅱ的配制

序号	药品名称	培养基中的浓度/(mg/L)	扩大1000倍称量/mg	
1	$CuSO_4 \cdot 5H_2O$	0.025	25	蒸馏水定容至1000 mL
2	$CoCl_2 \cdot 6H_2O$	0.025	25	

注意事项：使用电光分析天平时注意不要把药品撒到秤盘上，用完以后，用吸耳球将天平内的脏物清理干净。

3. 铁盐母液的配制

铁盐并非都需要单独配成母液，如柠檬酸铁，可以和大量元素一起配成母液。目前常用的铁盐是硫酸亚铁和乙二胺四乙酸二钠的螯合物，必须单独配成母液。这种螯合物使用起来方便，又比较稳定，不易发生沉淀。按照表7-1-4"扩大100倍称量"用电光分析天平称量药品，用蒸馏水定容至1000 mL，边加热边搅拌至溶解。转入细口瓶，贴上标签，放入4 ℃冰箱中保存。配制1 L MS培养基取此液10 mL。

表7-1-4　MS铁盐母液的配制

序号	药品名称	培养基中的浓度/(mg/L)	扩大100倍称量/mg	
1	Na_2-EDTA	37.3	3730	蒸馏水定容至1000 mL
2	$FeSO_4 \cdot 7H_2O$	27.8	2780	

注意事项：在配制铁盐母液时，如果加热搅拌时间过短，会造成$FeSO_4$和Na_2-EDTA螯合不彻底，若此时将其冷藏，$FeSO_4$会结晶析出。为避免此现象发生，配制铁盐母液时，$FeSO_4$和Na_2-EDTA应分别加热溶解后混合，并置于加热搅拌器上不断搅拌至溶液呈金黄色（加热20～30 min），调pH至5.5，室温放置冷却后，再冷藏。

4. 有机物质母液的配制

MS培养基的有机成分有甘氨酸、肌醇、烟酸、盐酸硫胺素和盐酸吡哆素，参照表7-1-5中的"扩大200倍称量"，用电光分析天平称取各药品，用蒸馏水分别溶解后混合，再用蒸馏水定容至1000 mL。转入棕色无菌广口瓶中，放入4 ℃冰箱内保存。每配制1 L MS培养基，取此液5 mL。培养基中的有机成分原则上应分别用蒸馏水溶解。

注意事项：由于有机物质母液营养丰富，贮藏过程中极易染菌。被菌类污染的有机物质母液有效浓度降低，并且极易影响后期培养，不宜再用。避免此现象发生的方法是配制母液时用无菌蒸馏水溶解各有机物质，并贮存在棕色无菌瓶中，或缩短贮藏时间。

表7-1-5　MS培养基有机物质母液的制备

序号	药品名称	培养基中的浓度/(mg/L)	扩大200倍称量/mg	
1	甘氨酸	2.0	400	蒸馏水定容至1000 mL
2	肌醇	100.0	20000	
3	盐酸硫胺素(VB_1)	0.4	80	
4	盐酸吡哆素(VB_6)	0.5	100	
5	烟酸	0.5	100	

5. 激素母液配制

植物组织培养中使用的激素种类及含量需要根据不同的研究目的而定。一般激素母液的终浓度以0.5 mg/mL为好，配制过程中需要注意以下几点。

（1）配制生长素类，例如IAA、NAA、2,4-D、IBA，应先用少量95%乙醇或无水乙醇将药品充分溶解，或者用1 mol/L的NaOH溶解，然后用蒸馏水定容到所需体积。

（2）细胞分裂素，例如KT，应先用少量95%乙醇或无水乙醇并加3~4滴1 mol/L的盐酸溶解，再用蒸馏水定容至所需体积。

（3）配制生物素，用稀氨水溶解，然后用蒸馏水定容至所需体积。

注意事项：所有的母液都应保存在0~4 ℃冰箱中，若母液出现沉淀或霉团则不能继续使用。

五、作业与思考

根据所给母液浓度，蔗糖、琼脂用量，pH，按给出的培养基配方计算各种成分的吸取量，填入表7-1-6。

表7-1-6　按上述配方计算各种成分吸取量

成分	浓度	1 L MS培养基需要量	0.3 L MS培养基需要量
大量元素	10倍液		
微量元素 I	100倍液		
微量元素 II	1000倍液		
铁盐	100倍液		
有机物质	200倍液		
BA	0.5 mg/mL		
KT	0.5 mg/mL		
NAA	0.5 mg/mL		
蔗糖			
琼脂			
pH	5.8		

实验二
培养基的配制与灭菌

一、实验目的

学习培养基配制与灭菌的操作方法。

二、实验原理

对植物外植体进行离体培养时,要依靠培养基提供生长所需的营养成分。不同植物组织对培养基的要求不同,适当地设计和选用培养基,对植物组织培养至关重要。另外,对组织培养物的脱分化和再分化等过程,以及次生代谢产物的生产等的调控都是通过调节培养基成分来实现的。培养基的主要成分包括无机营养物质、碳源、有机物质、植物激素等。

三、实验用品

1. 实验器材

天平、烧杯(1000 mL)、医用瓷缸(1000 mL)、锥形瓶、量筒(100 mL)、移液管、玻璃棒、pH试纸、吸耳球、线绳、封口膜、石棉网。

2. 实验试剂

蔗糖、琼脂、1 mol/L NaOH、HCl、MS培养基母液。

四、实验操作

1. 培养基配制(以 1 L MS 培养基为例)

(1)计量:根据配制MS培养基的量和母液的浓度计算出需要吸取母液的量,计算公式：

$$吸取量(mL) = \frac{培养基中物质的含量(mg/L) \times 1000\ mL}{母液浓度(mg/L)}$$

(2)移液：取医用瓷缸一个，按照计算过的应吸取母液的量吸取各母液置于医用瓷缸中备用。

注意事项：

①若母液为提前配制的，应在量取各种母液之前，轻轻摇动盛放母液的瓶子，如果发现瓶中有沉淀、悬浮物或被微生物污染等情况，应立即淘汰这种母液，重新进行配制。

②用量筒或移液管量取培养基母液之前，必须用所量取的母液将量筒或移液管润洗2次。

③量取母液时，最好将各种母液按将要量取的顺序写在纸上，量取1种，划掉1种，以免出错。

④移液管或量筒不能混用。

(3)称取：称取8 g琼脂，30 g蔗糖备用。

(4)溶解：用量筒量取600～700 mL的蒸馏水倒入搪瓷量杯中并放在电炉上，加入琼脂，边加热边用玻璃棒搅拌，直到液体呈半透明状将其取下，加入蔗糖。

注意事项：在加热琼脂的过程中，操作者千万不能离开，否则沸腾的溶液外溢，就需要重新称量。此外，如果没有搪瓷量杯，可用大烧杯代替。但要注意大烧杯底的外表面不能沾水，否则加热时烧杯容易炸裂，使溶液外溢，甚至造成烫伤。

(5)混合：将溶解的琼脂、蔗糖溶液和母液充分混合，用蒸馏水定容到1000 mL，上下颠倒几次，混匀。

(6)调pH：用滴管吸取物质的量浓度为1 mol/L的NaOH或HCl溶液，逐滴滴入培养基中，边滴边搅拌，并随时用精密的pH试纸(5.4～7)测培养基的pH，至培养基的pH达到要求为止(在调pH时要比目标pH偏高0.2～0.5个单位，因为培养基在灭菌过程中随着糖等物质的降解，pH会下降0.2～0.5个单位)。

注意事项：调pH时要用玻璃棒不停地搅拌，使其充分混合。

(7)分装：培养基应该趁热分装。分装时，先将培养基倒入烧杯中，然后将烧杯中的培养基倒入锥形瓶(50 mL或100 mL)中。注意不要让培养基沾到瓶口和瓶壁上。以锥形瓶中培养基的量为锥形瓶容量的1/5～1/4为宜。每1 L培养基，可分装25～30瓶。

(8)包扎：用封口膜封口，外边可加一层牛皮纸，扎好绳子，用铅笔在牛皮纸上写上培养基的代号。

注意事项：培养基中的部分成分在高温灭菌时易发生化学变化，致使培养基pH降低，从而使琼脂凝固力下降，发生培养基灭菌前凝固，灭菌后不凝固现象。避免此现象发生的方法是：调整培养基pH，一般不低于5.6，若需酸性较强培养基，可适当增加琼脂用量。

2.培养基的灭菌

培养基因含有大量的有机物质，是各种微生物滋生、繁殖的好场所。而接种材料需要在无菌条件下培养很长时间，如果培养基被污染，则达不到培养的预期结果。因此，培养基的灭菌，是植物组织培养中十分重要的环节。常用的灭菌方法是高压蒸汽灭菌和过滤除菌。

(1)高压蒸汽灭菌法。

把分装好的培养基及所需灭菌的各种器具、蒸馏水等，放入高压蒸汽灭菌锅的消毒桶中，外层锅内加水，水位高度不超过支架高度。盖好锅盖，上好螺丝。加热后，锅上压力表指针开始移动，当指针移至0.5 kg/cm²时，扭开放气阀排除冷空气，使压力表指针回复零位。当指针移至1.1~1.2 kg/cm²时，即121 ℃时，维持一定的时间。由于容器的体积不同，瓶壁的厚度不同，所以灭菌的时间也要适当调整，具体可以参考表7-2-1。灭菌后要趁热取出培养基，不可久不放气，这样易将棉塞等闷得太湿，引起长霉污染。取出培养基，自然冷却凝固。放置1 d后再使用。

表7-2-1 培养基高压蒸汽灭菌所必需的最少时间

容器的体积/mL	在121 ℃下最少灭菌时间/min
20~50	15
75~150	20
250~500	25
1000	30
1500	35
2000	40

注意事项：

①锅内冷空气必须排尽，否则压力表指针虽显示达到了一定压力，但由于锅内冷空气的存在，事实上锅内达不到应有的温度，进而影响灭菌效果。当达到一定压力后，注意在保持压力过程中，严格遵守灭菌时间，时间过长会使一些化学物质遭到破坏，影响培养基的使用效果，时间过短则达不到灭菌效果。对蒸馏水、各种器具进行灭菌时，灭菌时间要适当延长，压力也要

提高,一般在 126 ℃维持 1 h。另外锥形瓶中的培养基不超过容积的 70%,否则当温度超过 100 ℃时,培养基会喷溢,造成培养瓶壁和封口膜被污染。

②消毒后的培养基不能立即用于接种,而应放置 24~72 h。放置后如果培养基中没有出现菌落,则说明培养基是无菌的,才可以用于接种。另外做好的培养基一般应在 1~2 周内用完,短时间可存放于室温条件下,如不能尽快用完,应放在 4 ℃冰箱中。

(2)过滤除菌

培养基中某些成分是热不稳定的,在高温湿热灭菌中可能会降解。这类物质需要进行过滤除菌,例如一些生长因子,如赤霉素(GA)、玉米素、脱落酸、尿素和某些维生素。先将除去了不耐热物质的培养基经高压灭菌后置于超净工作台上冷却至 40 ℃,再将过滤除菌后的不耐热物质按计划用量依次加入培养基中,摇匀,凝固后即可使用。如果是液体培养基,则可在冷却到室温后再加入。

除菌滤膜的孔径一般要小于或等于 0.4 μm。过滤除菌的原理是溶液通过滤膜时,细菌的细胞和孢子等因大于滤膜孔径而被阻。滤膜的吸附作用也不容忽视,往往小于滤膜孔径的细菌等因吸附作用亦不能透过滤膜。在需要过滤除菌的液体量大时,常使用抽滤装置。液量少时可用注射过滤器,它由注射器、滤器(可更换)、持着部分和针管等几部分组成。注射器不必先经高压灭菌,而后面几部分要预先用铝箔或牛皮纸等包裹好,最好放在有螺旋盖的玻璃罐中,经高压灭菌后再使用,滤器灭菌温度不应超过 121 ℃。由于注射过滤器小巧、方便、实用,在液量多时多用几套注射过滤器(亦可适当重复使用一套)也能顺利完成液体除菌操作。在使用前按无菌操作要求将注射过滤器的几个部分装配在一起,把吸有需要过滤除菌溶液的注射器插入过滤器的插接口,推压注射器活塞杆,将溶液压过滤膜,从针管部分滴出的溶液就是无菌溶液,但是滤膜不能阻挡病毒粒子通过。不过在一般情况下,人工配制的溶液不会含有使植物致病的病毒。但在更严格的实验研究中,这一点仍不容忽视。过滤后的溶液要按无菌操作要求尽快加入培养基中,以免遭到污染。假如需经过滤除菌的溶液带有沉淀物,那么在过滤除菌之前将沉淀予以去除,这样可以减轻细菌滤膜微孔被堵塞的情况。

五、作业与思考

(1)配制培养基时,应注意哪些问题?
(2)高压灭菌时,应注意哪些问题?

实验三
培养材料灭菌和接种

一、实验目的

(1) 通过本实验,了解无菌培养对实验材料消毒、接种的要求。
(2) 初步掌握培养材料灭菌、接种的操作技术。

二、实验原理

植物材料必须经过严格的表面灭菌处理后,才能通过无菌操作接种到培养基上。材料上的细菌经灭菌剂浸润后,其蛋白质和核酸结构发生变化,蛋白质变性,菌体细胞膜的通透性增加,使细胞破裂或溶解。

三、实验用品

1. 实验材料

绿豆种子。

2. 实验器材

超净工作台、镊子、解剖刀、酒精灯、脱脂棉、烧杯、广口瓶、培养皿等。

3. 实验试剂

0.1%氯化汞、酒精、次氯酸钠、无菌水、培养基母液。

四、实验操作

(1) 准备好培养基、无菌水、培养皿及接种工具。
(2) 将培养基、无菌水、接种工具置于接种台上,打开接种台紫外灯开关,同时打开接种室内的紫外灯,用紫外灯至少照射25 min,然后关闭室内的紫外灯,开送风开关,关闭台内的紫外灯,通风10 min后,再打开日光灯进行无菌操作。

(3)接种前用肥皂洗手,特别是将手指洗净,然后用浸有75%酒精的棉球把手消毒一次。

(4)将绿豆种子在流水下冲洗干净。

(5)将种子放入200 mL的广口瓶中,用75%的酒精溶液浸泡30 s,用无菌水冲洗,然后用0.1%氯化汞溶液(加入吐温2滴)浸泡3 min,其间不断摇动溶液,然后用无菌水洗涤5遍待用。

(6)解开培养基瓶上捆扎的线绳,有必要的话可以用浸有75%酒精的棉球把培养基瓶表面擦一下,再整齐排列在接种台左侧,然后用75%酒精棉球擦拭接种用的镊子,再将镊子插入95%酒精液中,使用前将镊子在酒精灯上灼烧片刻,冷却后待用。

(7)在酒精灯火焰旁揭去封口膜,将瓶口倾斜,用火焰灼烧瓶口,灼烧时应不断转动瓶口(靠手腕的动作转动),左手持瓶,使其靠近火焰,右手持镊子夹取绿豆种子放在培养基上,用镊子轻轻按一下,使绿豆部分进入培养基,每瓶可放4~6粒。

(8)转动瓶口灼烧,将封口膜从火焰上过一下,盖上封口膜,扎好绳子,注明接种日期、材料名称、姓名等信息。

(9)将接种材料移到培养室培养。

五、注意事项

(1)从室外取得的材料,要用自来水冲洗数分钟,对表面不光滑或长有茸毛等不容易洗净的材料,冲洗时间要延长,必要时要用毛刷刷洗。

(2)外植体消毒剂的选择要综合考虑消毒效果、不同材料对灭菌剂的耐受力、灭菌剂的去除等因素,最好选用两种消毒剂交替浸泡,初次实验时,要设置一定的时间梯度来确定最佳的灭菌时间。常用的消毒剂见表7-3-1。

(3)在接种台接种时,应尽量避免做明显扰乱气流的动作(比如说、笑、打喷嚏、挥手等),以免影响气流,造成污染。另外,操作过程中要不时用75%的酒精擦拭双手。

(4)如果接种前培养基出现大量污染现象,若菌类只存在于培养基表面,且主要是真菌时,可能是因培养瓶密封不严或放置培养基的环境不洁净、菌类种群密度过大所致。若菌类存在于培养基内部,则可能是由使用污染的贮藏母液引起的。另外培养瓶不洁净、灭菌不彻底也是接种前培养基污染的原因。避免此现象发生的方法是：保持环境洁净，杜绝使用污染的母液，严格高压蒸汽灭菌程序，保证灭菌时间。

(5) 接种后培养基出现大面积污染、菌落分布不均等现象，主要是由接种过程中发生的污染所致。可能是接种室不洁净、菌类孢子过多、镊子带菌、操作人员的手未彻底消毒、操作人员呼吸干扰及接种台出现故障等原因引起的。避免此现象发生的方法是：保持无菌接种室洁净，并定期用甲醛等熏蒸灭菌；在接种前，无菌室用紫外灯灭菌时间不低于 20~30 min；用 75% 酒精喷雾杀菌降尘，接种台开启 15~20 min 后方可使用；镊子等接种工具必须严格彻底灭菌，且接种时使用 1 次烧灼灭菌 1 次；操作过程中经常用 75% 酒精等消毒剂擦洗手部；等等。

(6) 接种后外植体周围发生菌类污染的可能原因是外植体表面灭菌不彻底。解决方法是：外植体用饱和洗涤剂浸泡 10~15 min，自来水冲洗 0.5~2 h 后，再选择适宜的灭菌剂消毒，一般 0.1%~0.2% 氯化汞的灭菌效果很好。往一些凹凸不平或表面有茸毛的外植体所用灭菌剂中加"吐温-80"等湿润剂，可以提高外植体渗透性，从而提高杀菌效果。

表 7-3-1　植物组织培养中常用的消毒剂

消毒剂名称	使用浓度	消毒难易	灭菌时间/min
乙醇	70%~75%	易	0.1~3
氯化汞	0.1%~0.2%	较难	2~15
漂白粉	饱和溶液	易	5~30
次氯酸钙	9%~10%	易	5~30
次氯酸钠	2%	易	5~30
过氧化氢	10%~12%	最易	5~15

六、作业与思考

(1) 接种后污染调查：观察接种后 2~5 d 的污染情况，并将结果填入表 7-3-2 中。

表7-3-2 观察结果记录表

观察日期：

接种日期	接种数	污染数	污染率	主要污染菌种

$$污染率 = \frac{污染的外植体数}{总接种外植体数} \times 100\%$$

注：如果培养材料大部分发生污染，说明消毒剂浸泡的时间短；若接种材料没有污染，但材料已发黄、组织变软，表明消毒时间过长，组织被破坏死亡；若接种材料没有出现污染，且生长正常，即可以认为消毒时间适宜。

(2)外植体用消毒剂消毒后，为什么要用无菌水漂洗？有时候会在消毒溶液中加入1~2滴表面活性物质，例如吐温-80或吐温-20，为什么？

(3)在接种过程中，采用哪些措施可以防止细菌污染接种工具、接种材料？

(4)对外植体表面消毒时为什么常用"两次消毒法"？

实验四
愈伤组织的诱导与增殖

一、实验目的

学习诱导植物外植体形成愈伤组织的方法。

二、实验原理

植物生长调节剂是诱导愈伤组织形成的重要因素,对有些植物材料而言,生长素和细胞分裂素对保持愈伤组织的快速生长是必要的,特别是两者结合使用时,能更强烈地刺激愈伤组织的形成。

三、实验用品

1. 实验材料

胡萝卜块根。

2. 实验器材

超净工作台、镊子、解剖刀、酒精灯、棉球、烧杯、广口瓶、培养皿等。

3. 实验试剂

0.1%氯化汞、75%酒精、次氯酸钠、无菌水、培养基、2,4-D等。

四、实验操作

1. 培养基配制

胡萝卜愈伤组织的诱导培养基为:MS+2,4-D(1.5 mg/L)+蔗糖(3%)+琼脂(0.7%),pH为5.8。

愈伤组织增殖培养基：MS+2,4-D(0.5 mg/L) + 蔗糖(3%)+琼脂(0.7%)，pH 为 5.8。

2. 胡萝卜营养根的消毒

(1)将胡萝卜块根在自来水下冲洗干净，用小刀切去外围组织再切段，每段厚约 0.5 cm。

(2)把胡萝卜段用无菌水漂洗干净。

(3)用 75 %酒精浸泡 30 s。

(4)用 0.1% 氯化汞浸泡 3 min，在浸泡过程中用镊子搅拌，使消毒效果更好。

(5)浸泡过的胡萝卜段用无菌水冲洗 3~5 次，洗去残留的氯化汞后切片。

3. 取出培养基瓶，并消毒台面

解除培养基瓶上捆扎的线绳，有必要的话可以用浸有 75% 酒精的棉球把培养基瓶表面擦一下，然后把培养基瓶整齐排列在接种台左侧，然后用 75% 酒精消毒接种台表面。

4. 胡萝卜营养根切片

胡萝卜营养根由外向内依次分为皮层、形成层和中轴三部分。在消毒之前首先除去皮层的最外层，以减少胡萝卜营养根的带菌量。形成层的分生能力最强，是产生愈伤组织的主要部分，因此在切片时应使每一个切片上都有形成层。具体操作方法和步骤如图 7-4-1 所示，将切好的胡萝卜片放在培养皿中。

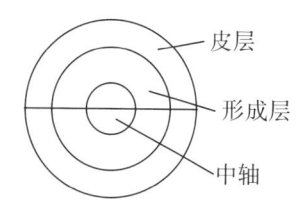

胡萝卜的截面图
首先沿横线把胡萝卜段切开

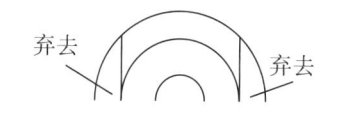

沿图中竖线切开
两边部分弃去（如图）

沿图中竖线切成切片，每片厚 0.5~1 mm

图 7-4-1 胡萝卜营养根切片的制作

5. 接种

轻轻打开培养基瓶的封口膜，将瓶口在火焰上方灼烧灭菌，同时把长镊子也放在火焰上方灼烧，待镊子冷却了再使用，以免烧死外植体，然后将培养皿打开一小缝，用镊子取出切好的胡萝卜切片放到培养基表面，用镊子轻轻向下按一下，使切片部分进入培养基。将培养基瓶瓶口用酒精灯灼烧灭菌。然后用封口膜封口,同时在瓶身上注明培养材料、接种日期、姓名等信息。

五、注意事项

(1)消毒以后的所有操作过程,都应在超净工作台上进行,操作所用的镊子、解剖刀和剪刀在使用前要插入95%乙醇溶液中,使用时在酒精灯火焰上灼烧片刻,冷却后再使用。

(2)植物生长调节剂是诱导愈伤组织形成的极为重要的影响因素,研究具体问题时要设置一定的浓度梯度,以确定最佳浓度。

六、作业与思考

(1)观察外植体在接种1周后产生的愈伤组织的颜色和质地,计算愈伤组织诱导率。

$$愈伤组织诱导率 = \frac{形成愈伤组织的材料数}{总接种材料数} \times 100\%$$

(2)分析影响愈伤组织的诱导和分化的主要因素。

实验五
愈伤组织的分化

一、实验目的

了解愈伤组织再分化原理,学习诱导愈伤组织分化的方法。

二、实验原理

愈伤组织在离体培养过程中,组织和细胞的潜在发育能力可以在某种程度上得到表达,伴随着反复的细胞分裂,又开始新的分化。由脱分化的细胞团或组织重新分化而产生的具有特定结构和功能的组织或器官的一种现象,称为再分化。在一定的培养条件下,愈伤组织通过分化可以形成苗或根的分生组织甚至是胚状体,继而发育成完整的植株。

三、实验用品

1. 实验材料

胡萝卜块根。

2. 实验器材

超净工作台、镊子、酒精灯、棉球等。

3. 实验试剂

培养基母液、6-BA、NAA、IBA、蔗糖、琼脂等。

四、实验操作

(1) 诱导胡萝卜愈伤组织(参见本篇实验四)。

(2)配制生芽和生根培养基：

分化培养基（生芽）：MS+6-BA（1 mg/L）+NAA（0.1 mg/L）+蔗糖（3%）+琼脂（0.7%），pH 为 5.8。

生根培养基：1/2 大量元素+MS 其他成分（大量元素除外）+IBA（1 mg/L）+蔗糖（3%）+琼脂（0.7%），pH 为 5.8。

(3)按照无菌操作，小心挑取愈伤组织 3~5 块，放到分化培养基中。注意标明接种日期和外植体名称。

(4)将接种后的分化培养基放在培养室中培养，10 d 后统计愈伤组织分化情况。

五、作业与思考

(1)统计愈伤组织分化率、生根率。

$$分化率 = \frac{生芽愈伤组织块数}{接种愈伤组织总块数} \times 100\%$$

$$生根率 = \frac{生根愈伤组织块数}{接种愈伤组织总块数} \times 100\%$$

(2)愈伤组织发生不定芽和不定根的能力与哪些因素有关？

实验六
植物细胞悬浮培养与同步化

一、实验目的

学习和掌握植物细胞悬浮培养的常规方法以及同步化的方法。

二、实验原理

植物离体细胞作为生物反应器具有生产周期短、提取简单、易规模化、不受外界环境干扰、产量高、化学稳定性和化学特性好等优点。同时,研究发现,在离体培养条件下,细胞系的种类以及培养条件、培养基的组成、植物生长调节剂的种类和浓度对目的产物的产量有很大的影响。

三、实验用品

1. 实验材料

胡萝卜块根。

2. 实验器材

超净工作台、振荡摇床、手动吸管泵、尼龙网、移液管、吸耳球、漏斗、离心管、离心机、接种环等。

3. 实验试剂

培养基母液、2,4-D、蔗糖、琼脂等。

四、实验操作

(1) 诱导愈伤组织形成(参见本篇实验四)。

(2)制备液体培养基：MS+2,4-D(1 mg/L)+蔗糖(3%)。

(3)在超净工作台上，从形成愈伤组织的培养瓶中，挑取质地疏松、生长旺盛的愈伤组织，放入盛有30 mL液体培养基的锥形瓶中，用镊子轻轻夹碎愈伤组织。每瓶接入约2 g重的愈伤组织，然后置于振荡摇床固定，在黑暗条件下或弱散射光下100 r/min振荡培养。

(4)将细胞悬浮培养物摇匀后倒在或滴入孔径较大的尼龙网或不锈钢网漏斗中(孔径47 μm、81 μm或更大)。

(5)如果网眼被细胞团堵塞，可用吸管反复吸、吹。

(6)再用无菌培养基冲洗残留在网上的细胞团。

(7)重复步骤(4)~(6)。

(8)将通过较大孔径的细胞悬浮液，再通过较小孔径的尼龙网过滤(如31 μm、26 μm)，用吸管反复吸、吹。

(9)将经过分级过滤的"同步化"细胞离心(20000 r/min, 5 min)，收集滤液并加入液体培养基进行培养或进一步同步化。

五、作业与思考

(1)思考细胞悬浮培养的意义有哪些？

(2)建立细胞悬浮培养体系的步骤包括哪些？一个良好的细胞悬浮培养体系应该具有什么样的特征？

(3)挑选愈伤组织进行悬浮培养需注意什么问题？

实验七
细胞微室培养

一、实验目的

了解和掌握细胞微室培养的方法。

二、实验原理

细胞微室培养是为了进行单细胞活体连续观察而建立的一种微量细胞培养技术。运用这种技术可以对单细胞的生长与分化、细胞分裂的全过程、胞质环流的规律,以及线粒体的生长与分裂等进行活体连续观察;也可以对原生质体融合、细胞壁的再生,以及原生质体融合后的分裂进行活体连续观察。因此,细胞微室培养是进行细胞工程研究的有用技术。

三、实验用品

1. 实验材料

植物组织(胡萝卜块根)。

2. 实验器材

超净工作台、载玻片、盖玻片、酒精灯、移液管、吸耳球、毛细管、接种环等。

3. 实验试剂

培养基母液、2,4-D、水解酪蛋白(CH)、蔗糖、琼脂、HCl、NaOH、四环素眼膏等。

四、实验操作

(1)愈伤组织的诱导(参照本篇实验四)。

(2)细胞悬浮液的制备(参见本篇实验六)。

(3)将洗净的盖玻片与载玻片用酒精灯灼烧灭菌。

(4)冷却后按盖玻片的大小在载玻片上涂一圈四环素眼膏。

(5)将制得的细胞悬浮液滴一小滴在载玻片的四环素眼膏上,并在四环素眼膏上放一小段毛细管,盖上盖玻片。

(6)将载玻片放入培养室中,在26~28 ℃温度条件下进行培养。

(7)利用相差显微镜进行观察。

五、作业与思考

在细胞微室培养过程中应注意哪些问题?(从对微室的要求、培养基的要求、所观察的细胞的要求三方面考虑)。

实验八
烟草叶片组织培养

一、实验目的

掌握利用叶片作为外植体进行无性繁殖的方法。

二、实验原理

烟草是重要的经济作物和工业原料作物,其体内所含的烟碱等生物碱是非常宝贵的化工原料,有研究表明可利用烟草细胞悬浮培养物获得细胞分裂素类物质。利用烟草组织培养快繁体系,可以为利用农杆菌的遗传转化来改良烟草品种和利用烟草细胞培养物进行烟碱等次生物质的生产奠定基础。

三、实验用品

1. 实验材料

烟草幼嫩叶片。

2. 实验器材

超净工作台、镊子、酒精灯、棉球、锥形瓶、培养皿、解剖刀等。

3. 实验试剂

MS 培养基母液、2,4-D、KT、6-BA、NAA、IAA、蔗糖、琼脂、酒精、氯化汞等。

四、实验操作

1. 培养基的配制

①愈伤组织诱导培养基:MS + 2,4-D(1 mg/L)+ NAA(2 mg/L)KT(0.5 mg/L)。

②愈伤组织分化培养基：MS +KT(2 mg/L)+IAA(0.5 mg/L)。
③幼芽增殖培养基：MS+6-BA(1 mg/L)+ NAA(0.2 mg/L)。
④生根培养基：MS + NAA(0.2 mg/L)。

上述培养基均附加3%蔗糖，0.8%琼脂，pH为5.8。

2.接种

将烟草幼嫩叶片用自来水充分洗净后，经75%酒精消毒30 s，0.1%氯化汞溶液浸泡8 min，无菌水冲洗5～6次后，去掉主叶脉和大的侧叶脉，将叶片切成1～1.5 cm²的小方块，接入诱导培养基①中培养，接种时下表皮与培养基接触。培养温度为(25±2)℃，光照14 h/d，光照强度2000 lx。每个锥形瓶接种3～5个外植体。

3.愈伤诱导

培养2～3 d后，叶片外植体卷曲、增厚、膨胀，15 d后外植体脱分化形成疏松絮状浅黄绿色的愈伤组织。

4.愈伤组织的分化

将愈伤组织转接到分化培养基②上，15 d后，从疏松愈伤组织上分化出许多浅黄绿色芽点。40 d后，从愈伤组织上已分化出很多幼芽。

5.幼芽的增殖

将幼芽切下，转接至幼芽增殖培养基③上，可不断增殖，发育成绿色健壮的小苗。

6.诱导生根及移栽

取3～4 cm长的无根小苗接种于生根培养基④中，培养7～8 d后，外植体基部产生白色幼根，当试管苗长至5～6 cm高时，打开瓶口，在散射光下放置2 d后取出，洗去根部残留培养基，种植于经过消毒的珍珠岩、泥炭土和菜园土等量混合的基质中，成活率可超过95%。

五、作业与思考

以烟草为材料，查阅相关文献，设计烟草遗传转化实验（利用农杆菌介导法）。

实验九
月季组织培养

一、实验目的

掌握利用茎段作为外植体进行无性繁殖的方法。

二、实验原理

月季属蔷薇科,在观赏植物中占有重要地位。根据其栽培技术的要求,传统的月季培植方法,多为先用野蔷薇种子播种,再在2~3年生的实生苗上嫁接,此法不仅繁殖系数小,且成本较高、生长缓慢。而组织培养技术的应用,使得月季育苗发展迅速。

三、实验用品

1. 实验材料

月季嫩茎。

2. 实验器材

超净工作台、镊子、酒精灯、棉球、锥形瓶、培养皿、解剖刀等。

3. 实验试剂

MS培养基母液、6-BA、NAA、IAA、蔗糖、琼脂、酒精、氯化汞等。

四、实验操作

1. 培养基的配制

增殖培养基:MS+6-BA(1.5 mg/L)+NAA(0.1 mg/L)+蔗糖(3%)+琼脂(0.7%)。

生根培养基:1/2MS+IBA(0.5 mg/L)+蔗糖(3%)+琼脂(0.6%)。

2. 外植体的获得

选用月季嫩茎为材料,取带芽的茎段,一般以顶端以下第 3~10 节上的芽为好,采回枝条剪去叶柄,再剥去附在茎上的皮刺,先用自来水冲洗枝条表面的尘土,然后把枝条截成 2~3 cm 小段,每段带 1~2 个侧芽,用 70% 酒精灭菌 20 s,再用 0.1% 氯化汞溶液浸泡 10 min,再用无菌水冲洗 4~5 次。

3. 接种

将灭好菌的材料放在无菌培养皿中切成 0.5 cm 长的小段,然后接种到灭好菌的培养基上。

4. 培养

培养温度为 24~26 ℃,光照时间为 8~10 h,光照强度为 1200 lx。

5. 分芽继代

将丛生芽分割继代。

6. 生根培养

选取苗长 2 cm 以上的壮苗作为生根材料,将其接种到生根培养基上,一般在接种一周后开始观察,约 10 d 后发现有少量苗生根,20 d 后即可移栽。

7. 移栽

将培养试管苗的锥形瓶打开,在温室中炼苗 2 d,然后取出幼苗洗去根部琼脂,移至盛有珍珠岩与细沙(1∶1,质量比)的花钵中,每天浇营养液,移栽成活率可超过 80%。

五、作业与思考

查阅相关文献,设计筛选月季芽增殖体系的最佳激素组合。

实验十
菊花组织培养与快速繁殖

一、实验目的

掌握利用茎尖作为外植体进行无性繁殖的方法。

二、实验原理

菊花是多年生宿根花卉,原产我国,是世界上栽培面积较大的花卉,也是一种人们非常喜欢的花卉,其品种约25000种,我国的菊花品种也有7000种以上。在栽培过程中,菊花的繁殖多采用扦插法,但该法会造成优良品种的品质退化,究其原因,在于繁殖及栽种过程中感染了病毒,且病情随种植时间的延长而恶化,解决此问题的最好途径是茎尖培养。

三、实验用品

1. 实验材料

菊花茎尖。

2. 实验器材

超净工作台、镊子、酒精灯、棉球、锥形瓶、培养皿、解剖刀、解剖针、解剖镜。

3. 实验试剂

MS培养基、6-BA、NAA、蔗糖、琼脂、酒精、氯化汞。

四、实验操作

1. 培养基的配制

培养基是以 MS 为基本培养基,附加不同激素构成的。其中:

① 诱导侧芽生长培养基:MS+NAA(0.1 mg/L)+6-BA(5 mg/L)+蔗糖(3%)+琼脂(0.7%)。

② 增殖培养基:MS+NAA(0.1 mg/L)+6-BA(3 mg/L)+蔗糖(3%)+琼脂(0.7%)。

③ 生根培养基:1/2MS+NAA(0.1 mg/L)+蔗糖(3%)+琼脂(0.7%)。

2. 外植体的获得

取菊花带顶芽茎段,长约 2 cm,用流水冲洗掉表面泥土,在超净工作台内将材料浸入 75% 酒精 30~45 s,然后用 0.1% $HgCl_2$ 消毒 7~10 min,无菌水浸洗 4~5 次,然后将材料放入无菌的铺有滤纸的培养皿内。

3. 诱导侧芽生长

在解剖镜下,用接种针将菊花顶芽外面的幼叶小心地依次剥掉,直至在解剖镜下能看清表面光滑、呈圆锥形的茎尖为止,再用已灭菌的解剖刀割取茎尖组织,长 0.5~0.6 mm,接种于培养基①上。

4. 培养

将培养基置于暗处 1~2 d,然后转移至培养架上,经过 10 d 左右菊花茎尖颜色逐渐变绿,基部逐渐增大,茎尖也逐渐伸长,一般 25 d 后,长出丛生芽。

5. 继代培养

将丛生芽切割下,接种于培养基②之上,一般 15 d 后可长出新的丛生芽,取丛生芽转接于培养基②上,则可在更短的时间内(约 10 d)长出新的丛生芽。继代培养的次数越多,从接种到长出丛生芽所需的时间越短,但不短于 7 d。若不及时转接,芽苗会迅速长高。

6. 诱导生根

取 2~3 cm 长的芽苗接种于培养基③上,进行诱导生根培养,10 d 左右就可出现大量小根,芽苗也迅速长高,最后有 1~6 条根可长得较长。

7. 试管苗的移栽

在芽苗生根后,先将瓶塞打开,让其由无菌环境转至有菌且湿度较低的环境之中生长约 3 d,然后将苗取出,小心用流水洗去根表面的培养基残留物,移栽到沙土中,适当遮阴,一星期后即可成活,成活率超过 95%,一个月后即可上盆。

五、作业与思考

查阅相关文献,以马铃薯为材料设计获得马铃薯脱毒苗的实验方案,包括脱毒苗的检测。

实验十一
小麦幼胚培养

一、实验目的

学习和掌握幼胚培养的一般方法。

二、实验原理

在远缘杂交中,杂种胚往往是败育的,这时候只有进行幼胚培养才能获得下一代的种苗,因此幼胚培养在远缘杂交中具有极大的利用价值。另外,幼胚在诱导基因转化受体、筛选突变体方面也具有重要的应用价值。因此,幼胚培养越来越受到科学家们的关注。幼胚在胚珠中是异养的,需要从母体和胚乳中吸收各类营养物质与生物活性物质,因此进行幼胚培养时,必须由培养基向它提供足够的营养,并提供适宜的培养条件。

三、实验用品

1. 实验材料

小麦。

2. 实验器材

超净工作台、镊子、酒精灯、棉球、锥形瓶、培养皿、解剖刀。

3. 实验试剂

MS培养基、NAA、6-BA、2,4-D、KT、蔗糖、琼脂。

四、实验操作

1. 培养基的配制

①诱导培养基:MS+2,4-D(2 mg/L)+KT(0.5 mg/L)+蔗糖(3%)+琼脂(0.6%)。
②继代培养基:MS+2,4-D(1 mg/L)+KT(0.5 mg/L)+蔗糖(3%)+琼脂(0.6%)。
③分化培养基:MS+IAA(0.5 mg/L)+KT(1.5 mg/L)+蔗糖(3%)+琼脂(0.6%)。
④生根培养基:1/2MS+NAA(0.2 mg/L)+IAA(0.5 mg/L)+蔗糖(3%)+琼脂(0.6%)。

2. 取材

自小麦出现第一朵小花起,分别给每株小麦挂牌并记录开花时间,15 d后从田间取回穗子,置于4 ℃冰箱内处理24 h。

3. 接种

剥出籽粒,用75%酒精消毒30 s,用0.1%氯化汞消毒8 min,用无菌水洗3次,于无菌条件下将幼胚剥出接种在诱导培养基上,盾片向上。

4. 培养

将接种后的培养瓶放在光照强度为2000~3000 lx、温度为(25±1)℃的条件下培养,25 d后统计出愈率和胚性愈伤诱导率。

5. 继代

将胚性愈伤组织转移到继代培养基上继代培养。

6. 分化

将继代培养后的愈伤组织接种到分化培养基上。培养一定时间后,统计分化率:

$$分化率 = \frac{产生绿色芽点愈伤数}{接种愈伤数} \times 100\%$$

7. 生根

待绿芽长到2~3 cm时,将其转到生根培养基。

8. 炼苗

打开瓶口,在培养间炼苗2~3 d,之后转到自然条件下炼苗2~3 d。

9. 移栽

洗去小苗表面的培养基,然后移栽到小盆里,成活后移栽到大田。

五、作业与思考

(1)植物胚胎培养分为哪些类型?各有什么特点和要求?

(2)胚胎培养有何重要意义?

实验十二
烟草遗传转化实验

一、实验目的

(1) 了解根癌农杆菌介导法的基本原理和一般步骤。
(2) 掌握遗传转化的基本操作技术。

二、实验原理

根癌农杆菌(Agrobacterium tumefaciens)中含有诱导植物产生肿瘤的质粒(致瘤质粒,Tumor-inducing plasmid),简称为Ti质粒。野生型农杆菌的Ti质粒,含有两个与致瘤有关的区域:一个是T-DNA区,含致瘤基因;另一个是毒性区,在T-DNA的切割、转移与整合过程中起作用。农杆菌可将T-DNA插入到植物基因组中,通过减数分裂稳定地遗传给后代。将目的基因插入到经过改造的T-DNA区,借助农杆菌感染植物细胞,实现外源基因向植物细胞的转移与整合,然后通过植物组织培养技术,获得转基因植株。

三、实验用品

1. 实验材料

无菌苗。

2. 实验器材

摇床、超净工作台、冰箱、移液枪、镊子、手术刀、打孔器、酒精灯、棉球、培养皿、锥形瓶、滤纸、牛皮纸、牙签等。

3. 实验试剂

MS 培养基、NaCl、酵母、水解酪蛋白、琼脂、蔗糖、卡那霉素、羧苄西林、6-BA、IAA 等。

四、实验操作

1. 根癌农杆菌质粒的保存

将构建好的根癌农杆菌质粒接种到 YEP 固体培养基上，每 100 mL YEP 固体培养基含 NaCl 0.5 g、酵母 1 g、水解酪蛋白 1 g、琼脂 1.5 g，pH 为 7。放在冰箱中冷藏，一个月换一次培养基，保证菌种正常生长。

2. 配制 YEP 液体培养基

每 100 mL YEP 液体培养基含 NaCl 0.5 g、酵母 1 g、水解酪蛋白 1 g，pH 为 7，并添加卡那霉素，分装于试管中（每试管加入 5 mL 左右的液体培养基），包好后高压灭菌。将灭菌后的 YEP 放在冰箱中待用。

3. 摇菌

用灭菌的牙签挑出单菌落，放入 YEP 液体培养基中，然后置于 27 ℃摇床中振荡培养 16~17 h（180 r/min），培养至 OD_{600} 为 0.6~0.8。

4. 接种

用消毒后的 0.5 mm 打孔器从无菌苗的叶片上切出叶盘，接种到培养基[MS+6-BA(1 mg/L)+NAA(1 mg/L)+蔗糖(3%)+琼脂(0.7%)]上预培养 2~3 d，材料切口刚刚开始膨大时即可进行侵染。

5. 菌液培养

取 OD_{600} 为 0.6~0.8 的菌液，按 1%~2%的比例，转入新配制的无抗生素的细菌液体培养基中，然后置于 27 ℃摇床中振荡培养 6 h，待 OD_{600} 为 0.2~0.5 时即可用于转化。

6. 侵染

于超净工作台上，将菌液倒入无菌小培养皿中。从培养瓶中取出预培养过的外植体，放入菌液中，浸泡 5 min，之后取出外植体置于无菌滤纸上吸去附着的菌液。

7. 共培养

将侵染过的外植体接种在愈伤组织诱导培养基[MS+IAA(0.5 mg/L)+6-BA(2 g/L)+蔗糖(3%)+琼脂(0.7%)]上,在28 ℃、遮光条件下共培养2~4 d。

8. 选择培养

将经过共培养的外植体转移到加有100 mg/L卡那霉素和500 mg/L羧苄西林的愈伤组织诱导培养基上(同上),在光照强度为2000 lx、温度为25 ℃条件下进行选择培养。

9. 继代选择培养

选择培养2~3周后,外植体将产生抗性愈伤组织,将这些抗性材料转入相应的选择培养基中进行继代扩繁培养。

10. 诱导培养

将愈伤组织转移到附加选择压诱导培养基[MS+KT(2 mg/L)+IAA(0.5 mg/L)+6-BA(2 mg/L)+蔗糖(3%)+琼脂(0.7%)]上诱导生芽。

11. 生根培养

两周后,愈伤组织分化出芽,从基部将芽切下,转至含有选择压的生根培养基[MS+IAA(0.1 mg/L)+6-BA(2 mg/L)+蔗糖(3%)+琼脂(0.7%)]上,诱导生根。将生根后的植株移入温室内栽培。

五、作业与思考

(1)卡那霉素、羧苄西林在培养过程中各起什么作用?

(2)步骤2中如果不加入卡那霉素会影响实验结果吗?为什么?

实验十三
细胞传代培养

一、实验目的

以原代培养的小鼠胎儿细胞为材料,学习动物细胞培养中最常用的消化法进行细胞传代培养的实验步骤。

二、实验原理

细胞在培养瓶内长成致密单层细胞后,生长空间已基本上饱和,为使细胞能继续生长,同时也使细胞数量扩大,就必须进行传代(再培养)。传代培养也是一种将细胞种保存下去的方法,同时也是利用培养细胞进行各种实验的必经过程。悬浮型细胞传代培养直接分瓶就可以,而贴壁细胞需经消化后才能分瓶。

三、实验用品

1. 实验器材

超净工作台、CO_2培养箱、倒置显微镜、培养箱、卡氏培养瓶、废液缸、酒精灯、吸管、滤膜等。

2. 实验试剂

Hank's液、胰蛋白酶、NaOH、1640培养基等。

四、实验操作

(1)将长满细胞的培养瓶中原来的培养液弃去,用2 mL Hank's液将瓶中细胞清洗一次。(注意加 Hank's液清洗细胞时,动作要轻,以免把已松动的细胞冲掉。)

(2)加入0.5~1 mL 0.25%胰蛋白酶溶液,使瓶底细胞都浸入溶液中。

(3)瓶口塞好橡皮塞,放在倒置镜下观察细胞。随着时间的推移,原贴壁的细胞逐渐趋于圆形,在细胞还未漂起时将胰蛋白酶弃去(约需 3 min),加入 10 mL Hank's 液终止消化。

观察消化也可以用肉眼,当见到瓶底发白并出现细针孔空隙时终止消化。一般室温消化时间为 1~3 min。

(4)加入 5 mL 培养液,用吸管吸取培养液将贴壁的细胞吹打成悬液,吹打时勿用力过猛,以免损伤细胞。

(5)将细胞悬浮液分成等份接种到另外 2~3 个锥形瓶中,加培养液到 3 mL,塞好橡皮塞,在 37 ℃条件下继续培养。每 3 d 换液一次,观察贴壁生长情况。

五、作业与思考

什么是细胞株?什么是细胞系?两者相同吗?

实验十四
细胞的冻存和复苏

一、实验目的

了解常用的细胞冻存和复苏方法。

二、实验原理

在不加任何条件下直接冻存细胞时,细胞内环境和外环境中的水都会形成冰晶,从而导致细胞内发生机械损伤、电解质升高、渗透压改变、脱水、pH改变、蛋白变性等现象,甚至引起细胞死亡。如果向培养液中加入保护剂,可使冰点降低。在缓慢的冻结条件下,能使细胞内水分在冻结前透出细胞,贮存在-130 ℃以下的低温中能减少冰晶的形成。

细胞复苏时速度要快,使之迅速通过细胞最易受损的-5~0 ℃,从而细胞仍能生长,活力受损不大。

目前,常用的保护剂为二甲基亚砜(DMSO)和甘油,它们对细胞无毒性,分子量小、溶解度大,易穿透细胞。

三、实验用品

1. 实验器材

液氮罐、冻存管(塑料螺口专用冻存管或安瓿瓶)、离心管、吸管、离心机、水浴锅、烧杯、血球计数板等。

2. 实验试剂

25%胰蛋白酶、1640培养基、甘油、二甲基亚砜(DMSO)、胎牛血清等。

四、操作步骤

1.冻存

(1)消化细胞[同本篇实验十三,操作(1)~(4)],将细胞悬液收集至离心管中。

(2)1000 r/min 离心 10 min,弃上清液。用 Hank's 液清洗细胞 1~2 次。

(3)用配制好的 Hank's 液+20% 胎牛血清+10% 甘油或 DSMO 稀释细胞,在显微镜下计数,调整至细胞悬液中的细胞浓度在 $5×10^6$ 个/mL 左右。

(4)将悬液分装至冻存管中,每管 1 mL。

(5)将冻存管的管口封严,如用安瓿瓶则用火焰封口,封口一定要严,否则复苏时易出现爆裂。

(6)贴上标签,写明细胞种类、冻存日期。冻存管外拴一金属重物和一细绳。

(7)按下列顺序降温:室温→4 ℃(20 min)→冰箱冷冻室(30 min)→低温冰箱(-30 ℃,1 h)→气态氮(30 min)→液氮。

注意:冷冻操作和添加液氮时要注意戴保护眼镜和手套,切勿用裸手直接接触液氮,以免冻伤。定期检查液氮容量,在液氮挥发了 1/2 时要及时补充,绝对不能让液氮挥发完,一般 30 L 的液氮能用 1~1.5 月。留在液氮罐外的线要做好标记并沿着罐口按顺序摆放。

2.复苏

(1)准备 1000 mL 的烧杯,内装 2/3 容积的 37 ℃温水。

(2)从液氮罐中取出冻存管、迅速置于温水中并不断搅动。使冻存管中的冻存物在 1 min 之内融化。

(3)用酒精棉球消毒冻存管表面,再打开冻存管,将细胞悬液吸到离心管中并立即加入 5 倍体积以上的 Hank's 液。

(4)1000 r/min 离心 10 min,弃去上清液。

(5)沉淀加 10 mL 培养液,吹打均匀,再离心 10 min,弃上清液。

(6)加适当培养基调整细胞浓度为 $5×10^5$ 个/mL 左右,然后将细胞转移至培养瓶中,于 37 ℃、5% 二氧化碳、饱和湿度条件下培养,第二天观察细胞生长情况。

五、作业与思考

在冷冻过程中为什么要用慢速冷冻的方法,而不采用将细胞直接放入液氮中的超速冷冻方法?复苏时则要求快速,为什么?

第八篇

基因工程实验

实验流程参考图

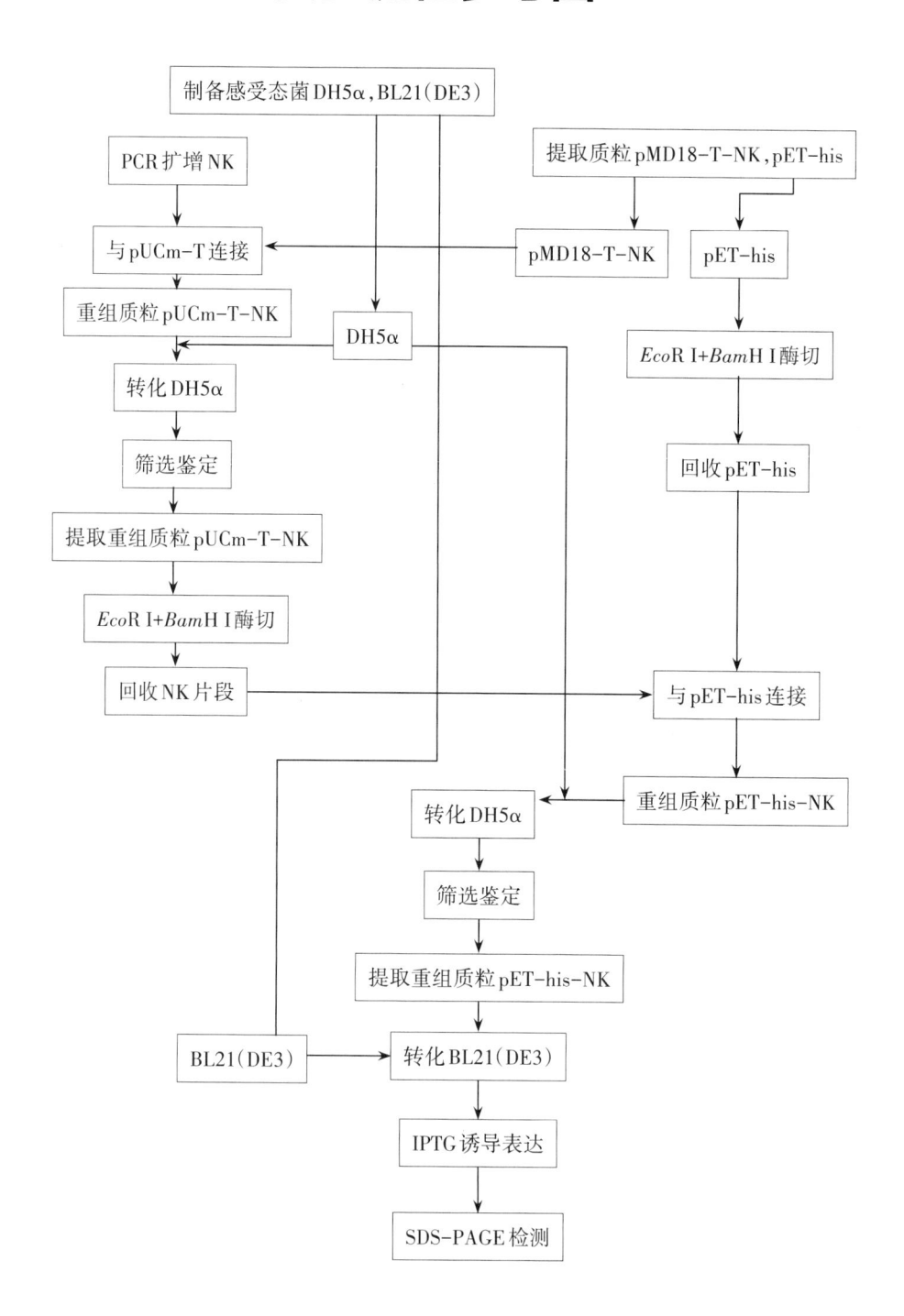

```
制备感受态菌 DH5α, BL21(DE3)
        │
   ┌────┴────┐                          提取质粒 pMD18-T-NK, pET-his
   │         │                                   │
PCR扩增NK    │                           ┌───────┴───────┐
   │         │                      pMD18-T-NK        pET-his
与pUCm-T连接 │                           │               │
   │         │                           │               │
重组质粒     │                           │         EcoR I + BamH I 酶切
pUCm-T-NK   DH5α                         │               │
   │                                     │          回收 pET-his
转化DH5α                                  │               │
   │                                     │               │
筛选鉴定                                  │               │
   │                                     │               │
提取重组质粒 pUCm-T-NK                    │               │
   │                                     │               │
EcoR I + BamH I 酶切                      │               │
   │                                     │               │
回收NK片段 ──────────────────────────→ 与 pET-his 连接
                                            │
                                       重组质粒 pET-his-NK
                                            │
                                        转化 DH5α
                                            │
                                         筛选鉴定
                                            │
                                  提取重组质粒 pET-his-NK
                                            │
              BL21(DE3) ──────────→  转化 BL21(DE3)
                                            │
                                       IPTG 诱导表达
                                            │
                                       SDS-PAGE 检测
```

第一部分 质粒DNA的提取和酶切电泳鉴定

实验一 质粒DNA的小量制备

一、实验目的

学会最常用的小量制备质粒DNA的方法——碱裂解法。

二、实验原理

根据共价闭合环状质粒DNA与线性DNA在拓扑学上的差异将两者分离。在pH 12~12.5这个狭窄的范围内,线性DNA双螺旋结构解开而变性。尽管在这样的条件下共价闭合环状质粒DNA也会变性,但两条互补链仍彼此互相盘绕,依旧会紧密结合在一起。当加入pH 4.8的乙酸钾高盐缓冲液使pH恢复中性时,共价闭合环状质粒DNA复性快,而线性DNA复性缓慢,经过离心,线性DNA与蛋白质和大分子RNA一起沉淀下去。

三、实验用品

1. 实验器材

超净工作台、接种环、酒精灯、台式离心机、旋涡混合器、微量移液器、1.5 mL离心管、恒温摇床、摇菌试管、双面微量离心管架、试管架、标签纸、磁力搅拌机。

将摇菌试管洗净并盖上棉花塞、1.5 mL离心管装入铝制灭菌盒中、移液器吸头装入相应的吸头盒中,高压灭菌(121 ℃,30 min)后备用。

2. 实验试剂

pET-his质粒载体菌、pMD18-T-NK载体菌、LB培养基1000 mL、氨苄西林、葡萄糖-Tris-EDTA(GTE)溶液(溶液Ⅰ)、NaOH-SDS溶液(溶液Ⅱ)、KAc溶液(pH 4.8,溶液Ⅲ)、RNase A、95%乙醇、70%乙醇、TE buffer(pH 8)。

氨苄西林储存液:用无菌水配制为5 mg/mL的溶液,分装后于-20 ℃冰箱内保存。

LB培养基:胰化蛋白胨10 g,酵母提取物5 g,NaCl 10g,加200 mL dd H₂O搅拌完全溶解,用约200 L 5 mol/L NaOH调pH为7,加dd H₂O至1 L,121 ℃、20 min灭菌。

溶液Ⅰ:50 mmol/L葡萄糖,25 mmol/L Tris HCl pH为8,10 mmol/L EDTA,pH 8)。

溶液Ⅱ:0.2 mol/L NaOH,1% SDS。

溶液Ⅲ:60 mL 5 mol/L KAc,加冰乙酸调pH值为4.8,补dd H₂O至100 mL。

70%乙醇:于-20 ℃冰箱中保存。

TE buffer:10 mmol/L Tris HCl,pH为8;1 mmol/L EDTA,pH为8。

10 mg/mL RNase A:RNase A溶于10 mmol/L Tris HCl(pH 7.5)、15 mmol/L NaCl中。

四、操作步骤

(1)在超净工作台中取5 mL LB液体培养基(含Amp),加入灭菌的摇菌管中。

(2)从超低温冰箱中取出保存的pET-his载体的菌种和pMD18T-NK的菌种,在超净工作台上用烧红的接种环刮一下,再把接种环放入无菌LB中搅拌一下,然后将培养瓶放入37 ℃摇床中振荡培养20 h。

pET-his菌:接种于5 mL LB液体培养基(Amp)中;pMD18-T菌:接种于2 mL LB液体培养基(Amp)中。

(3)取1.5 mL的菌液于1.5 mL离心管中,15000 r/min离心1 min,弃上清液(尽量弃干净),留沉淀备用。

pET-his菌:3管(3×1.5 mL);pMD18-T菌:1管(1.5 mL)

(4)在沉淀中加入100 μL溶液Ⅰ,盖上盖后立即在旋涡混合器上混匀,室温下静置5 min。(等待的同时,取一个塑料盒,装上适量的冰块备用。)

(5)加入200 μL溶液Ⅱ,盖上盖后上下颠倒几次混匀,插入冰中,放置5 min。

(6)加入150 μL溶液Ⅲ,盖上盖后上下颠倒几次混匀,插入冰中,放置5 min。

(7)15000 r/min离心5 min,小心吸取400 μL上清液于另一个干净的1.5 mL离心管中(不要将白色沉淀物带入!),加入800 μL 95%乙醇,盖上盖后立即在旋涡混合器上混匀,室温下静置5 min。

(8) 15000 r/min 离心 10 min,小心弃掉上清液,加入 500 μL 70% 乙醇,盖上盖后立即在旋涡混合器上混匀。15000 r/min 离心 10 min,小心弃掉上清液,尽量弃干净。

(9) 再加入 500 μL 70% 乙醇,盖上盖后立即在旋涡混合器上混匀。15000 r/min 离心 10 min,小心弃掉上清液,尽量倒置弃干净。

(10) 将离心管倒置于 37 ℃培养箱中(或室温下)进行干燥。(管底的沉淀质粒 DNA 用肉眼几乎看不见!)

(11) 往 pMD18-T 管加入 30 μL 蒸馏水或 TE 缓冲液;往 3 管 pET-his 质粒中各加入 10 μL 蒸馏水混匀后收集到一个管中,旋涡混合器上混匀,在离心机中瞬时转一下,使质粒集中在管底。待电泳确认(见本篇实验二)后再在 pET-his 质粒中加入 1 μL RNaes A。用记号笔标记后放入冰箱中备用。

(12) 往剩余的菌液中倒入少许 84 消毒液,待溶液变清亮后随废液和剩余的冰块一起倒入下水池。清理桌面,清洁仪器,撰写实验报告。

五、作业与思考

影响本实验结果的因素有哪些?

实验二
质粒DNA电泳鉴定

一、实验目的

学会常用的DNA琼脂糖凝胶电泳鉴定方法。

二、实验原理

DNA双螺旋分子骨架两侧带有含负电荷的磷酸根,在电场中会向正极方向移动。不同长度的DNA由于受到凝胶介质的阻力不同,表现为不同的迁移率而被分开。

三、实验用品

1. 实验材料

pET-his质粒、pMD18-T-NK载体。

2. 实验器材

电泳仪、水平凝胶电泳槽和梳子及制胶模块、250 mL锥形瓶、微波炉、台式离心机、旋涡混合器、凝胶成像系统、分光光度计、微量移液器、1.5 mL离心管、双面微量离心管架、试管架等。

将1.5 mL离心管装入铝制灭菌盒中、移液器吸头装入相应的吸头盒中,高压灭菌(121 ℃,30 min)后备用。

3. 实验试剂

TAE电泳缓冲液、1000×溴化乙锭储存液、电泳级琼脂糖粉、10×加样缓冲液(或6×加样缓冲液)、DNA分子量标准。

TAE电泳缓冲液(50×储存液,pH约8.5):Tris碱 242 g,57.1 mL冰乙酸,37.2 g

Na$_2$-EDTA·2H$_2$O，用 dd H$_2$O 定容至 1 L。

1000×溴化乙锭储存液(0.5 mg/mL)：将 50 mg 溴化乙锭溶于 100 mL dd H$_2$O 中，4 ℃避光储存。

10×加样缓冲液：20% Ficoll 400，0.1 mol/L Na$_2$-EDTA pH 8，1% SDS，0.25%溴酚蓝。

四、操作步骤

(1)称取 0.5 g 琼脂糖粉，放入锥形瓶，加入 50 mL TAE 电泳缓冲液(1×)，放入微波炉中加热至药品彻底溶解(1 min)。50 mL 电泳缓冲液正好倒两块小胶。

(2)注意观察锥形瓶中的琼脂糖粉末的状态，待完全溶解后及时关闭微波炉。(切不可让胶溶液溢出污染微波炉！)

(3)戴上线手套，从微波炉中取出锥形瓶，置桌面上冷却致不烫手(50~60 ℃)。

(4)把梳子插到凝胶灌制模具的正确位置后缓缓倒入胶溶液。胶溶液倒至与模具的矮边缘相平即可，不要让胶溶液溢到外面。在桌面上静置 10~20 min 待胶完全凝固后再使用(剩下的胶溶液留待以后再熔化使用)。

(5)在水平电泳槽中加满 1×TAE 电泳缓冲液。根据电泳槽的长度把电泳仪的电压调至 170 V(10 V/cm)，注意正负电极的位置一定要连接正确。

(6)待胶完全凝固后，小心拔出梳子。用手指捏住模具两侧的高边缘取出模具和凝胶一起放入电泳槽中间的平台上，凝胶要没入电泳液中。凝胶上有样品孔的一侧要朝向电泳槽的负极。

(7)剪 1 片光面纸(或封口膜)，吸取 6 μL 蒸馏水、1 μL 10×加样缓冲液点在光面纸上，再加入 3 μL 质粒 DNA 溶液制成 10 μL DNA 样品。

(8)在凝胶上选择相邻的加样孔。用 10 μL 的吸液头将样品加到凝胶的加样孔中(点一个孔，换一个吸液头；如果需要时，在相邻的加样孔中加入 1.5~3 μL DNA 分子量标准物)。加样时持移液器的手以肘部固定在桌上，用另一只手扶住这只手的手腕，以减少移液器的抖动。看到吸液头的尖头伸进加样孔后(不能伸得太深，以免穿破凝胶的底部)，缓缓将样品加入加样孔中。切不可使样品流到孔外。

(9)打开电源开关，样品将形成一条蓝色的横带向前移动(如果发现蓝色向后移动，立即关闭电源，调换电极)。电泳将进行约 30 min。

（10）当蓝色的条带迁移到距凝胶边缘1 cm时，关闭电源，取出模具和凝胶。

（11）把凝胶小心反扣放入盛有EB的搪瓷盒中。放置约10 min后，取出用自来水冲洗两次，放入凝胶成像系统中拍照。

（12）清理垃圾。染有EB的凝胶要放到专用的垃圾袋中进行专门处理，以免污染环境。

（13）撰写实验报告。

五、作业与思考

（1）泳道中的质粒DNA有几条带？为什么？

（2）溴酚蓝的迁移率相当于多少bp的DNA？

（3）影响本实验结果的因素有哪些？

实验三
质粒DNA的酶切

一、实验目的

学会用限制性内切酶切割质粒DNA的方法。

二、实验原理

Ⅱ型限制性内切酶能识别双链DNA内部的特殊序列并在识别位点处将双链切断,形成黏性末端、齐平末端,酶切电泳后的DNA混合物能够分离开来,通过电泳结果可以确认酶切下来的片段是否是目标片段。

三、实验用品

1. 实验材料

pET-his质粒。

2. 实验器材

旋涡混合器、微量移液器、移液器吸头、1.5 mL离心管、双面离心管架、水漂、恒温水浴锅等。

将1.5 mL离心管装入铝制灭菌盒中、移液器吸头装入相应的吸头盒中,高压灭菌(121 ℃,30 min)后备用。

3. 实验试剂

EcoR I、BamH I、酶切缓冲液(10×)、10×电泳加样缓冲液、TAE电泳缓冲液(50×储存液)、1000×溴化乙锭储存液(0.5 mg/mL)、10×加样缓冲液。

四、操作步骤

(1) 将下列试剂加到一个无菌的 1.5 mL 微量离心管中：

pET-his DNA（或 pUCm-T-NK）	6 μL
10×酶切缓冲液（用 *Eco*R I 的缓冲液）	2 μL
dd H$_2$O	30 μL
*Eco*R I	1 μL
*Bam*H I	1 μL
总体积	40 μL

(2) 先准备一个冰盒并放入一定量的冰块。从 -20 ℃ 冰柜中取出限制性内切酶，并立即插入冰块中。

(3) 用一只手的手指捏在盛放酶的微量离心管的上部（以免手指给酶液加温），另一只手持微量移液器，小心翼翼地吸取 1 μL 限制性内切酶。

(4) 在酶切样品混合液中加入限制性内切酶后（加毕，立即把内切酶原液送回冰柜！），轻轻振动微量离心管使管中的溶液混匀，再以 1000 r/min 离心 10 s。取出离心管插到水漂的孔中，在推荐的最适酶切温度（一般是 37 ℃）水浴中温育 1~3 h。

(5) 酶切后取少量酶切产物与合适的已知分子量的 DNA（如先前的 PCR 产物）对比电泳，确认切下的片段是否为目标片段。

(6) 酶切后的质粒可以回收备用（见本篇实验六）。

(7) 清理桌面垃圾，清洁实验仪器，撰写实验报告。

五、作业与思考

(1) 酶切反应混合物的体积是否对酶切效果有影响？为什么？

(2) 如何估计 DNA 和酶的用量？

(3) 在吸取内切酶的时候如何操作才能避免浪费？

第二部分　目的基因的获得和重组载体的构建

实验四　PCR扩增制备目的基因

一、实验目的

学会PCR扩增DNA的基本技术。

二、实验原理

将待扩增的DNA模板加热变性,与其两侧互补的寡聚核苷酸引物复性,然后经过耐热的DNA聚合酶延伸。再进入下一轮"变性—复性—延伸"的循环,n次循环后1个DNA模板可被扩增2^n倍。

三、实验用品

1. 实验器材

旋涡混合器、微量移液器、移液器吸头、0.2 mL PCR微量管(无菌)、双面微量离心管架、PCR仪、台式离心机、琼脂糖凝胶电泳系统、水漂、恒温水浴锅等。

2. 实验试剂

3 U/μL Taq DNA聚合酶、PCR缓冲液(10×,无MgCl$_2$)、25 mmol/L MgCl$_2$、dNTP、引物、模板质粒pMD18-T-NK、TAE电泳缓冲液、1000×溴化乙锭储存液(0.5 mg/mL)、10×加样缓冲液、无菌dd H$_2$O。

四、操作步骤

(1)在0.2 mL PCR微量离心管中配制50 μL PCR反应体系(以下加样量供参考,

实验时需参照Taq酶说明书计算具体用量)。

dd H$_2$O	32 μL
10×PCR 缓冲液(不含 MgCl$_2$)	5 μL
25 mmol/L MgCl$_2$	3 μL
2.5 mmol/L dNTP	4 μL
10 μmol/L Primer1(引物F)	2 μL
10 μmol/L Primer2(引物R)	2 μL
模板质粒	1 μL
3 U/μL Taq酶	1 μL(3 U)
总体积	50 μL

(2)根据厂商的操作手册设置PCR仪的循环程序：

① 预变性 94 ℃ 5 min

② 变性 94 ℃ 1 min ⎫
③ 退火 60 ℃ 1 min ⎬ 29个循环
④ 延伸 72 ℃ 1 min 50 s ⎭

⑤ 延伸 72 ℃ 10 min

(3)PCR结束后,取10 μL产物进行琼脂糖凝胶电泳。观察胶上是否有目的条带。

(4)清理桌面,撰写实验报告。

(5)PCR产物可以直接与T载体连接(见本篇实验五),然后转化感受态细胞(见本篇实验八)。

五、作业与思考

(1)复性温度如何确定?

(2)为什么要在最后延伸10 min?

(3)如何确定实验中是否有非特异性扩增产物(或引物二聚体),怎么才能消除?

实验五
目的基因片段与载体连接

一、实验目的

学会DNA片段的体外连接技术。

二、实验原理

在 Mg^{2+} 和ATP存在下，T_4 DNA连接酶能催化载体分子的黏性末端与外源DNA的相同黏性末端连接成重组DNA分子。

三、实验用品

1. 实验材料

pUCm-T载体、pET-his酶切载体、NK插入片段。

2. 实验器材

旋涡混合器、微量移液器、移液器吸头（无菌）、1.5 mL微量离心管（无菌）、双面微量离心管架、台式离心机、干式恒温气浴仪。

3. 实验试剂

T_4 DNA连接酶、连接酶缓冲液、无菌dd H_2O。

四、操作步骤

1. PCR产物与pUCm-T载体直接连接

(1) 事先将干式恒温仪温度设定在14~16 ℃。

(2) 取一个灭菌的1.5 mL微量离心管，加入：

PCR 产物混合液	4 μL
pUCm-T 载体	1 μL
T$_4$ DNA 连接酶(TAKARA，350 U/μL)	0.5 μL
连接酶缓冲液	1 μL
dd H$_2$O	3.5 μL
总体积	10 μL

(3)将上述混合液轻轻振荡后再短暂离心,然后置于干式恒温仪中保温过夜。

(4)连接后的产物可以立即用来转化感受态细胞或置于4 ℃冰箱中备用。

2.DNA回收片段(NK)与载体(pET-his)连接

(1)取一个灭菌的1.5 mL微量离心管,加入：

回收的 DNA 片段(NK)	4 μL
酶切后回收的载体(PET-his)	1 μL
T$_4$ DNA 连接酶(TAKARA，350 U/μL)	0.5 μL
连接酶缓冲液	1 μL
dd H$_2$O	3.5 μL
总体积	10 μL

(2)将上述混合液轻轻振荡后再短暂离心,然后置于14 ℃干式恒温仪中保温过夜。

(3)连接后的产物可以立即用来转化感受态细胞或置于4 ℃冰箱中备用。

五、作业与思考

(1)连接酶的最适温度是多少?

(2)为什么连接温度不能超过14 ℃?

(3)如何确定插入片段的用量与质粒载体的用量?

实验六
从琼脂糖凝胶中回收DNA片段

一、实验目的

学会从琼脂糖凝胶中回收DNA片段的基本方法。

二、实验原理

限制性内切酶切割后的DNA片段经过电泳后,将按分子量大小被分开,排列在琼脂糖凝胶中,可以将特定的某条DNA带所在的凝胶切下来,加热或用特殊的试剂将凝胶溶解后,使DNA溶回到溶液中,再经过乙醇沉淀或过柱即可获得目的DNA酶切片段。

三、实验用品

1. 实验器材

旋涡混合器、微量移液器、移液器吸头(无菌)、1.5 mL微量离心管(无菌)、双面微量离心管架、台式离心机、琼脂糖凝胶电泳系统、微波炉、水漂、恒温水浴锅。

2. 实验试剂

电泳缓冲液、溴化乙锭溶液、电泳级琼脂糖粉、10×加样缓冲液、DNA分子量标准、DNA凝胶回收试剂盒、TAE电泳缓冲液(10×储存液)、1000×溴化乙锭储存液(0.5 mg/mL)、10×加样缓冲液。

四、实验操作

(1) 用1×TAE配制1%琼脂糖凝胶,DNA用合适的酶进行酶切。

(2) 在胶上选定两个加样孔,分别加入少量(10 μL)和大量(50 μL)DNA酶切产物,电泳。

(3)电泳结束后用刀片切下含有少量DNA酶切产物的泳道(一般选择位于凝胶的边缘),EB染色,在紫外灯下找到目的DNA带,用刀片在条带的上下边缘各切一个小口作为标记。注意:含有大量DNA酶切产物的凝胶既不用EB染色,也不用紫外灯照射!

(4)将做好标记的凝胶条与未染色的凝胶原位对齐,根据小胶条上的标记估计未染色的大胶上DNA酶切产物的位置,用刀片切下大胶中DNA产物所在的凝胶(尽量不要多余的凝胶),转移至一个称量过的干净的1.5 mL微量离心管中。称量离心管和凝胶的总重量,即可计算出胶的重量。

(5)按照DNA凝胶回收试剂盒的说明书进行操作,回收DNA酶切产物。

①Sangon UNIQ-10柱式DNA胶回收试剂盒操作步骤:

按每100 mg凝胶加入400 μL的Binging Buffer II的比例添加试剂,之后将装有凝胶的管置于50~60 ℃水浴中加热10 min,每2 min混匀一次,使胶彻底溶解。

将胶溶液移到套放在2 mL收集管内的UNIQ-10柱中,室温放置2 min。

8000 r/min室温离心1 min。取下UNIQ-10柱,倒掉收集管中的废液。

将UNIQ-10柱放入同一个收集管中,加入500 μL Wash Solution,8000 r/min室温离心1 min。

取下UNIQ-10柱,倒掉收集管中的废液,将UNIQ-10柱放回到同一个收集管中,12000 r/min室温离心1 min。

将UNIQ-10柱放入一个新的1.5 mL微量离心管中,往柱子的膜中央加40 μL Elution Buffer(或dd H_2O,pH>7),室温或37 ℃放置2 min。

12000 r/min室温离心1 min,离心管中的液体就是DNA回收产物。

②华美生物公司的RESINcolumn™琼脂糖DNA纯化系统操作步骤:

向切割下来的胶块中加入等体积的溶胶剂,65 ℃水浴5~15 min直到胶完全溶解。

充分混匀琼脂糖-DNA纯化树脂:抽出0.6 mL树脂悬浮液加到0.2~0.6 mL胶溶液中,颠倒4~5次混匀。

抽出注射器活塞,将注射器筒插入微量离心柱,并拧紧。然后将树脂-DNA混合物加到注射器筒中,静置1 min。

将注射器活塞插入注射器筒,缓慢用力下压,排出所有的液体和空气。

从微量离心柱上拔掉整个注射器,抽出活塞,将注射器筒插入微量离心柱,并拧紧。

将 2 mL I-型柱子清洗液加入注射器筒中。将注射器活塞插入注射器筒,缓慢用力向下压,排出所有液体和空气。

取下微量离心柱,将微量离心柱插入一个新的 1.5 mL 无盖离心管,并拧紧。

向离心柱中加入 150 μL I-型柱子清洗液,15000 r/min 室温离心 1 min。

将微量离心柱插入一个新的 1.5 mL 离心管,并拧紧,向离心柱中加入 30~50 μL TE 或 dd H_2O,静置 1 min,12000 r/min 室温离心 20 s,洗脱 DNA。

可取 2~5 μL 回收产物进行电泳,检测是否有目的 DNA 条带。

清理桌面,撰写实验报告。

五、作业与思考

为何避免用 EB 染色和用紫外灯照射目的 DNA?

实验七
感受态细胞的制备

一、实验目的

学会用$CaCl_2$法制备大肠杆菌感受态细胞。

二、实验原理

细菌在0 ℃ $CaCl_2$低渗溶液中胀成球状,丢失部分膜蛋白,成为容易吸收外源DNA的状态。

三、实验用品

1. 实验器材

旋涡混合器、微量移液器、移液器吸头(无菌)、50 mL离心管(无菌)、1.5 mL微量离心管(无菌)、双面微量离心管架、台式冷冻离心机、制冰机、恒温摇床、分光光度计、超净工作台、恒温培养箱、摇菌试管(无菌)、锥形瓶(无菌)、接种环。

2. 实验试剂

E. coli DH5α、*E. coli* BL21(DE3)、LB培养基、冰冷的0.1 mol/L $CaCl_2$溶液、无菌ddH_2O。

四、实验操作

制作感受态细胞时,必须遵循无菌操作原则。

(1)取一支无菌的摇菌试管,在超净工作台中加入2 mL LB培养基(不含抗生素)。

(2)从超低温冰箱中取出DH5α菌种和BL21(DE3)菌种,放置在冰上。在超净工作台中将灼烧过的接种环插入冻结的菌中取一环菌液,然后接入含2 mL LB培养基的试管中。

(3) 取 0.5 mL 上述菌液转接到含有 50 mL LB 培养基的锥形瓶中,放入摇床中 37 ℃、250 r/min 培养 2~3 h,测定 OD_{590} 为 0.375(OD_{590}<0.4~0.6,细胞浓度<10^8 个/mL,此为关键参数)时,将菌液取出。

(4) 将菌液分装到预冷无菌的 1.5 mL 离心管中,于冰上放置 10 min,然后 4 ℃、5000 r/min 离心 10 min。

(5) 将离心管倒置以流尽上清液,加入 1 mL 冰冷的 0.1 mol/L $CaCl_2$ 溶液,立即在旋涡混合器上混匀,插入冰中放置 30 min。

(6) 4 ℃、5000 r/min 离心 10 min,弃上清液后,用 1 mL 冰冷的 0.1 mol/L $CaCl_2$ 溶液重悬,插入冰中放置 30 min。

(7) 4 ℃、5000 r/min 离心 10 min,弃上清液后,用 200 μL 冰冷的 0.1 mol/L $CaCl_2$ 溶液重悬,然后在超净工作台中按每管 100 μL 分装到数个 1.5 mL 离心管中。此时的细胞悬液可以直接用于转化实验,或立即放入 -80 ℃ 超低温冰箱中保藏(可存放数月)。

(8) 往被细菌污染的桌面上喷洒 70% 乙醇,擦干桌面,撰写实验报告。

五、作业与思考

(1) 在制作感受态细胞的过程中,应注意哪些关键步骤?

(2) $CaCl_2$ 溶液的作用是什么?

实验八
细菌转化

一、实验目的

学会质粒DNA转化感受态受体菌的方法。

二、实验原理

质粒DNA黏附在细胞表面,经过42 ℃短时间的热激处理,促进细胞吸收DNA。然后在非选择性培养基中培养一代,待质粒上所带的抗生素基因表达,就可以在含抗生素的培养基中生长。

三、实验用品

1. 实验器材

旋涡混合器、微量移液器、移液器吸头(无菌)、1.5 mL 离心管(无菌)、双面微量离心管架、干式恒温仪(或恒温水浴锅)、制冰机、恒温摇床、超净工作台、酒精灯、玻璃涂布棒、恒温培养箱、锥形瓶(无菌)。

2. 实验试剂

LB液体培养基(不加抗生素)、LB固体培养基(加Amp)、无菌dd H_2O、IPTG、X-gal。

四、实验操作

(1)事先将恒温水浴锅的温度调到42 ℃。

(2)从-70 ℃超低温冰箱中取出一管(100 μL)感受态细胞,用手指加温融化后插入冰上,冰浴5~10 min。

(3) 加入 5 μL 连接好的质粒混合液(DNA 含量不超过 100 ng),轻轻振荡后在冰上放置 20 min。

(4) 轻轻摇匀后插入 42 ℃水浴中 0.5~1 min 进行热激,然后迅速放回冰中,静置 3~5 min。

(5) 在超净工作台中向上述各管分别加入 500 μL LB 液体培养基(不含抗生素),轻轻混匀,然后固定到摇床的弹簧架上,37 ℃振荡培养 1 h。

(6) 在超净工作台中取上述转化混合液 100~300 μL,分别滴到含抗生素的 LB 固体培养基上(Amp),用烧过的玻璃涂布棒涂布均匀(注意:灼烧过的玻璃涂布棒需冷却后再涂)。

(7) 如果载体和宿主菌适合蓝白斑筛选的话,滴完菌液后再在平板上滴加 100 μL X-gal,100 μL IPTG,用烧过的玻璃涂布棒涂布均匀。

(8) 在涂好的培养皿上做上标记,先放置在 37 ℃恒温培养箱中培养 30~60 min 直到表面的液体都渗透到培养基里后,再倒置过来放入 37 ℃恒温培养箱过夜。

(9) 往被细菌污染的桌面上喷洒 70% 乙醇,擦干桌面,撰写实验报告。

(10) 观察培养基上长出的菌落,计数时以菌落之间能互相分开为好。(蓝白斑筛选时,注意白色菌斑)。

五、作业与思考

(1) 影响转化效率的因素有哪些?

(2) 蓝白斑筛选时,白色菌落出现的原理是什么?

实验九
转化克隆的筛选和鉴定

一、实验目的

学会用酶切法或 PCR 法筛选出重组质粒转化成功的克隆菌。

二、实验原理

利用转化后宿主菌所获得的抗生素抗性性状筛选出获得质粒的菌落克隆。再从这些菌落中鉴定出质粒上带有外源基因插入片段的克隆菌落。

三、实验用品

1. 实验器材

旋涡混合器、小镊子、微量移液器、移液器吸头（无菌）、1.5 mL 微量离心管（无菌）、双面微量离心管架、干式恒温仪（或恒温水浴锅）、制冰机、恒温摇床、超净工作台、酒精灯、无菌牙签、摇菌管（无菌）。

2. 实验试剂

LB 液体培养基（加 Amp）、PCR 用试剂、100 mg/mL Amp、质粒提取用试剂、限制性内切酶及其缓冲液、65% 甘油、0.1 mol/L $MgSO_4$、0.025 mol/L Tris HCl（pH 为 8）。

四、实验操作

1. 方法一：酶切鉴定

（1）在超净工作台中取 3 支无菌摇菌管，各加入 3 mL LB 液体培养基（含 50 μg/mL 氨苄西林），用记号笔写好编号。

（2）在超净工作台中将 70% 乙醇浸泡的小镊子的尖头再用酒精灯火焰灼烧一次，

用镊子夹取一支无菌牙签。用牙签的尖部接触转化的平板培养基上的一个白色菌落,然后将牙签放入盛有 3 mL LB(含 50 μg/mL 氨苄西林)的摇菌管中。用此法随机取 3 个白色菌落,分别装入 3 个摇菌管中。

(3) 37 ℃摇菌过夜后,用碱裂解法分别提取质粒。摇菌管中的剩余菌液保留在 4 ℃冰箱中。

(4) 将提取到的 3 管质粒样品与空质粒同时电泳,根据分子量判断和选取有插入片段的质粒,然后可用酶切、与目的片段一同电泳等方法来鉴定其上的外源插入片段大小是否与目的片段相符。

(5) 将经过鉴定判断为正确的质粒保存。按照编号找到冰箱中对应的原菌液。根据需要进行放大培养提取其质粒或进行诱导表达,或取 500 μL 菌液与 500 μL 65% 甘油混合后放入 -80 ℃冰箱中保存。

(6) 往被细菌污染的桌面上喷洒 70% 乙醇,擦干桌面,撰写实验报告。

2. 方法二:快速 PCR 筛选法

(1) 在转化的平板培养基上随机选取 3 个边缘清晰的白色菌落,并用记号笔在其所在的培养皿底部背面画圈写好编号。

(2) 用 0.2 mL PCR 微量离心管中配制 25 μL 反应体系。

dd H$_2$O	16 μL
10×PCR buffer(不含 MgCl$_2$)	2.5 μL
25 mmol/L MgCl$_2$	1.5 μL
2.5 mmol/L dNTP	2 μL
10 μmol/L Primer1(引物 F)	1 μL
10 μmol/L Primer2(引物 R)	1 μL
Taq 酶	0.5 μL(1.5 U)
总体积	24.5 μL

模板质粒:用小枪头轻轻沾一下选中的白色菌落(约 0.5 μL),再伸入 PCR 混合液中转一转。

根据厂商的操作手册设置 PCR 仪的循环程序:

①预变性 94 ℃ 5 min

②变性 94 ℃ 1 min
③退火 60 ℃ 1 min } 29个循环
④延伸 72 ℃ 1 min 50 s

⑤延伸 72 ℃ 10 min

(3) PCR结束后,取 10 μL 产物进行琼脂糖凝胶电泳(与原始插入片段同时比对),观察胶上是否有目的条带。

(4) 由电泳凝胶上出现的目的条带对应的编号找到培养皿中的原菌斑,根据需要进行放大培养提取质粒。

(5) 提取到的质粒与原先的空载体(或已知分子量的质粒)再对比电泳,用酶切进一步确认结果。

五、作业与思考

(1) PCR法筛选的优点和缺点是什么?

(2) 酶切法与PCR法的筛选结果哪个更可靠?

(3) 最终确认克隆的方法有哪些?

实验十
外源基因的诱导表达

一、实验目的

了解外源基因在原核细胞中表达的特点和方法。

二、实验原理

将外源基因克隆在含有 Lac 启动子的表达载体中，让其在宿主菌中表达。先让宿主菌生长，Lac I 产生的阻遏蛋白与 Lac 操纵基因结合抑制下游的外源基因转录与表达。向培养基中加入 Lac 操纵子的诱导物 IPTG（异丙基硫代-β-D-半乳糖），让阻遏蛋白不能与操纵基因结合，解除抑制使外源基因大量表达。表达的蛋白可经 SDS-PAGE 或 Western-blotting 检测。

三、实验用品

1.实验器材

旋涡混合器、微量移液器、移液器吸头（无菌）、50 mL 离心管（无菌）、1.5 mL 离心管（无菌）、双面微量离心管架、台式冷冻离心机、制冰机、恒温摇床、分光光度计、超净工作台、恒温培养箱、摇菌试管（无菌）、锥形瓶（无菌）、接种环。

2.实验试剂

LB 液体培养基（加 Amp）、100 mg/mL IPTG、20% 葡萄糖、无菌 dd H_2O、100 mg/mL 氨苄西林（Amp）。

四、实验操作

1. pET-his NK 重组载体的菌株

(1) 21:00 接种。在超净工作台中，吸取适量含有 pET-his NK 重组载体的菌株，接种于两个各盛有 20 mL LB 液体培养基（含 120 μg/mL Amp）的摇菌管中，放入摇床中，70~90 r/min、30 ℃摇菌过夜。

(2) 至第二天 8:30，菌液 OD_{600} 约为 0.5，加 IPTG 至终浓度为 100 μg/mL，然后 150~170 r/min、37 ℃诱导 1.5~3 h。同时做不加 IPTG 诱导和非转化的空菌诱导的对照培养。

(3) 4000 r/min 离心 15 min 弃掉上清液，收获菌体，进行 SDS-PAGE 电泳分析。菌体也可放在 -20 ℃冰箱中保存备用。

(4) 往被细菌污染的桌面上喷洒 70% 乙醇，擦干桌面，撰写实验报告。

2. 温度诱导型的高表达科研菌株（选做）

有兴趣的同学可以向教师要一个温度诱导型的高表达科研菌株，进行诱导表达实验，以便于在 SDS-PAGE 胶上更清晰地观察外源基因的大量表达。操作如下。

(1) 在超净工作台中接种工程菌株至 1.5 mL LB 培养基（含 Amp）中，放入摇床中，28 ℃、80 r/min 摇菌过夜。

(2) 取 300 μL 菌液加入 3 mL LB 培养基（含 Amp）中，放入摇床中 28 ℃、80 r/min 摇菌 2~3 h。

(3) 将温度调至 42 ℃，150~170 r/min 摇菌 4~5 h，诱导表达。

(4) 10000 r/min 离心 1 min，弃掉上清液，收获菌体，加水至 50 μL。

(5) 菌体重悬后与等体积 2×蛋白加样缓冲液混合，混匀，煮沸 5 min，然后进行 SDS-PAGE 电泳分析（蛋白分子量为 42.5 kDa）。

五、作业与思考

(1) IPTG 的作用原理是什么？

(2) 为什么要增加抗生素的用量？

实验十一
SDS-PAGE 检测表达蛋白质

一、实验目的

学习 SDS-PAGE 的基本操作,学会用 SDS-PAGE 检测蛋白质。

二、实验原理

蛋白质在加热变性以后与 SDS 结合,带上负电荷,在电场的作用下,向正极移动,结果按分子量大小排列在胶板上,含量多的蛋白质带纹较粗。

三、实验用品

1. 实验器材

旋涡混合器、微量移液器、移液器吸头(无菌)、1.5 mL 离心管(无菌)、双面微量离心管架、台式冷冻离心机、制冰机、超声波破碎仪、电磁炉、电泳仪、摇菌试管(无菌)、锥形瓶(无菌)、接种环、垂直电泳槽及配套的玻璃和密封条、梳子。

2. 实验试剂

SDS(十二烷基磺酸钠)、Acr(丙烯酰胺)、Bis(N,N'-亚甲基双丙烯酰胺)、Tris(三羟甲基氨基甲烷)、甘氨酸、盐酸、APS(过硫酸铵)、TEMED(四甲基乙二胺)、蛋白分子量标准(97.4 kDa、66.2 kDa、43 kDa、31 kDa、20.1 kDa、14.4 kDa)、溴酚蓝、甘油、冰醋酸、乙醇、β-2-巯基乙醇、考马斯亮蓝 R250、甲醇、乙醇、1 mol/L Tris HCl(pH 为 8.8,4 ℃保存)、0.5 mol/L Tris HCl(pH 为 6.8,4 ℃保存)

30%Acr-Bis:Acr 30 g,Bis 0.8 g,dd H_2O 定容至 100 mL,4 ℃保存。

2×上样缓冲液:0.5 mol/L Tris HCl(pH 为 6.8)2 mL,甘油 2 mL,20%SDS 2 mL,0.1%溴酚蓝 0.5 mL,β-2-巯基乙醇 1 mL,dd H_2O 2.5 mL,室温存放。

5×电泳缓冲液：Tris 7.5 g，甘氨酸 36 g，SDS 2.5 g，加 dd H$_2$O 至 500 mL，使用时稀释 5 倍。

考马斯亮蓝染色液：考马斯亮蓝 R250 0.25 g，甲醇 45 mL，冰醋酸 10 mL，用 dd H$_2$O 定容至 100 mL。

脱色液：95%乙醇∶冰醋酸∶水 = 4.5∶0.5∶5，(体积比)。

四、实验操作

(1) 将表达后的菌体与 2×上样缓冲液按 1∶1(体积)的比例混匀于微量离心管中。

(2) 用超声波破碎仪脉冲 10 次，每次 10 s。间隔期间将菌管放入冰中降温，注意一定要将超声波探头插入溶液底部，在溶液表面或上部时容易让溶液起泡！

(3) 将脉冲之后的微量离心管插入水漂中，放在沸水中煮 3~5 min。然后立即插入冰中(若暂时不进行后续实验，可放在-20 ℃冰箱中保存)。

(4) 按照教师的演示组装电泳玻璃并用细橡胶条密封底部和侧面，然后用夹子夹住(不能夹玻璃的上端以免夹断玻璃的突出段)。插入梳子后在玻璃上距离梳子齿底部 1 cm 的地方做一个标记。

(5) 配制 10%分离胶。参考下面提供的药品顺序和使用量(注意体积单位！)，取下列溶液混在一个 50 mL 的小烧杯中(注意 Tris pH 为 8.8)：

Bis	3.96 mL
1 mol/L Tris(pH 为 8.8)	4.38 mL
dd H$_2$O	3.432 mL
10% SDS	118.8 μL
TEMED	9.9 μL
10%APS	118.8 μL

(6) 加完 APS 后拿起烧杯轻轻转动几下将溶液混匀，立刻将分离胶液缓缓倒入玻璃夹缝中，直到液面与所的标记齐平。剩下的胶液留在小烧杯中，倾斜放置。然后在分离胶上部用 1000 μL 微量移液器轻轻地沿玻璃壁来回移动加满 dd H$_2$O(尽可能不破坏下面的胶液)，然后静置 30 min，直到小烧杯中剩余的胶液凝固。倒出玻璃夹缝之间的蒸馏水，并倒置玻璃尽可能将水流尽。

(7) 配支持胶。参考下面提供的药品顺序和使用量(注意体积单位！)，取下列溶

液混在一个 50 mL 的小烧杯中(注意 Tris 的 pH 为 6.8):

Bis	0.675 mL
0.5 mol/L Tris (pH 为 6.8)	0.563 mL
dd H$_2$O	3.165 mL
10% SDS	45 μL
TEMED	7.5 μL
10% APS	45 μL

(8)加完 APS 后拿起烧杯轻轻转动几下将溶液混匀,立刻将支持胶液倒入玻璃夹缝中,液面与玻璃上边缘齐平。然后再慢慢插入梳子,静置约 20 min,直至烧杯中剩下的胶液(倾斜放置)凝固。

(9)小心拔出梳子以后,用注射器针头(剪平尖部)吸取梳子齿形成的加样槽中的水,并修平加样槽底部的胶面。

(10)选取几个形态好的加样槽,在一张纸上做好对应的标记,用微量移液器在侧面的一个加样槽中加入 20 μL 蛋白分子量标准液,其他槽中加入 10~20 μL 样品。

(11)加完样品后,再用微量移液器吸取电泳缓冲液小心把加样槽液面都补平。电泳槽上部倒满电泳缓冲液(约 250 mL,淹没过加样槽的液面!),电泳槽的下部倒入一半电泳缓冲液(约 180 mL)。

(12)接好电极,将电流调至 10 mA,待溴酚蓝移到分离胶后,再将电流调至 18 mA,电泳 2~3 h,其间随时观察电泳槽上部的液体是否有泄漏(泄漏会导致液面下降,电流中断!)当溴酚蓝移到距玻璃底部 0.5 cm 时切断电源。

(13)在一个搪瓷盘里准备适量的考马斯亮蓝染色液。

(14)倒掉电泳槽中的缓冲液,取下玻璃,小心用铲子从下部将带有缺口的玻璃板撬起(切不可损坏胶!)。用铲子切去上部的支持胶,并把分离胶从玻璃上剥离并放入染液中(切不可损坏胶!)。

(15)染色 2 h 后,将染液倒回瓶子里妥善放置还可以重复使用。把胶移入脱色液,过夜。

(16)观察脱色后胶里的蓝色带纹,与对照比较或寻找异常粗的带纹,并确认其分子量(NK 蛋白约 33 kDa),判断是否是目的基因产物。

(17)清理桌面,撰写实验报告。

五、作业与思考

(1)影响蛋白表达的因素都有哪些?

(2)如何确定凝胶上的哪条蛋白质带就是目的蛋白?

(3)pET-his载体为什么必须在BL21(DE3)菌中表达,而不能在DH5α中表达?

(4)表达产物的形式是包涵体还是可溶性蛋白?

(5)本实验能否判断表达产物一定是NK蛋白?还需要什么方法?

(6)如何估计表达产物的分子量?

第九篇

发酵工程实验

实验一
苹果酒的酿制

一、实验目的

了解果酒酿造的过程及操作要点。

二、实验原理

果酒酿造是利用酵母菌将果汁中的糖分发酵转变为酒精等产物,再在陈酿、澄清过程中经酯化、氧化还原与沉淀等作用,成为酒体清澈、色泽美观、醇和芳香的产品。

1. 果酒发酵期的生物化学变化

(1)酒精发酵。酒精发酵是果酒酿造过程中主要的生物化学变化,是果汁中的己糖在酵母的作用下,生成乙醇和二氧化碳的过程。

(2)酒精发酵过程中的其他产物。果汁经酵母的酒精发酵作用,除生成乙醇和二氧化碳外,还能生成少量的甘油、琥珀酸、醋酸和芳香物质及杂醇油等,有利于提升果酒的质量。

2. 果酒在陈酿过程中的变化

刚发酵后的新酒,浑浊不清、味不醇和、缺乏芳香,不适饮用,必须经过一段时间的陈酿,使不良物质消除或减少,同时生成新的芳香物质,之后才适合饮用。

陈酿期的变化主要有以下两个方面:①酯化作用,果酒中醇类与酸类化合生成酯,如醋酸和乙醇化合生成清香型的醋酸乙酯,醋酸与戊醇化合生成果香型的醋酸戊酯。②氧化还原与沉淀作用,经过陈酿,果酒中的单宁、色素等经氧化作用而沉淀,醋酸和醛类经氧化作用而减少,糖苷在酸性溶液中逐渐结晶沉淀,以及有机酸盐、果屑等也逐渐沉淀。因此,陈酿可使果汁的苦涩味减少,酒汁进一步澄清。

三、实验用品

1. 实验材料

新鲜苹果 5 kg。

2. 实验器材

500 mL锥形瓶、手持测糖仪、水果刀、盆、玻璃棒、保鲜膜、pH计、一次性手套等。

四、实验操作

1. 工艺流程

原料选择→洗涤→破碎→榨汁→果汁调整→发酵→陈酿→调配

2. 操作要点

(1) 原料选择糖酸含量高、出汁率高、香气浓、肉质紧密的品种。常用的苹果品种有国光、红玉、富士和金帅,须剔除腐烂果。

(2) 洗涤时一定要仔细除去果实表面的污物。如有残留农药,可用浓度为1%~2%的稀盐酸浸洗。

(3) 果实不宜破碎得太细,否则榨汁困难,也不易澄清。破碎后的碎块直径以0.15~0.2 cm为最佳。

(4) 将破碎果块放在木桶里,静置8~12 h,使芳香物质溶解于果汁中,然后榨汁。压榨的压力为$(2.45 \sim 2.74) \times 10^6$ Pa,不能使种子破碎。汁液榨出后立即加入浓度为70~80 mg/L的二氧化硫,可起到防腐作用。

(5) 调整果汁的糖度和酸度。

(6) 往发酵果汁中加入5%~10%的酵母液,初期发酵温度调至25~28 ℃,发酵正常后控制在20~25 ℃。当汁液糖度降低时加糖,反复加2~3次,当酒精度为10%vol时,主发酵结束。将清液输入贮桶中进行后发酵,温度控制在16~22 ℃,持续20~30 d。后发酵结束,加入浓度为100 mg/L的二氧化硫。

(7) 果酒一般陈酿半年就可成熟,但也可延长陈酿期。陈酿期间,每年要换桶3次,防止果酒与空气接触,以免杂菌污染。陈酿期间温度不超过20 ℃。

(8) 陈酿后苹果酒的酒精度一般不超过9%vol,而一般成品的酒精度要求达到

(14~16)%vol,故要用食用酒精把酒精度调成需要的度数。

3.质量指标

(1)外观及色泽:酒液清亮透明,呈微黄色,无明显悬浮物。

(2)风味:酒味醇和,有明显的苹果香味。

(3)理化指标:酒精度(8~13)%vol,总糖(以葡萄糖计)≤50 g/L,总酸(以柠檬酸计)为6~8 g/L,挥发酸(以醋酸计)为1.2 g/L。

五、作业与思考

(1)苹果汁中加入酵母液与活性干酵母的发酵区别有哪些?

(2)怎么防止苹果榨汁过程中的氧化现象?

(3)手持测糖仪的工作原理。

实验二
米酒的制作

一、实验目的

了解制作米酒的工艺流程。

二、实验原理

糯米的主要成分是淀粉，淀粉是由很多葡萄糖分子聚合而成的大分子化合物，酒曲中的糖化酶可以酶解淀粉产生葡萄糖。酵母菌能利用葡萄糖并且产生乙醇，得到米酒。

三、实验用品

1. 实验材料

糯米、酒曲。

2. 实验器材

烧杯(1 L)、手持测糖仪、pH计。

四、实验操作

1. 将糯米蒸熟

先用水将糯米(或大米)泡4~5 h，漂洗干净。在电饭煲里放上水，再在里面放一个蒸笼隔层，把纱布洗净，铺到蒸笼上面，将水煮沸至有水蒸气。将糯米捞放在布上蒸熟(约1 h)，若不确定是否蒸熟，可用手轻轻地搓糯米，以能搓碎为度，如果饭粒偏硬，就洒些水拌一下再蒸一会儿，直至蒸熟。

2. 准备发酵容器

将用于发酵的容器和容器盖清洗干净,尤其是容器内不能沾有任何油性物质。用烧开的沸水冲烫容器和容器盖 1 min 以上,进行杀菌消毒处理。

3. 拌酒曲

米饭蒸熟后放入容器中,用玻璃棒翻动几下,待温度降至 30 ℃ 左右时(利用中温发酵,米饭太热或太凉,都会影响酒曲发酵),再加入约 200 mL 的凉开水均匀搅拌。用勺将糯米弄散摊匀,将酒曲粉末均匀地撒在糯米上(稍微留下一点儿酒曲待最后使用),然后用勺翻动,将酒曲与糯米尽量混均匀。

4. 挖孔

用勺将糯米轻轻压实。抹平表面(可以蘸凉开水),中间压出一凹陷窝,做成平顶的圆锥形,将最后一点酒曲均匀地撒在里面,倒入一点儿凉开水(目的是让水慢慢向外渗,均匀溶解拌在米中的酒曲,有利于均匀发酵),但水不宜多(发酵 500 g 糯米或大米,大约需要配 200 mL 凉开水)。

5. 发酵

将容器盖盖严,放在恒温培养箱中(30 ℃)发酵。中间可以检查有无发热,发热就是好现象。

6. 保存

发酵 24~48 h 后,将容器盖打开(有浓郁的酒香就成了),加满凉开水,盖上盖后,放入冰箱(为的是终止发酵)或直接入锅煮熟(也是终止发酵)。

五、作业与思考

(1)发酵过程中为什么会出现发热现象?

(2)为什么要终止发酵而不进行陈酿?

实验三
泡菜的制作

一、实验目的

了解泡菜制作方法及原理。

二、实验原理

泡菜是一种通过发酵加工制成的浸制品,为泡酸菜类的一种。泡菜以乳酸菌发酵,乳酸菌是异养厌氧型细菌,在无氧条件下,将葡萄糖分解成乳酸。

常见的乳酸菌有乳酸链球菌和乳酸杆菌两种,乳酸菌常用于制作酸奶。乳酸菌在无氧的条件下产生乳酸等物质,这些物质相互作用,再形成许多带有香味的物质,让泡菜带有特殊的香味;同时,乳酸菌还能有效地保存蔬菜中的维生素。

三、实验用品

食用盐、花椒、白酒(50%vol)、圆白菜3颗、红心胡萝卜4根等。

四、实验操作

1. 腌制条件

腌制过程中,要注意控制腌制的时间、温度和食盐的用量。温度过高、食盐用量不足10%、腌制时间过短,容易造成一些细菌大量繁殖以及亚硝酸盐含量增加。一般在腌制10 d后,亚硝酸盐的含量开始下降。

2. 操作步骤

(1)将泡菜坛内外都洗干净,并用热水清洗坛内壁两次。

(2)制备盐水:将5 L水烧开,加入300~400 g盐(根据蔬菜的用量,酌情增加盐的用量),晾凉至室温。

(3)将蔬菜、盐水、糖及其他调味品放入坛内,混合均匀。如果希望发酵快些,可将蔬菜在开水中浸烫 1 min 后再入坛,然后再加上一些白酒。

(4)将坛口用水封好,杜绝坛外的空气进入坛内,营造一个相对无氧的环境。这样,蔬菜中天然存在的乳酸菌便可以进行乳酸发酵。如不封闭,好氧型细菌则会大量繁殖,导致蔬菜腐烂、变质。

(5)发酵控制。发酵产物中除乳酸外,还有其他物质,如乙醇、CO_2 等。

发酵中期:由于前期乳酸的积累,pH 下降,乳酸菌代谢十分活跃,乳酸大量积累,pH 3.5~3.8,大肠杆菌、酵母菌、霉菌等的代谢活动受到抑制。这一期为完全成熟阶段,泡菜有酸味且清香,品质最好。

发酵后期:继续进行乳酸发酵,当乳酸积累达 1.2% 以上时,乳酸菌的活性也受到抑制,发酵速度逐渐变缓甚至停止。这是因为在 pH 持续降低的情况下,酶活性也会降低。

五、注意事项

往新制泡菜中加入一些腌制过的泡菜汁更好,这相当于接种已经扩增的发酵菌,可缩短腌制时间。在这期间可加入白酒,白酒可抑制泡菜表面杂菌的生长,同时白酒也是一种调味剂,可增加泡菜的醇香感。

在发酵过程中泡菜坛内有时会长一层白膜,这是由产膜酵母的繁殖所产生的现象。酵母菌是兼性厌氧微生物,泡菜发酵液营养丰富,其表面氧气含量较高,适合酵母菌的繁殖。

根据泡菜的色泽和风味进行初步评定,还可以在显微镜下观察乳酸菌形态,比较不同时期泡菜坛中乳酸菌的含量差异。

六、作业与思考

从代谢途径分析乳酸菌与酵母菌发酵的区别。

实验四 酸奶的制作

一、实验目的

(1) 了解酸奶的制作原理和凝固型酸奶的制作流程。
(2) 掌握普通凝固型酸奶的制作要点。

二、实验原理

酸奶是将牛奶经高温灭菌后接入乳酸菌发酵制成的一种发酵型乳制品。酸奶不仅营养丰富、容易被机体消化和吸收,还含有乳酸和大量乳酸菌,在肠道能抑制有害微生物生长,增强人体免疫力,预防乳腺癌,有利消化,促进食欲,并克服了乳糖不耐症,是理想的补钙食品。

三、实验用品

1. 实验材料

牛乳、白砂糖、发酵剂(本实验用市售原味凝固型酸乳)。

2. 主要器材

烧杯(500 mL)、封口膜、不锈钢勺、温度计、玻璃棒、电磁炉、煮锅。

四、实验操作

1. 工艺流程

```
                    蔗糖
                     ↓
鲜乳→净化→配料→杀菌→冷却(37~45 ℃)→接种→发酵→冷藏后熟→成品
                                      ↑
                                    发酵剂
```

2. 操作要点

(1) 原料乳选择：选用鲜牛奶或者奶粉。

原料乳的质量要求：生产酸乳的原料乳，要求酸度在 18 ℃T 以下，细菌总数不超过 50 万 CFU/mL，总干物质含量不得低于 11.5%，其中非脂乳固体不低于 8.5%。原料乳不得使用病畜乳和残留抗生素、杀菌剂、防腐剂的牛乳。

(2) 配料：将原料乳倒入消毒过的容器(烧杯)中，每 100 mL 原料乳加入 6~7 g 白砂糖，不断搅拌。

(3) 杀菌：90~95 ℃，杀菌 5 min。

(4) 冷却：将杀菌后的原料乳冷却至 37~45 ℃，准备接种。

(5) 接种：接种量可根据菌种活力、发酵方法等来定。

本实验的接种方法与接种量：用洁净的灭菌勺，去掉市售原味凝固型酸乳表层 1~2 cm 后，按市售酸乳：原料乳=1:10 的比例，将市售酸乳接入已灭过菌且冷却至 46~48 ℃ 的温热牛奶中，充分搅拌混匀。

(6) 发酵：混匀后，迅速将接种之后的牛乳放入 41~42 ℃ 恒温箱中培养，41~42 ℃ 是嗜热链球菌和保加利亚乳杆菌最适生长温度的折中值。达到凝固状态时，即可终止发酵。发酵终点一般可依据如下条件来判断。

① 表面有少量水痕；

② 倾斜酸奶瓶或杯，奶很黏稠，不会流动。

发酵过程中应注意：避免晃动，否则会影响组织状态；发酵温度应恒定，避免忽高忽低；发酵室内温度上下均匀；掌握好发酵时间，防止酸度不够或过酸以及乳清析出。

(7) 冷藏后熟：发酵结束后，应立即移入 0~5 ℃ 的冰箱中，终止发酵，使酸乳的特征(质地、口味、酸度等)达到要求。

3.酸奶的质量标准

(1)酸奶感官指标：

①色泽：色泽均匀一致，呈乳白色或稍带微黄色；

②滋味和气味：具有酸甜适中、可口的滋味和酸奶特有风味，无酒精发酵味、霉味和其他不良气味；

③组织状态：凝块均匀细腻，无气泡，允许有少量乳清析出。

(2)酸奶理化指标：

①非脂乳固体含量≥81 g/kg；

②脂肪含量≥31 g/kg；

③蛋白质含量≥29 g/kg；

④酸度：≥70 °T。

五、作业与思考

(1)分析酸奶不凝固的原因。

(2)酸奶中的乳清是否可以再利用？

实验五
格瓦斯的制作

一、实验目的

(1)了解传统与现代格瓦斯制作工艺的区别。
(2)了解格瓦斯的制作流程。

二、实验原理

格瓦斯是俄语译音,是一种俄式饮料的名字。它是用面包干发酵酿制而成的饮料,颜色近似啤酒并略呈琥珀色,气足沫多,酸甜适度,清爽可口,有果香味,营养丰富。

三、实验用品

1. 实验器材

电磁炉、烧杯(500 mL)、玻璃棒、微波炉、保鲜膜、纱布、白砂糖200 g。

2. 原料配方

面包80 g、酵母3 g、1个柠檬的皮、白糖40 g、开水900 g。

四、实验操作

1. 实验步骤

(1)面包切片烤焦,装入布袋内。
(2)准备一个500 mL烧杯,将装有面包干的布袋放进去,注入相当量的开水,一小时后捞出布袋,控净浸出液,不要拧干。

(3)将浸出液放在电磁炉上加热,加入白糖,煮开后,再放入一个柠檬的皮,1 h后过滤。

(4)酵母活化:取3 g酵母菌,加过滤后的浸出液50 mL,活化15 min,待用。

(5)待过滤后的溶液不烫手时,再放入调成液状的酵母,盖上盖子静候表面出沫发酵。

(6)用粗筛过滤装瓶,加入4~5粒葡萄干(根据喜好,也可加其他如薄荷之类的增味剂),加盖封口,在室温条件下静放一天,然后横倒放在低温冷库中储存。

2.不同工艺制作格瓦斯汁

制作格瓦斯的方法有很多,主要有浸出法、糖化法及混合法三种。

(1)浸出法:此种方法分两次浸出法和三次浸出法两类。首先在糖化槽加入70~73℃的水(总水量的70%),然后在不断搅拌的条件下,逐渐加入干格瓦斯或者是粉碎的格瓦斯面包。原料加完后,继续搅拌30 min,加入剩余的30%的水,糖化需保持1.5 h。小心将澄清的第一格瓦斯汁由沉淀物上面放出,经过细筛板过滤,通过铜制的逆流冷却器放到收集槽内或发酵槽内。第一汁的浓度为3%~3.5%。在沉淀物里加入热水,搅拌30 min,浸泡1 h,第二次浸泡、过滤后得到第二汁,冷却后加到收集槽内。用同样方法可以得到第三汁。

(2)糖化法:此法与酿造啤酒麦芽汁有相同之处,可以在相同设备上实现。粉碎的燕麦和大麦芽的糖化可在糖化槽中进行,糖化开始,温度控制在45~50 ℃,在糖化槽的温度升至63~65 ℃时,保持15~20 min,然后进行第二次升温,温度达70~73 ℃时保持15~20 min进行糖化。糖化后,未经过滤的料液称为糖化醪。糖化彻底后将醪液转入过滤槽,醪液澄清之后开始第一瓦斯汁的滗析工作,即将槽上面的澄清汁滤出。在沉淀物中加热水并搅拌,澄清20 min之后滗析第二汁。用相同的方法可得到第三汁。

(3)混合法:该法是浸出法和糖化法相结合的一种方法。往浸出槽中加热水,再加入粉碎的面包原料,混合均匀,温度控制在70~73 ℃,浸泡时间为1.5 h。滗析澄清的格瓦斯汁到收集槽内,用少量的水洒在沉淀物上,输送到糖化锅加热至沸,煮浸30 min,在糖化锅中加入冷水,使糖化醪的温度降到70~75 ℃,然后加部分粉碎的大麦芽进行糖化。糖化之后,澄清的格瓦斯汁用滗析的方式转移到收集槽,剩下的沉淀再加入开水,搅拌澄清之后以同样方法将澄清的格瓦斯汁转移到收集槽。再将收集槽中的格瓦斯汁转入发酵槽。

五、作业与思考

(1)结合格瓦斯酿造工艺,分析先糖化后发酵与边糖化边发酵的区别。

(2)在传统格瓦斯的酿造基础上是否可以酿制出其他口味的格瓦斯?

实验六
蜜茶酒的制作

一、实验目的

(1)了解蜜茶酒的制作原理和工艺流程。
(2)掌握蜜茶酒制作的操作要点。

二、实验原理

茶酒是以茶叶为原料,经发酵或配制而成的各种饮用酒的通称,起源于20世纪40年代,为我国首创。茶酒将茶和酒有机结合起来,使之既具有茶和酒的风味,还保留了茶叶的活性成分和营养成分,是一种集风味与保健于一体的饮用酒。近些年来,人们的健康意识越来越强,对茶酒的研究逐渐增多,茶酒品种从原有的10多种增至20~30种。目前,市场上的茶酒有浙江茶汽酒、四川茶露、庐山云雾茶酒、安徽黄山茶酒、河南信阳毛尖茶酒、湖北陆羽茶酒等。

三、实验用品

1. 实验材料

蜂蜜、白砂糖、茶叶。

2. 实验器材

烧杯(500 mL)、封口膜、不锈钢勺、温度计、玻璃棒、电磁炉、煮锅。

四、实验操作

1. 实验流程

```
                        蜂蜜
                         ↓
茶叶→煮茶→配料→杀菌→冷却(37~45 ℃)→接种→发酵→冷藏后熟→成品
                                      ↑
                                    发酵剂
```

2. 操作要点

(1)蜂蜜挑选:刺槐蜜呈水白色、透明状,具有芳香味,不易结晶,是酿制优质酒的上等蜜。荆条蜜呈浅琥珀色为一等蜜,枣花蜜、油菜蜜、紫云英蜜、荔枝蜜、龙眼蜜、柑橘蜜以及葵花蜜等也是酿酒的好原料。

(2)茶叶处理:茶叶选用砖茶,按照茶叶:水=1:30的比例,85 ℃浸提15 min,即为茶叶水。

(3)蜜汁稀释。蜂蜜产品往往含糖量较高,需要对蜂蜜进行稀释。用茶叶水稀释蜂蜜,使其含糖量降低。酿成的蜜茶酒一般应含酒精12%~14%(按容量计)。酒精含量低于10%的酒称为弱酒,不易保存。要酿造成含12%~14%酒精的蜜茶酒,蜜汁的相对密度应在1.088~1.1之间,即每千克成熟蜂蜜加茶叶水2.5~3 L。将稀释的蜜汁加热煮沸,(或杀菌后再稀释)多加一点水,蜜汁的相对密度采用下限,即1.088左右。

(4)杀菌:90~95 ℃,杀菌5 min。

(5)冷却:待杀菌后的溶液冷却至37~45 ℃时,准备接种。

(6)接种:接种量可根据菌种活力、发酵方法等不同而定。干酵母总用量0.2~0.5 g/kg。

(7)发酵:将溶液混匀后放在28~30 ℃恒温箱中发酵。

(8)发酵中止:酒精发酵缓慢,糖的消耗、酒精的增加让酿酒酵母无法生存,此时酿酒酵母发酵中止。整个发酵阶段持续10~28 d,发酵中止的特征是泡沫减少、酒液开始澄清。

(9)过滤:让发酵完成的新酒冷却,也可以将浑浊的新酒放入冰箱内,温度保持在0 ℃左右,经过1~2 d,酒中的蛋白质和酒石酸氢钾即会沉淀下来。

五、作业与思考

(1) 试探讨分别用白砂糖和蜂蜜发酵的酒,两者口感及质量的区别。

(2) 发酵后蜜茶酒酒体浑浊,应该怎么澄清?

实验七
纳豆的制作工艺

一、实验目的

理解纳豆的制作原理,掌握纳豆制作工艺。

二、实验原理

纳豆是源于中国,盛行于日本的一种传统发酵食品,其加工制作过程类似我国的豆豉。纳豆以大豆为原料,在适宜的条件下,经纳豆芽孢杆菌发酵制成的一种具有特殊风味的佐餐食品。成熟的纳豆具有豆香气味,表面覆盖有一层白色菌膜,豆粒色泽光亮、湿润、呈褐黄色,挑起时有长长的苍白色、乳白色和丰富拉丝样的黏性物质。

纳豆不仅营养丰富,而且具有多种保健功能及疗效。纳豆含有丰富的氨基酸、酶、维生素等物质,具有助消化、降血压、整肠抗菌、抗氧化、抗肿瘤等作用。特别是纳豆含有的纳豆激酶,具有高效溶解血栓的作用,已被制成药品用于预防和治疗心脑血管方面的疾病。

三、实验用品

1. 实验材料

大豆、纳豆芽孢杆菌、食盐、白砂糖。

2. 实验器材

电磁炉、笼子、纱布、恒温培养箱、温度计、蒸锅、烧杯(500 mL)。

四、实验操作

大豆→ 浸泡→ 蒸煮、消毒→ 冷却→ 铺层 → 发酵 → 后熟
　　　　　　　　　　　　　　　　　　↑
　　　　　　　　　　　　　　　　　接种
　　　　　　　　　　　　　　　　　↑
　　　　　　　　　　　　纳豆芽孢杆菌、糖和盐混匀

1.浸泡

选取小粒(直径6 mm)、颗粒饱满的新鲜大豆。将大豆彻底清洗后用3倍体积的水进行浸泡。浸泡时间为夏天8~12 h,冬天20 h。

2.蒸煮

将浸泡好的大豆放进蒸锅内蒸2~3 h,实验室也可用高压灭菌锅以121 ℃处理20~30 min,以豆子能用手轻易捏碎为宜。

3.接种

将蒸煮好的大豆冷却至60 ℃,按1 kg大豆接入5 g菌种加入适量的纳豆芽孢杆菌,将两者搅拌均匀,可适量添加水,但不宜过多,加水量会影响纳豆的黏滞性和嚼感。

将接种后的大豆均匀摊在容器中,厚度约2 cm,容器上面铺上干净白纱布,以维持湿度。

4.发酵

将接种后的大豆转入37~42 ℃恒温培养箱中发酵20~24 h,箱内湿度应控制在85%~90%。也可以在30 ℃以上的自然环境中发酵,时间适当延长。发酵好的纳豆豆香浓郁,稍有氨味属正常现象,若氨味过于浓烈,则表面可能受杂菌污染。

5.冷藏后熟

将发酵好的纳豆放入4 ℃冰箱中静置24~48 h进行后熟,后熟后纳豆呈现特有的黏滞感、拉丝性、香气和风味。纳豆在食用前应保存在10 ℃以下,以免孢子二次萌发。

五、注意事项

(1)纳豆芽孢杆菌的发酵温度为40 ℃左右,温度过高过低都不利于菌体的繁殖。

(2)发酵湿度应控制在80%~90%之间。

(3) 纳豆芽孢杆菌为耗氧菌,没有空气无法繁殖。

(4) 制作过程中注意不可以混入其他杂菌,盛纳豆的容器需要反复的热消毒处理。

六、作业与思考

(1) 分析发酵后的纳豆没有拉丝的原因。

(2) 分析发酵过程中出现酸臭味的原因。

实验八
测定总酵母菌和活酵母菌数量

一、实验目的

(1) 巩固显微镜的使用操作步骤。
(2) 学习血球计数板的使用方法。
(3) 能计算 1 g 酵母溶入 500 mL 水中后,1 mL 溶液中所含有的酵母菌数量。

二、实验原理

血球计数板是一块特制的载玻片,其上表面中央部分由四条槽分成三个平台。中间平台又被一短槽一分为二,每边各有一个方格网,每个方格网有九个大小相等的大方格,中间的一个大方格即计数室,就是计数微生物或细胞的部位。

计数室刻度一般有两种规格:一种是大方格分成 16 个中方格,而中方格又分成 25 个小方格。还有一种是大方格分成 25 个中方格,而中方格又分成 16 个小方格。两种规格的计数板均有 400 个(16×25 或 25×16)小方格。

计数室的容积是一定的,将待测标本的悬液(混合均匀)滴在计数室中并在显微镜下计数,就可算出单位体积内的微生物总数目。

计数室容积:$1×1×0.1=0.1 \text{ mm}^3=1×10^{-4}$ mL

计数公式:

$$1 \text{ mL 悬液中的微生物总数(个)} = A×B×n×10^4$$

式中:A——每个中方格中的微生物数平均值;

B——稀释倍数;

n——每大方格中的中方格数。

三、实验用品

1. 实验器材

显微镜、血球计数板、滴管、盖玻片、吸水纸等。

2. 实验试剂

酵母菌溶液、0.1%亚甲基蓝溶液。

四、实验操作

(1) 称取1 g酵母加入500 mL水中,配制成酵母菌溶液。

(2) 先要检查血球计数板有无污物,若有,则须清洗烘干后才能使用。

(3) 往血球计数板上盖上清洁干燥的盖玻片,用无菌的细口滴管将稀释的酵母菌溶液从盖玻片边缘滴一小滴(不宜过多)。通过毛细渗透作用液体可沿缝隙进入计数室,注意要使计数室中不产生气泡并且充盈溶液。

(4) 将计数板置于显微镜载物台上静置5 min左右,先用低倍镜找到计数室,然后转换高倍物镜。分别计数任意5个中方格内的微生物数(最好选4个角和中央的中方格,以每个小方格内含有4~10个酵母细胞为宜)。位于格线上的微生物一般只数上线和右线上的或下线和左线上的。要计数两个计数室的微生物数量,求平均值。

(5) 重复计数5次,记录各次数据,并求其平均值。

(6) 酵母菌染色:亚甲基蓝染色液可对酵母细胞进行死活染色鉴别。亚甲基蓝是一种弱氧化剂,氧化态呈蓝色,还原态呈无色。活的酵母细胞,因新陈代谢很旺盛,具有一定的还原能力,能将进入细胞内的亚甲基蓝还原,而细胞不被染色。因此,用亚甲基蓝对酵母细胞染色一定时间后,无色的为活细胞,呈蓝色的则为死细胞。需要注意的是,一个活酵母菌的还原能力是一定的,必须严格控制染料的浓度和染色时间。

(7) 一般用水冲洗血球计数板,切勿用硬物洗刷,以免磨损计数室。洗完后要烘干或晾干,再镜检是否还有污物,若有,按照清洗—干燥—镜检的顺序操作,直至干净。

五、注意事项

(1) 加酵母菌溶液时必须将杯中的酵母菌溶液摇匀后才能吸取,且溶液在滴管中停留的时间不能过长,所以必须把加样前的所有工作都完成后再吸取酵母菌溶液。

(2)加样时必须滴在血球计数板的边上让其自然流入计数室,不能直接滴在计数室,防止酵母菌溶液过多造成误差。且在滴酵母菌溶液时血球计数板必须拿平,防止酵母菌一边多一边少。

(3)在使用前必须用显微镜检查血球计数板是否洁净,确保血球计数板是洁净的,否则影响观察结果。

(4)计数时必须保证:若每个框内压线的都计左边和上边,那么右边和下边不计;反之,亦然。

六、作业与思考

将实验所得数据记录在表9-8-1中。

表9-8-1 实验数据记录表

次数	左上/个	左下/个	中间/个	右上/个	右下/个	平均/个
1						
2						
3						
4						
5						

计算:

5组实验的总平均值=_____(个);

1 mL水中大约有_____万个酵母菌。

实验九
啤酒的发酵

一、实验目的

(1)了解啤酒酿造过程中原料的利用方式。
(2)掌握啤酒发酵过程中工艺参数的控制方法。

二、实验原理

发酵是啤酒生产中极其重要的工艺过程,是一个有酵母参与的复杂的生化反应过程,对成品啤酒的质量影响很大。啤酒现代发酵工艺是指在最大限度地保证啤酒质量的前提下,从原料质量、酵母菌种、卫生条件、工艺和设备等方面入手,所采取的缩短发酵时间、提高劳动效率、节能降耗等各种措施。

三、实验用品

1. 实验材料

活性干酵母菌。

2. 实验器材

显微镜、血球计数板、托盘、粉碎机、恒温培养箱、烘箱、吸水纸。

四、实验操作

(一)麦芽制备工艺

1. 大麦主要由三部分组成。

胚:是大麦籽粒最主要的部分,也是有生命的部分。若胚组织被破坏,大麦就失去了发芽力。

胚乳：是大麦籽粒最大的组织部分，也是胚的营养仓。

谷皮：主要作用是保护胚不受损伤和保护胚芽生长。

2. 制麦的工艺条件

流程：原料（大麦）→浸渍→发芽→干燥→除根

(1) 主要的工艺条件。

①浸渍的工艺条件。

质量和特性：若大麦的产地、品种不同则其质量和特性也各不相同。

浸麦用水：应用中等硬度的饮用水，根据室温、水温、大麦特性等条件决定浸水和断水时间。

通风供氧：浸麦时要定时通风，提高水中溶解氧量。断水时要通风或抽吸二氧化碳，及时供给氧气，有利于麦粒萌发。

水温：浸麦水温要根据季节和大麦特性及设备情况而定。12～16 ℃有利于大麦的新陈代谢，保证正常的酶反应。

浸麦度：通常浸麦度控制在43%～48%。

②发芽的工艺条件。

包括温度、水分、时间、通风等，确定工艺条件的前提是必须保证麦芽质量、制麦损失小、浸出物高、能源消耗低、排污少、生产周期短等。

温度：通常将浸麦和发芽温度合并称为浸麦温度。发芽温度有低温、高温、先低后高、先高后低几种方法，实际采用哪种方法根据大麦品种和麦芽类型来确定。

水分：浸渍度同样影响麦芽的质量，通常制浅色麦芽以45%～46%的浸麦度为宜，深色麦芽高达48%，原因是高浸麦度能提高淀粉和蛋白质的溶解度，有利于形成色素。

通风量：发芽前期要及时通风供氧、排出CO_2，有利于酶的形成；发芽后期应适当降低通风量。

发芽周期：综合多个条件决定发芽周期。若发芽温度低，则必须适当延长发芽时间。应用赤霉素（GA3）和溴酸，可缩短制麦周期。发芽周期直接影响发芽设备和浸麦槽的周转率。

③干燥的工艺条件。

通风情况：干燥淡色麦芽时，在低温条件下应采取强烈通风措施。在麦温40 ℃、水分降至20%左右而大于10%时，不要升温到50 ℃以上。

升温速度：通常以排风的温度来确定升温的时间，凋萎期升温缓慢，进风和排风温差为25 ℃左右，麦温为35~40 ℃，当麦芽的水分降至20%左右时进入干燥期。

焙焦的温度：麦根能用手搓掉便可开始升温焙焦。也可通过实验确定麦芽水分已降到4.5% ~ 5%，便可开始升温焙焦。

干燥期的温度：干燥前期，通过通风排出麦粒表面水分，此阶段升温不宜太快。干燥中期，麦粒内部水分逐渐蒸发，此期水分扩散速度慢、蒸发速度也慢，但不可急于升温。干燥后期，麦粒中的水分变化表现为结合水排出困难。将麦层温度从55 ℃升至80~85 ℃，保持3 ~ 4 h，使麦芽水分降至5%以下。

（二）麦芽汁的制备

麦芽汁的制备就是俗称的糖化，是一个生化变化过程。麦芽和辅料中的蛋白质、淀粉、半纤维素等物质被麦芽中的各种酶降解为低分子物质，并溶解在水中。糖化后，未经过滤的料液称为糖化醪，过滤后的清液称为麦芽汁。在此过程中，应采用一切可能的技术来发挥麦芽中各种酶的最适作用，但是这些酶的最适作用条件并不完全一致，因此要综合运用有利条件，使制成的麦芽汁达到质量要求。

糖化所要控制的主要工艺技术有：用粉碎机将麦芽粉碎，过60目筛，取用留在筛上的并且不含壳的那部分麦芽粉；称取80 g经粉碎的麦芽，倒入1000 mL锥形瓶中，加入320 mL、pH 5.4的水，然后混合均匀，将锥形瓶放到55 ℃的恒温水浴锅中加热30 min，进行蛋白质休止；在蛋白质休止后，将水浴锅温度控制在60 ℃，在水浴锅中糖化90 min，糖化过程中用玻璃棒进行间歇性搅拌，期间可以进行取样，用碘液检查糖化的情况。

1. 糖化温度

为了防止麦芽中各种酶因高温引起破坏，糖化时的温度一般由低温逐渐升至高温。糖化不同阶段采取的主要温度及其效应如表9-9-1所示。

表 9-9-1　糖化时的主要温度及其效应

温度/℃	效应
35~37	酶的浸出;有机磷酸盐的分解
40~45	有机磷酸盐的分解;β-葡聚糖分解;蛋白质分解;R-酶对支链淀粉的解支作用
45~52	蛋白质分解,低分子含氮物质形成;β-葡聚糖分解;R-酶和界限糊精酶对支链淀粉的解支作用;有机磷酸盐的分解
50	有利于羧肽酶的作用,大量低分子含氮物质形成
55	有利于内肽酶的作用,大量可溶性氮形成;内-β-葡聚糖酶、氨肽酶等逐渐失活
53~62	有利于β-淀粉酶的作用,大量麦芽糖形成
63~65	最高量的麦芽糖形成
65~70	糊精生成量相对增多,麦芽糖生成量相对减少;界限糊精酶失活
70	麦芽α-淀粉酶的最适温度,大量短链糊精生成;β-淀粉酶、内肽酶、磷酸盐酶失活
70~75	麦芽α-淀粉酶的反应速度加快,形成大量糊精,可发酵性糖的生成量减少
76~78	麦芽α-淀粉酶和某些耐高温的酶仍起作用,浸出率开始降低
80~85	麦芽α-淀粉酶失活
85~100	酶的破坏

(1)糖化温度的控制。

①35~40 ℃:称为浸渍温度,有利于酶的浸出和酸的形成,并有利于β-葡聚糖的分解。

②45~55 ℃:称为蛋白质分解(或蛋白质休止)温度,温度偏向下限时氨基酸生成量相对多一些,偏上限时可溶性氮生成量相对多一些。对溶解不良的麦芽,温度应偏低,并延长蛋白质分解时间;对溶解良好的麦芽,温度可以偏高一些,可以缩短蛋白质的分解时间;溶解很好的麦芽可以不经过这个温度阶段。在此温度范围,β-1,3葡聚糖酶仍具活力,β-葡聚糖的分解作用继续进行。

③62~70 ℃:称为糖化温度。糖化温度控制在62~65 ℃,可发酵性糖比较多,非糖的比例相对较低,适合制造高发酵度啤酒;若控制在65~70 ℃,则麦芽的浸出率相对增多,可发酵性糖相对减少,非糖比例提高,适于制造低发酵度啤酒;控制糖化温度为

65 ℃,可以得到最高的可发酵浸出物收得率。糖化温度偏高,有利于α-淀粉酶的作用,糖化时间(指碘试时间)可以缩短。

④75~78 ℃:称为过滤温度(或糖化最终温度)。在此温度下,α-淀粉酶仍能起作用,残留的淀粉进一步分解,其他酶则受到抑制或失活。

2. 糖化时间

糖化时间有两种解释:(1)广义的糖化时间,指从投料起至麦芽汁过滤前这一段时间;(2)狭义的糖化时间,指醪液温度达到62~70 ℃后至糖化完全(碘反应完全)这一段时间。糖化时间与麦芽质量、是否使用辅料及其添加量有密切关系。

广义的糖化时间因糖化方法不同而异。缩短糖化时间意味着可以提高设备利用率、降低麦芽汁热负荷、降低能源消耗、提高麦芽汁和啤酒质量。如何合理安排糖化操作,缩短糖化时间,对于指导生产非常有意义。

狭义的糖化时间与麦芽质量有很大关系。在正常操作条件下,醪液温度达到65 ℃后,用时15 min左右就糖化完全的麦芽质量为佳,麦芽汁过滤一般很顺利;用时30 min左右就糖化完全的麦芽质量一般,麦芽汁过滤不会遇到困难;用时1 h及以上仍不能糖化完全的麦芽质量差,酶活力不足,麦芽汁过滤会有困难,需要改用质量好的麦芽或使用相应的酶制剂。

3. pH

糖化醪的pH随温度变化而变化,温度越高,pH越低。因此,糖化醪的实际pH,较20 ℃测定的pH要低。糖化醪在不同温度下的pH如表9-9-2所示。

表9-9-2　糖化醪pH与温度的关系

糖化醪温度/℃	pH
18	5.79
40	5.65
50	5.54
60	5.29
70	5.17
80	5.05
85	4.91

pH是酶反应的重要影响条件,麦芽的各种主要酶的最适pH一般都低于糖化醪的pH,为了提高酶的作用,有时要调节糖化醪的pH。

(1)调节糖化醪pH的方法。

①处理酿造用水:处理残余碱度较高的酿造用水有加石膏、加酸或其他处理方法。

②将戴氏乳杆菌(*Lactobacillus delbrueckii*)加入糖化醪中,进行生物酸化。

③添加1%~5%的乳酸麦芽。

(2)适当调低糖化醪pH后的作用。

①淀粉酶分解淀粉的速度更快、更完全,麦芽汁收得率比较高。

②有利于蛋白酶的作用,麦芽汁所含永久性可溶性氮更多,麦芽汁越澄清,啤酒的非生物稳定性也越好。

③多酚物质浸出少,麦芽汁色泽浅,啤酒口味柔和,不苦杂。

④β-葡聚糖分解比较好,有利于麦芽汁过滤。糖化醪pH降低后,酒花树脂浸出率低,α-酸的异构率也较低,虽然会影响酒花的利用率,但酒花的苦味比较柔和。

(3)糖化过程中的最适pH(表9-9-3)。

表9-9-3 糖化过程中的最适pH

项目	最适pH
最高的植酸酶活力	5.2左右(糖化醪)
最高的蛋白酶活力	4.6~5(糖化醪)
最高的α-淀粉酶活力(Ca^{2+}存在)	5.3~5.7(糖化醪)
最高的β-淀粉酶活力	5.3(糖化醪)
最短的糖化时间	5.3~5.6(麦芽汁)
最高的永久性可溶性氮含量	4.6左右(糖化醪),4.9~5.1(麦芽汁)
最高的甲醛氮含量	4.6左右(糖化醪),4.9~5.1(麦芽汁)
最高的可发酵性糖含量	5.3~5.4(糖化醪)
最高浸出率(浸出法)	5.2~5.4(糖化醪)
最高浸出率(煮出法)	5.3~5.9(糖化醪)

(4)糖化过程中的pH变化示例(表9-9-4)。

表9-9-4　糖化过程中的pH变化

糖化过程	pH	
	硬度较大的糖化用水	硬度较小的糖化用水
糖化用水	7.5～7.7	6.6～6.7
糊化(50 ℃)	6.5～6.7	6～6.1
糊化(70 ℃)	5.9～6	5.8～5.9
糊化(100 ℃)	5.8～5.9	5.6～5.8
蛋白分解	6～6.1	5.5～5.7
糖化(68 ℃)	5.7～5.9	5.7～5.8
糖化(75 ℃)	5.7～5.8	5.75～5.85
原麦芽汁	5.6～5.8	5.68～5.71
混合麦芽汁	5.6～5.8	5.5～5.65
煮沸并加酒花后的麦芽汁	5.5～5.6	5.42～5.49

4.糖化用水和洗糟用水

糖化所需要的用水量,包括糖化用水量和洗糟用水量两部分,由糖化用料量及其浸出率、麦芽汁容量、浓度、糖化方法、洗糟方法以及麦芽汁煮沸蒸发量(取决于煮沸时间和煮沸强度)所决定。

(1)糖化用水。

直接用于糊化锅和糖化锅,使原料得以溶解,并进行化学-生物转化的用水,称为糖化用水。

①糖化用水量。如不使用谷类辅助原料,糖化用水量则按照糖化锅用水量计算;如使用谷类辅助原料,则糊化和糖化用水量分别计算。

糖化用水量多以原料和水之比(料液比)表示,如每100 kg原料用水的升数或千克数,不同类型啤酒的糖化用水量有差别,如表9-9-5所示。

表9-9-5　不同类型啤酒的糖化用水量

啤酒类型	料液比	100 kg原料的用水量/L
淡色啤酒	1:(4~5)	400~500
浓色啤酒	1:(3~4)	300~400

糖化锅的用水量较少，料液比一般控制在1:3.5左右，浓醪有利于蛋白质分解。糊化锅用水量比较多，料液比一般控制在1:5左右，稀醪有利于淀粉的糊化和液化。根据辅料添加比例和兑醪后所要达到的温度适当调整料液比。

当辅料用量过多，兑醪发生困难时，可采用两次兑醪的方法，即在35 ℃时兑入一部分醪液，使其温度达到蛋白质休止温度。经过蛋白质休止后，再将剩余醪液兑入，使其温度达到糖化温度。但第二部分醪液的温度，不能降至80 ℃以下，防止淀粉回生，不利于酶的分解。

在实际生产过程中，醪液中的部分水分会蒸发，所以其用水量应较计算量略高些，蒸发量按生产条件另行估算。

②料液比的影响。糖化醪浓度对酶的反应、浸出物收得率和麦芽汁成分影响很大。

醪液愈浓，酶的耐高温稳定性愈高，但反应速率较低；β-淀粉酶在浓醪情况下，能产生较多的可发酵性糖；蛋白分解酶在浓醪情况下也比较稳定，产生较多的可溶性氮和氨基氮。

醪液浓度在8%~16%时，基本不影响各种酶的作用；浓度超过16%，酶的作用逐渐缓慢。因此，淡色啤酒的头道麦芽汁浓度以16%以内为宜，浓色啤酒的头道麦芽汁浓度可适当提高至18%~20%。

5.发酵工艺条件的控制

(1)酵母菌种的选择。

发酵是啤酒生产中极其重要的工艺过程，是一个有酵母参与的、复杂的生化反应过程，对成品啤酒的质量影响很大。酵母菌种是啤酒发酵工艺最直接的影响因素。

酵母菌种的选择主要考虑以下因素：繁殖强度和起发速度、发酵能力、凝聚性以及发酵副产物。

①繁殖强度和起发速度。酵母的繁殖强度和起发速度对控制微生物污染具有重

要的意义。迅速地起发将会抑制啤酒发酵过程中的不利细菌如乳酸菌和球菌的繁殖,从而保证啤酒生产的卫生状况。

②发酵能力。用每克酵母每小时发酵产生的CO_2体积(mL)来表示发酵能力。发酵能力表示的是酵母的耗糖能力,是酵母的重要性质之一,应作为发酵过程控制的重要参数之一。

不同酵母菌种的发酵能力有很大的差别,对于淡色啤酒,通常使用高发酵能力的酵母,因为快速的主发酵对调节啤酒的香气、口味、杀口力和泡沫性能有利,再通过后发酵过程的CO_2洗涤作用,将啤酒中对口味不利的挥发性发酵副产物排出,由此可以生产出优质的淡色啤酒。对于深色啤酒和烈性啤酒,多使用中等发酵能力的酵母,以保证酒液中仍含有足够的可发酵性糖用于后发酵。

③凝聚性。凝聚性是酵母的另一重要特性,可以将酵母分为凝聚性酵母和粉末性酵母两类。酵母的凝聚性影响啤酒的发酵度和澄清度,通常生产者希望发酵后酵母沉淀良好,因为这样有利于过滤。如果酵母凝聚性过强,酵母易于沉降,主发酵会过早结束,较多的浸出物进入后发酵,这会导致发酵不充分,严重的还会造成啤酒的稳定性变差等问题;如果酵母的凝聚性能较差,则会有过多的酵母进入后发酵,使啤酒产生酵母味,影响酒液的澄清及过滤。

④发酵副产物。有些微量的发酵产物会对啤酒的口味产生显著的影响,这些成分受麦芽汁组成、酵母菌种以及发酵工艺等因素的影响。因此,酵母菌种的选择极其重要。研究表明,双乙酰的形成与酵母菌种密切相关,而且并非所有的酵母菌种都具有良好的双乙酰还原能力。

厌氧发酵的主要产物除乙醇外,还有酯类和高级醇类。当这些物质的含量超过口味阈值时,会导致啤酒口味粗糙、泡持性差。例如,在一定条件下,异戊醇含量较高会引起头痛;较高含量的芳香醇如酪醇、色醇和苯乙醇会严重影响啤酒的口味。

(2)酵母菌添加量。

①添加温度。生产中为防止细菌繁殖引起污染,应尽快使酵母繁殖发酵。同时,要避免冷麦芽汁中的冷凝沉淀物和酵母中死细胞随发酵产生的气泡搅动,影响发酵与啤酒口味。通常,酵母的添加温度应低于发酵温度1.5~2 ℃,即麦芽汁的冷却温度应比发酵温度低1.5~2 ℃。

②添加量。酵母的添加量应根据酵母活性、麦芽汁浓度、发酵温度不同而异。为

防止引起染菌和发酵时间延长,酵母的添加量应适当,一般以添加酵母后能使麦芽汁很快起发为度,过多过少均不宜。添加过少,起发慢,酵母增殖时间变长,容易引起染菌和发酵时间延长;添加过量,会影响啤酒口味(有酵母味),并引起酵母退化和自溶。在正常酵母活性情况下,一般酵母接种温度愈低,麦芽汁浓度愈高,则接种量应适当增加;反之,可减少添加量。

酵母添加量,生产上是按酵母泥对麦芽汁体积的多少而言的,以百分数表示。酵母添加量一般为$(1.5～1.8)\times10^7$个/mL(麦芽汁),根据生产方法和麦芽汁浓度的不同,酵母添加量应进行适当调整,可参考表9-9-6。为保证顺利起发,接种酵母浓度不应低于$(0.8～1)\times10^7$个/mL(麦芽汁)。

表9-9-6 不同麦芽汁浓度的酵母添加量

麦芽汁浓度/°P	酵母泥添加量/%
7~9	0.3~0.4
10~12	0.4~0.6
13~15	0.5~0.7
16~20	0.6~1

(3)酵母的质量要求。

酵母的质量要求为:外观色泽洁白、凝集性好、无杂质及黏着现象;镜检,酵母细胞大小整齐、健壮、无杂菌污染;酵母细胞活性在97%以上(0.1%亚甲基蓝液染色,呈深蓝色的细胞数量少于3%);冷水低温(1~2 ℃)贮存时间不超过3 d;使用代数一般不超过5代。

(4)发酵过程中工艺参数的控制。

在主发酵期间,技术控制的重点是发酵的温度、时间和醪液浓度,三者互相制约,又相辅相成。发酵温度低,糖度下降就慢,发酵时间相对延长;发酵温度高,糖度下降就快,发酵时间相对缩短。控制三者的依据与产品种类、酵母菌种、麦芽汁成分均有关系,控制的目的就是要在最短的时间内达到要求的发酵度和生成相应的代谢产物。本节将重点介绍温度对发酵的影响。

①接种温度:下面发酵的接种温度一般控制在5~8 ℃。凡酵母菌种起发快、酵母添加量大或主发酵对最高温度要求比较低者,接种温度应该低一些,如5~6.5 ℃;反

之,接种温度需要偏高一些,如6.5~8 ℃。通常淡色啤酒的接种温度较浓色啤酒的要高一些,淡色啤酒发酵快,有利于口味清爽。

②发酵最高温度:低温发酵的最高温度控制在7.5~9 ℃;高温发酵的最高温度控制在10~13 ℃。

低温、高温是相对而言的,没有明确的界限,但下面发酵均较上面发酵的温度低。对啤酒发酵来说,温度在13 ℃内,酵母的代谢过程没有显著差异,都可制出优质的啤酒来。温度偏低,有利于降低酯类、高级醇、硫化氢、二甲基硫等物质的形成量,α-乙酰羟基丁酸的形成量也降低,从而减少了双乙酰的含量,使啤酒口味更好一些,泡沫也更好一些;而温度偏高,发酵时间短,设备利用率高,比较经济。实际上,各厂采取的发酵最高温度并不一样,因此,在实际生产中应根据实际情况进行调整。

③发酵终了温度:发酵终了温度一般控制在4~5 ℃。要求:降低温度,使酵母凝集沉淀,酒液中只保留一定浓度的酵母量[(5~10)×10^{6}个/mL],便于后发酵和双乙酰还原;继续降低温度至-1~0 ℃,便于低温贮藏,以利于酒的澄清和二氧化碳饱和,温度过高将延长贮酒期。

五、注意事项

(1)为了防止麦芽中各种酶因高温引起破坏,糖化时的温度变化一般是由低温逐渐升至高温的。

(2)对麦芽汁中添加的酵母的质量要求:外观色泽洁白、凝集性好、无杂质及黏着现象;镜检显示细胞大小整齐、健壮、无杂菌污染。

(3)酵母菌种的选择主要考虑以下因素:繁殖强度和起发速度、发酵能力、凝聚性以及发酵副产物。

六、作业与思考

(1)计算麦芽发芽率。

(2)记录麦芽粉碎粒径大小。

(3)记录发酵过程中温度的变化。

(4)对酿制的啤酒进行感官鉴定,并选出口感最好的成品。

第十篇

生物分离技术实验

实验一
细胞破碎实验

一、实验目的

(1) 熟悉细胞破碎的基本方法。
(2) 熟练掌握细胞机械破碎法的操作技术。

二、实验原理

细胞破碎技术分为机械破碎法和非机械破碎法两类,机械破碎法包括捣碎法、珠磨法、高压匀浆法、超声波破碎法,非机械破碎法包括冻结-融化法、渗透压冲击法、有机溶剂法、表面活性剂法、酸碱法、酶溶法。细胞破碎技术是分离纯化细胞内合成的非分泌型生化物质(产品)的基础,是一项必须掌握的基本技能。

二、实验用品

1. 实验材料

土豆。

2. 实验器材

匀浆机、烧杯、布氏漏斗、抽滤瓶、量筒、容量瓶、离心机、水浴锅、不锈钢锅。

3. 实验试剂

(1) 0.1 mol/L 的氟化钠(NaF)溶液:4.2 g 氟化钠溶于 1000 mL 水中。

(2) 0.1 mol/L 的邻苯二酚溶液:1.1 g 邻苯二酚溶于 1000 mL 水中,用稀 NaOH 调节溶液 pH 为 6。

(3) 饱和硫酸铵溶液:70 g 硫酸铵溶于 100 mL 水,加热到 70~80 ℃使其溶解,冷却到室温后过滤,即得饱和硫酸铵溶液。

(4)柠檬酸缓冲液:将0.1 mol/L的柠檬酸(A液)和0.1 mol/L的柠檬酸钠(B液)按5.5∶14.5的比例混合,调节pH为5.6。

四、实验操作

1.酶抽提液的制备

(1)拿一块土豆,洗去上面的泥土。

(2)去土豆皮后切成小块。

(3)称取50 g土豆块放入匀浆机中,再加入50 mL氟化钠溶液。

(4)在匀浆器中研磨30 s。

(5)把匀浆物通过几层细布滤到一个100 mL的烧杯中。

(6)加入等体积的饱和硫酸铵溶液,混合后于4 ℃冰箱中放置30 min。

(7)4000 r/min,离心15 min,倒掉上清液。

(8)往沉淀物中加入大约15 mL柠檬酸缓冲液,即得酶抽提液(酶粗制品)。

2.多酚氧化酶的颜色反应

(1)将3支干净的试管编号为1、2、3。

(2)按下面的要求(表10-1-1)制备各管。

表10-1-1　多酚氧化酶的颜色反应实验试管的制备要求

管号	酶抽提液	水	邻苯二酚(0.01 mol/L)	
1	15滴	—	15滴	混合均匀
2	15滴	15滴	—	
3	—	15滴	15滴	

注:"—"表示不添加。

(3)把3支试管放入37 ℃水浴锅中。

(4)每隔5 min振荡试管并观察每支管溶液颜色的变化,共反应25 min。

(5)观察现象,记录实验结果。

五、作业与思考

(1)记录本实验每一个步骤的现象,并对现象所说明的问题进行分析。

(2)本实验中加入硫酸铵的目的是什么?

(3)预测试管1、2、3的现象,并说明预测的依据。

实验二
双水相萃取相图的绘制

一、实验目的

(1) 掌握绘制双水相相图的方法。

(2) 理解双水相形成条件和定量关系。

二、实验原理

双水相是指某些高聚物之间或高聚物与无机盐之间在水中以一定的浓度混合而形成互不兼容的两相,根据溶质在两相间的分配系数的差异而进行萃取的方法即为双水相萃取。双水相形成条件和定量关系常用相图(图10-2-1)来表示。成相物质都能与水无限混合,当它们的组成位于曲线的上方时(用 M 点表示)体系就会分成两相,分别有不同的组成密度,轻相(或称上相)组成用 T 点表示,重相(或称下相)组成用 B 点表示,T、B 点称为节点。直线 TMB 称为系线,是相图的重要特征,关系到相的平衡组成。所有组成在系线上的点,分成两相后,其上下相组成均分别为 T、B,但是其体积比(V_T/V_B)不同。相体积比可由相图上线段比(BM/MT)估算,即服从杠杆规则。本实验要求绘制聚乙二醇(PEG)/硫酸铵[$(NH_4)_2SO_4$]体系双水相体系相图。

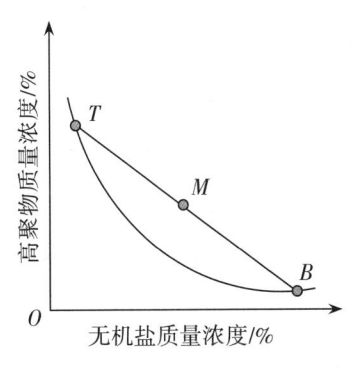

图 10-2-1 双水相的相图

三、实验用品

1. 试验器材

旋涡混合器、微量滴管装置、电子天平等。

2. 实验试剂

PEG1000原液（0.6 g/mL，相对密度 1.054），硫酸铵原液（0.43 g/mL，相对密度 1.2）等。

四、实验操作

准确量取2 mL PEG原液，加入到25 mL具塞刻度试管中，然后逐滴加入硫酸铵原液，混合，直至试管中开始出现浑浊为止，根据加入硫酸铵的体积，计算并记录加入硫酸铵的质量。再向试管中加入适量水（0.2~1 mL），使体系变澄清，记录加入水的质量，再继续加入硫酸铵，使体系再次变浑浊，记录加入硫酸铵的质量。如此反复操作几次，计算每次达到浑浊时PEG和硫酸铵在体系中的质量浓度。将实验过程中的节点数据记录在表10-2-1中。

根据所得PEG和硫酸铵的质量浓度，以$(NH_4)_2SO_4$的质量浓度为横坐标、PEG的质量浓度为纵坐标绘制出PEG/$(NH_4)_2SO_4$体系双水相的相图。

表10-2-1 实验过程中的节点数据记录表

序号	PEG质量/g	硫酸铵溶液加入量/g	硫酸铵溶液合计总量/g	加水量/g	体系总质量/g	PEG质量浓度/%	硫酸铵溶液质量浓度/%
1							
2							
3							
…	…	…	…	…	…	…	…
n							

注：一般重复5次以后就较难观察到浑浊现象，少数组重复8次，但至少要重复5次。

五、作业与思考

简述相图的特点和作用。

实验三
双水相萃取牛血清白蛋白

一、实验目的

(1)掌握PEG/无机盐体系双水相萃取蛋白质的方法。
(2)了解影响蛋白质在双水相体系中分配行为的主要参数。

二、实验原理

双水相是指某些高聚物之间或高聚物与无机盐之间在水中以一定的浓度混合而形成互不兼容的两相,根据溶质在两相间的分配系数的差异而进行萃取的方法即为双水相萃取。与一般分离纯化技术相比,双水相萃取技术具有处理容量大、能耗低、易连续化操作和工程放大等优点,在蛋白质等生物大分子的分离纯化等方面受到广泛重视,是一种有发展潜力的易于工业化应用的生物分离技术。影响蛋白质及细胞碎片在双水相体系中分配行为的主要参数有成相聚合物的种类、成相聚合物的分子质量和总浓度、无机盐的种类和浓度、pH等。

三、实验用品

1.实验器材

紫外可见分光光度计。

2.实验药剂

PEG1000原液(0.6 g/mL,相对密度1.054)、PEG2000原液(0.4 g/mL,相对密度1.02)、硫酸铵原液(0.43 g/mL,相对密度1.2)、牛血清白蛋白标准液(BSA标准液,100 μg/mL,pH 8)、考马斯亮蓝G-250蛋白试剂。

四、实验操作

1.标准曲线的绘制

按下表(表10-3-1)加入试剂,摇匀。放置2 min后测定在595 nm处的吸光度值($A_{595\,nm}$)。以蛋白总质量(μg)为横坐标、吸光度为纵坐标绘出标准曲线。

表10-3-1 标准曲线制作表

管号	BSA标准液/mL	蒸馏水/mL	考马斯亮蓝G-250试剂/mL	蛋白质总量/μg	$A_{595\,nm}$
1(空白组)	0	1	5	0	
2	0.1	0.9	5	10	
3	0.2	0.8	5	20	
4	0.4	0.6	5	40	
5	0.6	0.4	5	60	
6	0.8	0.2	5	80	
7	1	0	5	100	

2.萃取牛血清白蛋白

取4 mL PEG原液(PEG1000、PEG2000各取4 mL)和4 mL硫酸铵溶液于干燥的10 mL刻度试管中,再加入1 mL BSA标准液,混匀,以少量蒸馏水调节体系总质量为10 g,混匀,静置15 min,读取上下相体积及总体积,再将其倒入分液漏斗使上下相分开,并分别测上下相蛋白的浓度。

有关计算公式:

$$K = C_t / C_b \tag{1}$$

式中,K——分配系数;

C_t——目标产物在上相溶液中的浓度(g/mL);

C_b——目标产物在下相溶液中的浓度(g/mL)。

$$R = V_t / V_b \tag{2}$$

式中,R——相比;

V_t——上相溶液的体积(mL);

V_b——下相溶液的体积(mL)。

$$萃取率(Y) = \frac{目标相中的蛋白质量(g)}{上下相中的总蛋白质量(g)} \tag{3}$$

3.数据处理

将实验所得数据填入表10-3-2,根据实验数据,分析不同相对分子量的PEG对萃取牛血清白蛋白的影响。

表10-3-2 实验结果记录表

PEG	分配系数(K)	相比(R)	萃取率(r)
PEG1000			
PEG2000			

五、作业与思考

(1)如何利用双水相相图控制相比?

(2)思考PEG相对分子量及浓度、$(NH_4)_2SO_4$浓度、pH等因素是如何影响双水相体系中被提纯物质的分配平衡的?

实验四
红霉素的萃取与精制

一、实验目的

(1) 加深对表观分配系数的理解并掌握其测定方法。
(2) 以红霉素为实验对象,了解pH在萃取工艺中的重要性。

二、实验原理

红霉素为大环内酯类抗生素,呈弱碱性,在不同pH条件下,在水溶液和有机溶液中溶解度不同,故能达到不同程度的分配目的。

分配系数是指在一定温度和压力下,当分配达到平衡时溶质在萃取相和萃余相中总浓度之比,可通过实验进行测定。对于弱电解质,溶液的pH对表观分配系数影响很大。一元弱碱性物质溶液pH对表观分配系数K的关系式见下式:

$$K = \frac{K_0}{1 + 10^{pK_a - pH}}$$

式中:K_0——分配系数,在一定的温度和压力下是常数;

pK_a——化合物电离平衡常数的负对数。

由上式可知,随溶液pH升高,K值增大,有利于红霉素萃取到有机溶剂中。反之,K值减小,可将红霉素从有机相反萃取到水相中。

利用红霉素在冰醋酸中被浓盐酸水解后,与对二甲氨基苯甲醛形成有色物质,并在486 nm波长处有最大吸收值的特性,可测定其化学效价,从而计算出表现分配系数。

三、实验用品

1. 实验器材

精密电子天平、60 mL 分液漏斗、分光光度计、恒温水浴锅、pH 计、移液管、烧杯、量筒、试管、50 mL 容量瓶、称量瓶和温度计等。

2. 实验试剂

红霉素成品、乙酸丁酯或乙酸乙酯、氯化铵、氨水、95% 乙醇、冰醋酸、浓盐酸、对二甲氨基苯甲醛等。

四、实验操作

1. 溶液配制

(1) pH 9.0 氯化铵缓冲液：称取 NH_4Cl 固体 70 g，溶于少量蒸馏水中，加浓氨水 48 mL，再用蒸馏水稀释并定容至 1 L，调整 pH 为 9.0。

(2) 红霉素原液：

A 液：称取红霉素成品 25 mg 于小烧杯中，加入 2 mL 95% 乙醇，溶解后，用去离子水稀释并定容至 50 mL。测 pH（用 pH 计）。

B 液：称取红霉素成品 25 mg 于小烧杯中，加入 2 mL 95% 乙醇，溶解后，用 pH 9.0 氯化铵缓冲液稀释并定容至 50 mL。测 pH（用 pH 计）。

(3) 显色剂：取对二甲氨基苯甲醛适量，加冰醋酸溶解成浓度为 0.5% 的溶液。

(4) 红霉素标准溶液：称取红霉素标准品适量，加 95% 乙醇溶解，制成 0.2 mg/mL 的溶液。

(5) 盐酸-冰醋酸混合液：盐酸、冰醋酸按体积比为 2∶1 配制而成。

2. 萃取法测定分配系数

(1) 吸取上述已配制好的红霉素 A 液（原液 A）和 B 液（原液 B）各 15 mL 于 2 支分液漏斗中，再分别加入 15 mL 乙酸丁酯或乙酸乙酯，振摇 10 min。

(2) 静置片刻，使其分层，放出下层水相（萃余液），用 pH 分别测定萃余液 pH，并用温度计测定温度。

(3) 用红霉素的化学效价测定方法测定原液 A 和原液 B 以及 2 支分液漏斗下相液

(萃余液)的化学效价。

(4)用下式计算在不同pH下的表现分配系数：

$$K = \frac{原液效价 - 萃余液效价}{萃余液效价}$$

3.红霉素的化学效价测定方法

(1)标准曲线的绘制。

分别吸取红霉素标准溶液0.3、0.6、0.9、1.2、1.5 mL于试管中，加冰醋酸4 mL，显色剂1 mL，再加盐酸-冰醋酸混合液至总体积为10 mL，摇匀，置30 ℃水浴锅中保温10 min(温度、时间要准确，颜色为红色)，取出，冷却后在486 nm波长下比色，用蒸馏水作为空白比照。以吸光度值(A)为纵坐标，吸取的样品量(mg)为横坐标作图，并进行线性回归分析。

(2)原液效价和萃余液效价的测定

①取红霉素A、B液各0.5 mL，置于试管中，按制作标准曲线的方法进行操作，比色后记录吸光度值，根据标准曲线计算原液效价。

②另取A、B液的萃余液各若干毫升，按制作标准曲线的方法进行操作，比色后记录吸光度值，根据标准曲线计算原液效价。参考：红霉素A液的萃余液取1.5~2 mL，B液的萃余液取3 mL左右。

(3)测定红霉素A、B液萃取体系中萃余液的pH(如果pH计不稳定，改为用精密的pH试纸测定)。

五、作业与思考

(1)计算在不同pH下的表观分配系数K和红霉素的分配系数K_0。

(2)根据红霉素的理化性质，分析pH影响表观分配系数K值的原因。

实验五
苹果中多酚物质的提取及定量检测

一、实验目的

(1) 了解苹果多酚的性质及作用。
(2) 熟悉苹果多酚的提取及鉴定方法。

二、实验原理

苹果多酚是苹果中所含多元酚类物质的通称,具有以下特点。

多酚的性质:苹果多酚粉末呈黄褐色或淡褐色,其水溶液呈黄褐色,有微弱的苦味和涩味。多酚类物质易溶于乙醇、甲醇、丙酮等有机溶剂,苹果多酚还具有优良的耐热性和耐酸性,在pH 2~10、温度为100 ℃的条件下,苹果多酚的分解率仍很低,所以苹果多酚易于保存。

多酚的提取:多酚类物质在乙醇、甲醇、丙酮等有机溶剂中都有较高的溶解度,综合考虑试剂毒性及成本等因素,最常用的提取方法是用乙醇作为溶剂进行浸提。有机溶剂法具有设备简单、操作方便和成本低廉等优点,最佳提取工艺为:乙醇浓度60%,提取时间为120 min,温度为60 ℃,料液比为1:6,提取一次,最大提取率为3.80 mg/g。

多酚含量的测定:过量酒石酸铁在多酚溶液中与多酚反应生成稳定的紫褐色络合物(可作鉴定),溶液颜色的深浅与溶液中多酚的含量高低成正比。因此,可通过比色法(540 nm)定量测定多酚,用没食子酸制作标准曲线,图像显示多酚含量在5~30 μg范围内与吸光度值呈良好的线性关系。

三、实验用品

1. 实验器材

分析天平、可见光分光光度计、1000 mL容量瓶3个、试管、烧杯、滴管、锥形瓶1个、100 mL量筒1个、50 mL量筒1个、研钵、玻璃棒、恒温水浴锅、漏斗、纱布、塑料膜、橡皮筋。

2. 实验试剂

酒石酸钾钠($C_4H_4O_6NaK \cdot 4H_2O$)、硫酸亚铁($FeSO_4 \cdot 7H_2O$)、磷酸氢二钠($Na_2HPO_4 \cdot 12H_2O$)、磷酸二氢钠($NaH_2PO_4 \cdot 2H_2O$)、没食子酸、维生素C、成熟苹果一个、60%乙醇。

酒石酸铁溶液:称取硫酸亚铁1 g和酒石酸钾钠5 g,混合后加蒸馏水溶解,定容到1000 mL(根据实际用多少来决定,不一定要配那么多)。

pH 7.5的磷酸盐缓冲液:称取磷酸氢二钠60.2 g和磷酸二氢钠5 g,混合后加蒸馏水溶解,定容到1000 mL。

没食子酸标准溶液的配制:称取没食子酸0.5 g溶于10 mL去离子水中,用去离子水定容至1000 mL,终浓度为0.5 mg/mL。

四、实验操作

1. 标准曲线制作

分别取0.5 mg/mL没食子酸标准溶液0 mL、1 mL、1.5 mL、2 mL、2.5 mL、3 mL、4 mL、5 mL于试管中并加水稀释至5 mL。再从上述试管中分别取1 mL于另8支试管中,加入蒸馏水4 mL和酒石酸铁溶液5 mL,摇匀,再加入pH 7.5的磷酸盐缓冲液稀释至25 mL。以加入没食子酸标准溶液0 mL的试管为空白组,在540 nm波长处测定吸光度值,以吸光度值为纵坐标,各组没食子酸(多酚物质)含量(μg)为横坐标绘制标准曲线。

2. 苹果多酚的提取和含量测定

(1)预处理:将成熟的新鲜苹果洗净加入少量维生素C捣碎,称取50 g苹果泥。

(2)提取:量取100 mL浓度为60%的乙醇,加入装有苹果泥的锥形瓶中,用塑料膜封口,于 60 ℃恒温水浴锅中搅拌浸提 2 h(恒温水浴锅需提前预热)。

(3)浓缩:2 h 后取下塑料膜,使乙醇挥发完全(常温下很难挥发,可在沸水浴中加热挥发),4000 r/min 离心 10 min(或者用 3 层纱布过滤),量取上清液 1 mL,稀释至 5 mL(若浓度低则不稀释)作为待测样品。

(3)测定:吸取待测样品 1 mL 放入试管中,加入蒸馏水 4 mL 和酒石酸铁溶液 5 mL,摇匀,再加入 pH 7.5 的磷酸盐缓冲液稀释至 25 mL,以蒸馏水代替样品试液,加入同样的试剂作空白组,在 540 nm 波长处测定吸光度值。

五、作业与思考

(1)计算苹果中多酚物质的含量。
(2)本实验的关键步骤是什么?
(3)评价实验结果,提出改进意见。

实验六
吸附分离色素实验

一、实验目的

(1)了解吸附的基本原理。
(2)掌握活性炭和木炭简单吸附实验的基本操作。

二、实验原理

活性炭具有较大的比表面积,在水溶液中比一般固态物质吸附能力强得多,故可以吸附许多物质的分子及离子。本实验用活性炭、木炭静态和动态吸附溶液中的色素。

三、实验用品

1. 实验材料

胡萝卜、活性炭粉、木炭粉。

2. 实验器材

组织捣碎机、大烧杯、小烧杯、U形管、漏斗、直通管、导管、漏斗架、滤纸、玻璃棒、锥形瓶、试管、铁架台等。

3. 实验试剂

石蕊、高锰酸钾。

四、实验操作

1. 活性炭静态吸附石蕊

将石蕊稀释液放在小烧杯中,加活性炭粉两匙,然后搅拌片刻,放入过滤器中过滤,用另一烧杯或锥形瓶收集滤液,观察滤液颜色。

2. 活性炭动态吸附胡萝卜素

胡萝卜选深红色、质地紧密的品种,将胡萝卜切碎打浆,过滤得含胡萝卜素的溶液。然后把直通管中段全部用活性炭装满,两端堵上纱布棉团,上面单孔塞装上漏斗,下面单孔塞加一个短导管作为滤液出口,实验前将这套装置固定于铁架台上,用烧杯或锥形瓶收集滤液。把含胡萝卜素的溶液放入漏斗中,观察烧杯或锥形瓶中收集到的滤液颜色。

3. 木炭吸附高锰酸钾

U形管中放入约1/3容积的小块木炭,实验时从左管口加入稀高锰酸钾溶液,两管口同时加脱脂棉一团。不久右管液面渐渐升高,观察右管上层液面的颜色。

五、注意事项

(1)所用木炭或活性炭一定要先处理过,增强吸附活性,实验前应将木炭或活性炭放在坩埚里烘烤一定时间。

(2)选用有色液体的颜色不可太浓,否则吸附不净可能会导致滤液带色,得不到无色清液。

(3)榨取的胡萝卜汁在用活性炭脱色前,应进行过滤处理,避免汁液过于黏稠从而影响活性炭的吸附效果。

(4)所用容器在实验前应当是完全干燥的。

六、作业与思考

(1)用同样的活性炭静态吸附胡萝卜素和动态吸附胡萝卜素,哪个的吸附效果更好?

(2)木炭和活性炭的吸附效果哪种更好?

实验七
蛋清中溶菌酶的分离与纯化

一、实验目的

掌握用蛋清制备溶菌酶的原理和方法(等电点沉淀法和盐析法)。

二、实验原理

溶菌酶存在于植物(植物浆)及动物(蛋清、白细胞、泪液、脾脏及鼻黏膜处)组织中。蛋清取材方便并且溶菌酶含量丰富(约0.3%),实验室及生产中多以蛋清为材料提取溶菌酶。溶菌酶作用于黏多糖,使其糖苷键水解,因此可溶解以黏多糖为主要成分的细菌细胞壁,起到杀菌的作用。溶菌酶的等电点(pI)为10.8~11.3。

由于蛋白质在等电点时溶解度最低,所以蛋白质在等电点附近时溶解度最小,极易沉淀析出。若控制溶液的pH在等电点附近,并增加盐的离子强度,使蛋白质处于沉降前的"临界状态",在适当的温度下,静置若干时间,蛋白质会以结晶的形式从溶液中析出。若结晶液浓度太低导致结晶发生困难时,可适当加入些晶种,能使结晶顺利进行。加入晶种,能控制晶体的形状、大小和均匀度。

三、实验用品

1. 实验材料

新鲜蛋清(蛋清pH大于8才能提取溶菌酶)。

2. 实验器材

组织捣碎机(或电动搅拌机)、纱布、大烧杯、玻璃棒、冰箱、pH试纸、真空干燥器、多用循环水真空泵、布氏漏斗等。

3.实验试剂

NaCl、1 mol/L 的 NaOH 溶液、丙酮、3%醋酸等。

溶菌酶晶种:5%的无定形溶菌酶溶液 10 mL,加入 NaCl 10.5 g,再用 1 mol/L 的 NaOH 溶液调 pH 至 9.5~10,于 4 ℃冰箱内静置 5~6 d,溶菌酶即结晶出来。抽滤,即得晶体,用冷丙酮(0 ℃)洗涤数次,最后干燥。

四、实验操作

1.生产工艺路线

鲜蛋 —[预处理]过滤搅拌→ 蛋清液 —[碱化]NaCl,NaOH pH 9.5~10→ 碱化的蛋清液 —[析晶]溶菌酶晶种 4 ℃→ 溶菌酶粗品 —[溶解]3%HAC pH 4~4.5→

溶菌酶液 —[重结晶]NaCl,NaOH 晶种 pH 9.5~10→ 溶菌酶晶体 —[干燥]丙酮,P_2O_5 真空→ 成品

2.分离蛋清和蛋黄

3 人一组,每人 1 个鸡蛋,将蛋清与蛋黄分开,分别放到已称重的烧杯中,除去脐带块。并称蛋黄(m_1)和蛋清(m_2)的质量,量蛋清体积(V)。

3.搅拌蛋清

新鲜蛋清收集后用组织捣碎机(或电动搅拌机)缓慢搅拌 5 min(以不起大泡泡为度,避免酶受剪切力作用被破坏),或直接用玻璃棒轻轻搅拌半小时左右。(再用纱布过滤,取滤液备用。此步骤可以省略。)

4.加 NaCl

按每 20 mL 蛋清液加 1 g NaCl 的比例一点点加入 NaCl,边加边缓慢搅拌(防止局部盐浓度过高导致蛋白质变性),搅拌至 NaCl 完全溶解。

5.调 pH

NaCl 完全溶解后,逐滴加入 1 mol/L 的 NaOH(一定要缓慢、均匀加入,边加边缓慢搅拌,防止局部过碱导致蛋白质变性),调溶液 pH 为 9.5~10(用 pH 计或精密 pH 试纸调节)。

6. 加晶种

往碱化的蛋清液中滴加少量溶菌酶晶种,然后放入 4 ℃冰箱中,静置一周左右,观察溶菌酶结晶的出现情况。(因溶菌酶浓度太低晶体不容易析出,所以实验等待时间较长。每个小组在容器壁上做好标记再放入冰箱,以免混淆。)

7. 必要时可重结晶

一周后,离心收集溶菌酶粗品。4000 r/min、离心 10 min,收集溶菌酶粗品(沉淀),称重(用于计算湿溶菌酶粗品的得率)。溶菌酶粗品用 3% 的醋酸调 pH 为 4~4.5,晶体溶解后再用 4000 r/min、离心 10 min,保留上清液,除去不溶物。按上述方法再加入 NaCl,并用 1 mol/L 的 NaOH 调 pH 为 9.5~10 后,放入 4 ℃冰箱中,静置一周,进行重结晶。若没必要进行重结晶,此步骤可以省略。

8. 制成成品

用布氏漏斗抽滤结晶,再用冷丙酮洗涤晶体除去多余水分,将溶菌酶结晶在常温或 50~60 ℃条件下干燥制成成品,水分含量为 2%~3%(质量分数)。

五、作业与思考

(1)为什么要往碱化的蛋清液滴加少量溶菌酶晶种?如何制得溶菌酶晶种?

(2)总结本实验的关键步骤及注意事项。

实验八
蛋黄中卵磷脂的分离纯化和定性鉴定

一、实验目的

(1) 了解卵磷脂的性质。
(2) 学习提取卵磷脂粗品的方法。

二、实验原理

机体的各种组织和细胞均含卵磷脂,比如神经、精液、脑髓、骨髓、肾上腺、心脏等都含有卵磷脂。另外,蛋黄、蘑菇和酵母等也含有卵磷脂,并且在蛋黄中卵磷脂含量高达10%左右。卵磷脂具有降低表面张力的作用,被誉为"第三营养素",卵磷脂可将胆固醇乳化为极细的颗粒,这种微细的乳化胆固醇颗粒可透过血管壁被组织利用,而不会使血浆中的胆固醇增加,可作为药物用于动脉粥样硬化等疾病的综合治疗。

卵磷脂分子具有亲水基团和疏水基团,纯卵磷脂(即磷脂酰胆碱)为白色蜡状块,不溶于水,易溶于醇、氯仿、乙醚和二硫化碳中,但不溶于丙酮,利用不溶于丙酮这性质可将卵磷脂与中性脂肪分离开来。

三、实验用品

1. 实验材料

新鲜蛋黄(第十篇实验七剩下的蛋黄,每组3个)。

2. 实验器材

磁力搅拌机、减压真空浓缩装置、恒温水浴锅、冰箱、多用循环水真空泵、布氏漏斗、玻璃漏斗、玻璃棒、小烧杯等。

3.实验试剂

95%乙醇、浓度为10%的NaOH溶液、丙酮、乙醚。

四、实验操作

1.制备工艺路线

蛋黄 —[抽提]→ 乙醇抽提液 —[浓缩]→ 沉淀物 —[去杂]→ 乙醚抽提物 —[洗涤/干燥]→ 成品
（95%乙醇）　　　　　　　　　　　　　　（乙醚）　　　　　　　　　（丙酮）

2.操作方法

(1)抽提：称取蛋黄的质量(m_1)，加入2倍质量预热至35~40 ℃的95%乙醇，(注意一定要缓慢地加入，边加边缓慢搅拌，否则会出现沉淀而得不到抽提液)。加入乙醇后，不断搅拌10~12 h(由于时间关系，实验时改为1.5~2 h)，离心(4000 r/min，5 min)取上清液。

(2)浓缩：将上清液进行减压真空浓缩或沸水浴蒸发浓缩至原体积的1/6左右(要做好标记，注意防止盛有抽提液的瓶子歪倒在水浴锅，避免造成浪费)。

(3)去杂：边搅拌边加入等体积浓缩后的乙醚(注意一定要缓慢地加入，边加边缓慢搅拌)，不断搅拌，然后放置2 h(由于时间关系，实验时改为10 min)，使不溶物沉淀完全。过滤除去杂质，收集上清液(乙醚澄清液)。(由于时间关系，去杂步骤可以省略。)

(4)沉淀卵磷脂：在急速搅拌下加入与上清液等体积的预冷丙酮(提前将丙酮放在冰箱里预冷)，出现卵磷脂沉淀，用滴管吸取沉淀，进行鉴定。(将沉淀收集起来进行抽滤，再用丙酮洗涤，待乙醚、丙酮残液挥发完全，真空干燥得块状成品。由于时间关系，该步骤可以省略。)

5.定性鉴定卵磷脂

取少量卵磷脂沉淀于试管中，加入浓度为20%的NaOH溶液约2 mL，于沸水浴中煮沸，卵磷脂会分解生成胆碱，胆碱在碱的作用下，形成三甲胺。注意：三甲胺有明显的鱼腥味。

五、作业与思考

(1)为什么要用预热至35~40 ℃的95%乙醇抽提产品?

(2)浓缩是为了去水还是去醇?为什么要浓缩?

实验九
硅胶柱色谱法分离甘油三酯

一、实验目的

通过从粗油中分离甘油三酯,学习运用硅胶柱色谱法分离油脂中各个成分的方法。

二、实验原理

吸附色谱法:固定相是一种吸附剂,利用其对试样中诸组分吸附能力的差异,而实现试样中诸组分分离的色谱法。常用的吸附剂有氧化铝、硅胶、聚酰胺等有吸附活性的物质。硅胶色谱频繁用于分离脂质中的单一脂质,比如糖脂质以及磷脂质。各种脂质被硅胶吸附,随着洗脱溶液极性的增加,各种极性不同的化合物被先后分离出来。

三、实验用品

1. 实验材料

硅胶(100目左右)25 g。

2. 实验器材

层析柱(1.5 cm×75 cm)、250 mL锥形瓶、分析天平(精度0.001 g)、真空浓缩装置、搜集瓶、氮气。

3. 实验试剂

正己烷 200 mL、乙醚 15 mL、蒸馏水 1.3 mL。

四、实验操作

(1)取活化硅胶(110 ℃干燥6 h)25 g于锥形瓶中,加入少量(硅胶质量的5%左右)蒸馏水使其部分钝化并充分混匀,放置30 min。加入正己烷至刚好淹没硅胶为止,并用超声波脱气3 min。

(2)层析柱底部放入脱脂棉少许(防止硅胶漏出),将硅胶放入层析柱中,正己烷溶液要没过硅胶层表面。

(3)准确称取食用油1 g±0.001 g(m_0)加入硅胶层析柱中,用150 mL正己烷-乙醚混液($V_{正己烷}:V_{乙醚}$=87:13)洗脱,洗脱速度为2~3滴/min。洗脱时表面不能干燥。

(4)将收集的洗脱液用真空浓缩装置浓缩至没有有机溶剂气味为止。

(5)准确称取浓缩物质量(m_G)。

回收率计算公式:

$$回收率 = \frac{m_G}{m_0} \times 100\%$$

式中,m_G——回收的甘油三酯质量(g);

m_0——食用油质量(g)。

五、作业与思考

(1)实验中加水的目的是什么?

(2)怎样验证从洗脱液中收集的甘油三酯的纯度?

实验十
大孔吸附树脂吸附等温线的制作

一、实验目的

(1)了解大孔吸附树脂吸附的原理。
(2)掌握吸附等温线的制作方法。

二、实验原理

固体在溶液中的吸附,是溶质和溶剂分子争夺表面的净结果,即在固液界面上总是被溶质和溶剂两种分子占满。如果不考虑溶剂的吸附,当固体吸附剂与溶液中的溶质达到平衡时,其吸附量m应与溶液中溶质的浓度和温度有关。当温度一定时,吸附量只和浓度有关,$m=f(C)$,这个函数关系称为吸附等温线。吸附等温线表示平衡吸附量,并可用来推断吸附剂结构、吸附热和其他理化特性。

本实验采取XAD大孔吸附树脂对水溶液中苯酚的吸附行为来绘制吸附等温线。

三、实验用品

1.实验材料

XAD大孔吸附树脂。

2.实验器材

1 L容量瓶、250 mL容量瓶、250 mL锥形瓶、烧杯、紫外分光光度计、可见分光光度计、摇床。

3.实验试剂

苯酚、去离子水。

四、实验操作

1. 大孔吸附树脂的预处理

将新购的大孔吸附树脂放在烧杯中,加入足量的水,使其溶胀至体积不再增加为止,然后将树脂倒入内有少许水的交换柱中,使管内树脂量不超过管长的 1/2,水在柱内能没过树脂。装好柱后,先缓慢地让水从柱的底部流入反洗,并逐渐加速,使树脂全部移动,直至树脂内的气泡全部赶出,同时不洁物、破碎及过小颗粒从管顶逸出为止。然后将树脂倒至烧杯中,用甲醇或丙酮或95%乙醇浸泡24 h后,再上柱用95%乙醇冲洗,直至无色并澄清后,再用水洗至中性,备用。

2. 苯酚标准曲线的建立

准确称取 1 g 苯酚置于 1 L 容量瓶中,用去离子水定容。以其为母液再分别配制浓度为 0 mg/L、10 mg/L、20 mg/L、30 mg/L、40 mg/L、50 mg/L 的苯酚水溶液,各 250 mL。用紫外及可见分光光度计在 270 nm 处检测溶液的吸光度值。以浓度为横坐标,吸光度为纵坐标,绘制出标准曲线。

取 5 个 250 mL 的锥形瓶,分别加入干燥的 XAD 吸附树脂 0.25 g,然后分别加入 100 mL 质量浓度为 10 mg/L、20 mg/L、30 mg/L、40 mg/L、50 mg/L 的苯酚溶液。以 150 r/min 的振荡速度在 25 ℃下振荡培养 24 h 以上(实际实验时振荡 0.5 h,或用手摇瓶 0.5 h 以上)。

3. 计算平衡吸附量

振荡完以后分别取样,在 270 nm 处检测溶液的吸光度值,再根据标准曲线计算出苯酚的残留浓度。

平衡吸附量用下面公式计算:

$$m_1 = \frac{(C_0 - C_t) \cdot V}{m_2}$$

式中:m_1——平衡吸附量(mg/g);

C_0——溶液中的初始浓度(mg/L);

C_t——吸附平衡后溶液中的浓度(mg/L);

V——溶液的体积(L);

m_2——树脂的质量(g)。

4. 制作吸附等温线

以溶液的初始浓度 C_0 为横坐标、平衡吸附量为纵坐标,制作 25 ℃时的吸附等温线。

五、作业与思考

(1)简述大孔吸附树脂的吸附原理?

(2)操作过程中应注意的问题有哪些?

第十一篇

化工基础实验

实验一
雷诺实验

一、实验目的

(1)观察流体流动过程中的不同流态及其转变过程。
(2)测定流态转变时的临界雷诺数。

二、实验原理

许多研究实验证明:流体流动存在两种截然不同的流态,流态的主要决定因素为流体的密度和黏度、流速,以及设备的几何尺寸(在圆形导管中为导管直径)。

将这些因素整理归纳为一个无因次数群,称该无因次数群为雷诺准数(或雷诺数,Re),用公式表示:

$$Re = \frac{d\rho u}{\mu}$$

式中:d——导管直径(m);
　　　ρ——流体密度(kg/m³);
　　　μ——流体黏度(Pa·s);
　　　u——流体流速(m/s)。

大量实验测得:当雷诺准数小于某一下临界值时,流体流态恒为层流;当雷诺数大于某一上临界值时,流体流态恒为湍流。在上临界值与下临界值之间,则为不稳定的过渡区域。一般情况下,上临界雷诺数为4000时,即可形成湍流。圆形导管的下临界雷诺数为2000,上临界雷诺数为10000。

应当指出,层流与湍流之间并非突然的转变,而是两者之间有一个不稳定过渡区域,因此,临界雷诺数的测定值和流态的转变,在一定程度上受一些不稳定的因素影响。

三、实验装置

雷诺实验的装置主要由稳压溢流水槽、试验导管和转子流量计等部分组成。自来水不断注入稳压溢流水槽,稳压溢流水槽的水流经试验导管和流量计,最后排入下水道。稳压溢流水槽的溢流水,也直接排入下水道。

四、实验操作

1. 准备工作

(1) 实验前,先用自来水装满稳压溢流水槽。将适量示踪剂(红墨水)加入贮瓶内备用,并排尽贮瓶与流量计计头之间的管路内的空气。

(2) 实验前,先对转子流量计进行标定,作好流量标定曲线。

(3) 用温度计测定水温。

2. 操作步骤

(1) 开启自来水阀门,保持稳压溢流水槽有一定的溢流量,以保证试验时具有稳定的压头。

(2) 用放风阀放去流量计内的空气,再微微开启转子流量计后的调节阀,将流量调至最小值,以便观察稳定的层流流态,再精细地调节示踪剂管路阀,使示踪剂(红墨水)的注水流速与试验导管内主体流体的流速相近,一般以略低于主体流体的流速为宜。精细调节至能观察到一条平直的红色细流为止,此时流体为层流流态。

(3) 缓慢地逐渐增大调节阀的开度,使水通过试验导管的流速平稳地增加。试验导管内呈直线流动的红色细流开始发生波动时,此时流体流态进入过渡区域,记下水的流速和温度,以供计算下临界雷诺数。

(4) 继续缓慢地增加调节阀开度,使水流速平稳地增加。这时,导管内的流体的流态逐步由层流向湍流过渡。当流速增大到某一值后,示踪剂(红墨水)一进入试验导管就散开呈烟雾状,这表明流体已进入湍流流态。记下水的流速和温度,以供计算上临界雷诺数。

实验操作需反复进行数次(至少5~6次),以便取得较为准确的实验数据。

五、注意事项

(1)本实验示踪剂为红墨水,由红墨水贮瓶连接软管和注射针头,注入试验导管。应注意适当调节注射针头的位置,以针头位于管轴线上为佳。红墨水的注射速度应与主体流体流速相近(略低些为宜),因此,随着水流速的增大,需相应地精细调节红墨水的注射流量,才能得到较好的实验效果。

(2)在实验过程中,应随时注意稳压溢流水槽的溢流水量,随着操作流量的变化,相应调节自来水给水量,防止水槽内液面下降或泛滥事故的发生。

(3)在整个实验过程中,切勿碰撞设备,操作时也要轻巧缓慢,以免干扰流体流动过程的稳定性。实验过程有一定滞后现象,因此,调节流量过程切勿操之过急,状态确实稳定之后,再继续调节或记录数据。

六、实验数据及处理结果

将实验所得数据填入表11-1-1。

表11-1-1 实验数据记录表

次数	流量/(m³/s)	流速/(m/s)	观察到的现象	雷诺数 Re

七、思考题

(1)流体的流态与雷诺数有什么关系?

(2)为什么要研究流体类型?在化工行业中有什么意义?

(3)为何认为上临界雷诺数的实际意义不大,而采取下临界雷诺数作为层流与湍流的依据?

实验二
伯努利方程实验

一、实验目的

(1)观察不可压缩流体在导管内流动时的各种形式机械能的相互转化现象,并验证机械能衡算方程(伯努利方程)。

(2)加深对流体流动过程基本原理的理解。

二、实验原理

对于不可压缩流体,在导管内作定常流动,系统与环境有无功的交换时,若以单位质量流体为衡算基准,则对确定的系统即可列出机械能衡算方程:

$$gZ_1 + \frac{p_1}{\rho} + \frac{1}{2}u_1^2 = gZ_2 + \frac{p_2}{\rho} + \frac{1}{2}u_3^2 + \sum h_f \tag{1}$$

若以单位重量流体为衡算基准时,则又可表达为

$$Z_1 + \frac{p_1}{\rho g} + \frac{u_1^2}{2g} = Z_2 + \frac{p_2}{\rho g} + \frac{u_2^2}{2g} + \sum H_f \tag{2}$$

式中:Z——流体的位压头,m(液柱);

p——流体的压强,Pa;

u——流体的平均流速,m/s;

ρ——流体密度,kg/m³;

$\sum h_f$——流动系统内因阻力造成的能量损失,J/kg;

$\sum H_f$——流动系统内因阻力造成的压头损失,m(液柱);

下标1和2分别为系统的进口和出口两个截面。

不可压缩流体的机械能衡算方程,根据具体情况可作适当简化,例如:

(1)当流体为理想液体时,式(1)和(2)可简化为

$$gZ_1 + \frac{p_1}{\rho} + \frac{1}{2}u_1^2 = gZ_2 + \frac{p_2}{\rho} + \frac{1}{2}u_2^2 \tag{3}$$

$$Z_1 + \frac{p_1}{\rho g} + \frac{u_1^2}{2g} = Z_2 + \frac{p_2}{\rho g} + \frac{u_2^2}{2g} \tag{4}$$

式(3)(4)也称为伯努利方程。

(2)当液体流经的系统为一水平装置的管道时,则(1)和(2)式又可简化为

$$\frac{p_1}{\rho} + \frac{1}{2}u_1^2 = \frac{p_2}{\rho} + \frac{1}{2}u_2^2 + \sum h_f \tag{5}$$

$$\frac{p_1}{\rho g} + \frac{u_1^2}{2g} = \frac{p_2}{\rho g} + \frac{u_2^2}{2g} + \sum H_f \tag{6}$$

(3)当流体处于静止状态时,则(1)和(2)式又可简化为

$$gZ_1 + \frac{p_1}{\rho} = gZ_2 + \frac{p_2}{\rho} \tag{7}$$

$$Z_1 + \frac{p_1}{\rho g} = Z_2 + \frac{p_2}{\rho g} \tag{8}$$

或者将上式可改写为

$$p_2 - p_1 = \rho g(Z_1 - Z_2) \tag{9}$$

这就是流体静力学基本方程。

三、实验装置

实验装置主要由试验导管、稳压溢流水槽和三对测压管所组成。

试验导管为一水平装置的变径圆管,沿程分三处(A、B、C)设置测压管。每处测压管由一对并列的测压管组成,分别测量截面处的静压头和动压头。

伯努利实验装置包括稳压溢流水槽、试验导管、出口调节阀、静压头测量管、动压头测量管。液体由稳压溢流水槽流入试验导管,途经不同直径的管子,最后排出设备。流体流量由出口调节阀调节。

四、实验操作

实验前,先缓慢开启进水阀,让水充满稳压溢流水槽,并保持有适量溢流水流出,使槽内液面平稳不变。最后,设法排尽设备内的气泡。

实验可按如下步骤进行:

(1)关闭试验导管出口调节阀,观察和测量液体处于静止状态下时各测试点的压强。

(2)开启试验导管出口调节阀,观察并比较液体在流动情况下的各测试点的压头变化。

(3)缓慢开启试验导管的出口调节阀,测量流体在不同流量下的各测试点的静压头、动压头和损失压压头。

五、注意事项

(1)实验前一定要将试验导管和测压管中的气泡排除干净,否则会干扰实验现象和测量的准确性。

(2)开启进水阀向稳压溢流水槽注水,或开关试验导管出口调节阀时,一定要缓慢地调节开启程度,并随时注意设备内的变化。

(3)试验过程中需根据测压管量程范围,确定最小和最大流量。

(4)为了便于观察测压管的液柱高度,可在临近实验测定前,向各测压管滴入几滴红墨水。

六、实验数据及处理结果

1. 测量并记录实验基本参数

试验导管内径:$d_A=$_____mm,$d_B=$_____mm,$d_C=$_____mm。

试验系统的总压头:$H=$_____mmH$_2$O(1 mm H$_2$O≈9.8 Pa)。

2. 非流动体系的机械能分布及其转换

(1)实验数据记录;

(2)验证流体静力学方程。

3. 流动体系的机械能分布及其转换

(1)实验数据记录(表11-2-1);

(2)验证流动流体的机械能衡算方程。

表 11-2-1　实验结果记录表

实验序号	静压头/mmH$_2$O	动压头/mmH$_2$O	损失压头/mmH$_2$O

七、思考题

(1) 为什么操作时要特别注意排除管内的气泡？如何排除？

(2) 试对实验中的阻力损失作出说明（是由哪些原因产生的，是直管阻力还是局部阻力）。

实验三
流体流动阻力测定实验

一、实验目的

(1)掌握测定流体流经直管、管件和阀门时的阻力损失的一般实验方法。
(2)测定流体流经管件、阀门时的局部阻力系数ζ。
(3)测定直管阻力摩擦系数λ与雷诺准数Re,验证在一般湍流区内λ与Re的关系。
(4)了解压力、流量的测定方法。
(5)辨识组成管路的各种管件、阀门,并了解其作用。

二、实验原理

流体通过由直管、管件(如三通和弯头等)和阀门等组成的管路系统时,由于黏性剪应力和涡流应力的存在,会损失一定的机械能。流体流经直管时所造成机械能损失称为直管阻力损失。流体通过管件、阀门时,因流体运动方向和速度大小改变所引起的机械能损失称为局部阻力损失。

1.直管阻力摩擦系数λ的测定

流体在水平等径直管中稳定流动时,阻力损失为

$$h_f = \frac{\Delta p_f}{\rho} = \frac{p_1 - p_2}{\rho} = \lambda \frac{l}{d} \frac{u^2}{2} \tag{1}$$

即,

$$\lambda = \frac{2d\Delta p_f}{\rho l u^2} \tag{2}$$

式中:λ——直管阻力摩擦系数,无因次;

d——直管内径,m;

Δp_f——流体流经 1 m 直管的压力差,Pa;

h_f——单位质量流体流经 1 m 直管的机械能损失,J/kg;

ρ——流体密度,kg/m³;

l——直管长度,m;

u——流体在管内流动的平均流速,m/s。

流体为层流时,直管阻力摩擦系数 λ 为

$$\lambda = \frac{64}{Re} \tag{3}$$

$$Re = \frac{du\rho}{\mu} \tag{4}$$

式中:Re——雷诺准数,无因次;

μ——流体黏度,kg/(m·s)。

流体为湍流时,λ 是雷诺准数 Re 和相对粗糙度(ε/d)的函数,须由实验确定。

由式(2)可知,欲测定 λ,需确定 l、d,测定 Δp_f、u、ρ、μ 等参数。l、d 为装置参数(装置参数表格中已给出),ρ、μ 通过测定流体温度,再查有关手册可得,u 通过测定流体流量,再由管径计算得到。

例如,本实验采用涡轮流量计测流量(V,m³/h),

$$u = \frac{V}{900\pi d^2} \tag{5}$$

Δp_f 可用 U 型管、倒置 U 型管、测压直管等液柱压差计测定,或采用差压变送器和二次仪表测定。

(1)当采用倒置 U 型管液柱压差计时,

$$\Delta p_f = \rho g R \tag{6}$$

式中:R——液柱高度,m。

(2)当采用 U 型管液柱压差计时,

$$\Delta p_f = (\rho_0 - \rho) g R \tag{7}$$

式中:R——液柱高度,m;

ρ_0——指示液密度,kg/m³。

根据实验装置结构参数 l、d,指示液密度 ρ_0,流体温度 T_0(查流体物性 ρ、μ),及实验时测定的流量 V、液柱压差计的读数 R,代入上面的式子计算出 Re 和 λ,再将 Re 和 λ 标准曲线绘在双对数坐标图上。

2. 局部阻力系数ζ的测定

局部阻力损失通常有两种表示方法,即当量长度法和阻力系数法。

(1)当量长度法。

把流体流过某管件或阀门时造成的机械能损失,看作与长度为l_e的同直径的管道所产生的机械能损失相当,此折合的管道长度称为当量长度,用l_e表示。这样,就可以用直管阻力的公式来计算局部阻力损失,而且在管路计算时可将管路中的直管长度与管件、阀门的当量长度合并在一起计算,则流体在管路中流动时的总机械能损失Σh_f为

$$\sum h_f = \lambda \frac{l + \sum l_e}{d} \frac{u^2}{2} \tag{8}$$

(2)阻力系数法。

把流体通过某一管件或阀门时的机械能损失,表示为流体在小管径内流动时平均动能的某一倍数,这种计算局部阻力的方法,称为阻力系数法。即

$$h'_f = \frac{\Delta p'_f}{\rho g} = \zeta \frac{u^2}{2} \tag{9}$$

故

$$\zeta = \frac{2\Delta p'_f}{\rho g u^2} \tag{10}$$

式中:ζ——局部阻力系数,无因次;

$\Delta p'_f$——局部阻力压降,Pa;(本装置中,所测得的压降应扣除两测压口间直管段的压降,直管段的压降由直管阻力实验结果求取。)

ρ——流体密度,kg/m³;

g——重力加速度,9.81 m/s²;

u——流体在小截面管中的平均流速,m/s。

待测的管件和阀门在现场指定。本实验采用阻力系数法表示管件或阀门的局部阻力损失。

根据连接管件或阀门两端管径中小管的直径d,指示液密度ρ_0,流体温度T_0(查流体物性ρ、μ),及实验时测定的流量V、液柱压差计的读数R,代入上面的式子计算出管件或阀门的局部阻力系数ζ。

三、实验装置

本实验装置由贮水箱、离心泵、不同管径、材质的水管、各种阀门、管件、涡轮流量计和倒置U型管液柱压差计等组成。

管路部分有三段并联的长直管,分别用于测定局部阻力系数、光滑管直管阻力系数和粗糙管直管阻力系数。局部阻力管用于测定局部阻力系数,其上装有待测管件(闸阀),用不锈钢管。光滑管直管阻力系数的测定,用内壁光滑的不锈钢管;而粗糙管直管阻力的测定,用管道内壁较粗糙的镀锌管。

水的流量用涡轮流量计测量,管路和管件的阻力通过差压变送器将差压信号传递给无纸记录仪从而进行测定。

装置参数如表11-3-1所示。由于管材的材质会有所不同,因而管内径也会有差别,实验之前由指导教师给出相应的数据,以供实验分析用,表11-3-1只作为参考。

表11-3-1　装置参数

管路	材质	管内径/mm	测量段长度/cm
局部阻力管	不锈钢管	20	95
光滑管	不锈钢管	20	100
粗糙管	镀锌铁管	21	100

四、实验操作

1. 泵启动

首先往水箱里灌水,然后关闭出口阀,打开总电源和仪表开关,启动水泵,待电机转动平稳后,把出口阀缓缓开到最大。

2. 实验管路选择

选择实验管路,把对应的进口阀打开,并在出口阀最大开度下,保持全流量流动5~10 min。

3. 排气

在计算机监控界面点击"引压室排气"按钮,打开差压变送器实现排气。

4. 引压

打开对应实验管路的手阀,然后在计算机监控界面点击该管路对应的按钮,则差压变送器检测该管路压差。

5. 流量调节

手控状态下,变频器输出选择"100",然后开启管路出口阀,调节流量,让流量在 1~4 m³/h 范围内变化,建议每次实验变化 0.5 m³/h 左右。每次改变流量后,待流动达到稳定时,记下对应的压差值。

自控状态下,先设定流量值或变频器输出值,待流量稳定后记录相关数据即可。

6. 计算

装置确定时,根据实验测定的 Δp 和 u 值,可计算出 λ 和 ξ,在等温条件下,雷诺数 $Re=du\rho/\mu=Au$,其中 A 为常数,因此只要调节管路流量,即可得到一系列 λ—Re 的实验点,从而绘出 λ—Re 关系曲线。

7. 实验结束

实验结束后,关闭所有阀门,关闭水泵和仪表电源,清理装置。

五、实验数据及处理结果

(1)将上述实验测得的数据填入表 11-3-2。

直管基本参数:光滑管管径 20 mm,粗糙管管径 21 mm,局部阻力管管径 20 mm。

表 11-3-2 实验数据记录表(一)

序号	流量/(m³/h)	光滑管压差/kPa	粗糙管压差/kPa	局部阻力管压差/kPa
1				
2				
3				
4				
5				
6				
…				

(2)根据粗糙管实验结果(表11-3-3),在双对数坐标纸上标绘出 λ—Re 关系曲线,对照化工基础教材上的有关曲线图,即可估算出该管的相对粗糙度和绝对粗糙度。

表11-3-3　粗糙管实验结果记录表

序号	流量/(m³/h)	流速/(m/s)	摩擦系数(λ)	雷诺数(Re)
1				
2				
3				
4				
5				
6				
…				

(3)根据光滑管实验结果,计算摩擦系数(λ)与雷诺数(Re),将所得数据记录在表11-3-4中。

表11-3-4　光滑管实验结果记录表

序号	流量/(m³/h)	流速/(m/s)	摩擦系数(λ)	雷诺数(Re)
1				
2				
3				
4				
5				
6				
…				

(4)根据光滑管实验结果,对照柏拉修斯方程,计算其相对误差,将结果记录在表11-3-5中。

表11-3-5　实验结果记录表(二)

序号	摩擦系数(λ)	雷诺数(Re)	柏拉修斯	误差
1				
2				
3				
4				
5				
6				
…				

(5)根据局部阻力实验结果,求出闸阀全开时的平均ξ值(表11-3-5)。

表11-3-5　局部阻力实验结果记录表

序号	流速/(m/s)	局部阻力系数(ξ)
1		
2		
3		
4		
5		
6		
…		

六、思考题

(1)在对装置做排气工作时,是否一定要关闭流程尾部的出口阀? 为什么?

(2)如何检测管路中的空气已经被排除干净?

(3)以水作介质,所计算得到的λ—Re关系能否适用于其他流体? 如何应用?

(4)在不同设备上(包括不同管径)、不同水温下测定的λ—Re数据能否关联在同一条曲线上?

(5)如果测压口、测压孔的边缘有毛刺或安装不垂直,对静压的测量有何影响?

实验四
离心泵特性曲线测定实验

一、实验目的

(1) 了解离心泵结构与特性,熟悉离心泵的使用方法。
(2) 掌握离心泵特性曲线测定方法。
(3) 了解电动调节阀的工作原理和使用方法。

二、实验原理

离心泵的特性曲线是在恒定转速下泵的扬程 H、轴功率 N 及效率 η 与泵的流量 Q 之间的关系曲线,是流体在泵内流动规律的宏观表现形式,是选择和使用离心泵的重要依据之一。由于泵内部流动情况复杂,不能用理论方法推导出泵的特性关系曲线,一般依靠实验测定。

1. 扬程 H 的测定与计算

以离心泵进口真空表和出口压力表处分别为截面1和截面2,列机械能衡算方程

$$z_1 + \frac{p_1}{\rho g} + \frac{u_1^2}{2g} + H = z_2 + \frac{p_2}{\rho g} + \frac{u_1^2}{2g} + \Sigma_{h_f} \tag{1}$$

由于两截面间的距离较短,通常可忽略流动阻力项 Σh_f,速度平方差也很小故可忽略,上式可变为

$$H = (z_2 - z_1) + \frac{p_2 - p_1}{\rho g} \tag{2}$$

式中:ρ——流体密度,kg/m³;

g——重力加速度 m/s²;

p_1、p_2——分别为泵进口真空表和出口压力表的真空度和表压,Pa;

u_1、u_2——分别为截面1和截面2处的流速，m/s；

z_1、z_2——分别为真空表、压力表的安装高度，m。

由上式可知，只要直接读出真空表和压力表上的数值，及两表的安装高度差，就可计算出泵的扬程。

2. 轴功率N的测量与计算

$$N = N_{电} \times k \tag{3}$$

式中：$N_{电}$——电功率表的显示值；

k——电机传动效率，可取$k=0.95$。

3. 效率η的计算

泵的效率η是泵的有效功率N_e与轴功率N的比值。有效功率N_e是单位时间内流体经过泵时所获得的实际功，轴功率N是单位时间内泵轴从电机得到的功；两者的差异反映了水力损失、容积损失和机械损失的大小。

泵的有效功率N_e可用下式计算

$$N_e = HQ\rho g \tag{4}$$

故泵效率为

$$\eta = \frac{HQ\rho g}{N} \times 100\% \tag{5}$$

式中：H——扬程，m；

Q——流量，m³/s；

ρ——流体密度，kg/m³；

g——重力加速度 m/s²。

4. 转速改变时的换算

泵的特性曲线是在转速一定的实验条件下测定所得的。但是，实际上感应电动机在转矩改变时，其转速会发生变化。也就是说随着流量Q的变化，多个实验点的转速n将有所改变。因此，在绘制特性曲线之前，须将实测数据换算为在某一定转速下（可让离心泵的额定转速为2900 r/min）的数据。换算关系如下

流量：
$$Q' = Q\frac{n'}{n} \tag{6}$$

扬程：
$$H' = H(\frac{n'}{n})^2 \tag{7}$$

轴功率：
$$N' = N\left(\frac{n'}{n}\right)^3 \tag{8}$$

效率：
$$\eta' = \frac{Q'H'\rho g}{N'} = \frac{QH\rho g}{N} = \eta \tag{9}$$

三、实验装置

水泵、流量计、压力表、真空表、温度计、水槽、阀门等。

四、实验操作

(1)清洗水箱,并向水箱内加水。给离心泵灌水,排出泵内气体。

(2)检查各阀门开度,仪表自检,试开状态下检查电机和离心泵是否正常运转。开启离心泵之前先将管路进水阀打开,电动调节阀的开度开到0,当泵达到额定转速后方可逐步调节电动调节阀的开度。

(3)实验时,通过组态软件或者仪表逐渐增加电动调节阀的开度以增大流量,待各仪表显示的读数稳定后,读取相应数据。

离心泵特性实验主要获取的实验数据有:流量Q、泵进口压力p_1、泵出口压力p_2、电机功率$N_电$、泵转速n、流体温度T和两测压点间高度差H_0(H_0=0.1 m)。

(4)测取10组左右数据后,先将出口阀关闭,再停泵,同时记录下设备的相关数据(如离心泵型号、额定流量、额定转速、扬程和功率等)。

(5)旁路闸阀可以在电动调节阀失灵的时候作"替补",在工业上应用广泛,保证了实验正常进行。

五、注意事项

(1)一般在每次实验前,均需对离心泵进行灌泵操作,防止离心泵气缚。同时注意定期对离心泵进行保养,防止叶轮被固体颗粒损坏。

(2)在离心泵运转过程中,勿触碰离心泵的主轴部分,因其高速转动,可能会缠绕并伤害身体接触部位。

(3)不要在出口阀关闭的状态下(或者电动调节阀开度在0时)长时间使离心泵运转,一般不超过3 min,否则泵中液体循环温度升高,易产生气泡,使离心泵抽空。

六、实验数据及处理结果

额定流量=60 L/min,额定扬程=19.5 m,额定功率=0.55 kW,泵进出口测压点高度差 H_0=0.1 m,流体温度 T=20 ℃。

(1)将实验原始数据记录在表11-4-1中。

表11-4-1 实验原始数据

序号	流量(Q)/(m³/h)	泵进口压力(p_1)/kPa	泵出口压力(p_2)/kPa	电机功率($N_电$)/kW	泵转速(n)/(r/min)
1					
2					
3					
4					
5					
6					
7					
8					
…					

(2)根据实验原理部分的公式(6~9),按比例定律校核转速后,计算各流量下的泵扬程、轴功率和效率,将结果填入表11-4-2中。

表11-4-2 按比例定律校核转速后的数据

序号	流量 Q'/(m³/h)	扬程 H'/m	轴功率 N'/kW	泵效率 η'/%
1				
2				
3				
4				
5				
6				
7				
8				
…				

(3)分别绘制一定转速下的 $H—Q$、$N—Q$、$\eta—Q$ 曲线

(4)分析实验结果,判断离心泵最适宜的参数范围。

七、思考题

(1)离心泵在启动和停止时为什么要关闭出口阀门?

(2)启动离心泵之前为什么要引水灌泵?如果灌泵后依然启动不起来,可能的原因是什么?

(3)为什么用离心泵的出口阀门调节流量?这种方法有什么优缺点?是否还有其他方法可以调节流量?

(4)离心泵启动后,出口阀门如果不打开,压力表读数是否会逐渐上升?为什么?

(5)正常工作的离心泵,在其进口管路上安装阀门是否合理?为什么?

(6)试分析,用清水泵输送密度为 1200 kg/m³ 的盐水,在相同流量下泵的压力是否变化?轴功率是否变化?

实验五
流量计校核实验

一、实验目的

(1) 熟悉孔板流量计、文丘里流量计的构造、性能及使用方法。

(2) 掌握流量计的标定方法之一——容量法。

(3) 测定孔板流量计、文丘里流量计的孔流系数与雷诺准数的关系。

二、基本原理

非标准化的各种流量仪表在出厂前都必须进行流量标定,建立流量刻度标尺(如转子流量计)、给出孔流系数(如涡轮流量计)、给出校正曲线(如孔板流量计)。使用者在使用时,碰到工作介质、温度、压强等操作条件与原来标定时的条件不同的情况,就需要根据现场情况,对流量计进行标定。

孔板流量计、文丘里流量计的收缩口面积都是固定的,而流体通过收缩口的压力降随流量大小而变化,据此来测量流量,因此称这类流量计为变压头流量计。而另一类流量计中,当流体通过时,压力降不变,但收缩口面积随流量而改变,称这类流量计为变截面流量计,典型代表是转子流量计。

1. 孔板流量计的校核

孔板流量计是应用最广泛的节流式流量计之一,本实验采用自制的孔板流量计测定液体流量,用容量法进行标定,同时测定孔流系数与雷诺准数的关系。

孔板流量计是根据流体的动能和势能相互转化原理而设计的,流体通过锐孔时流速提高,造成孔板前后产生压强差,可以通过引压管在压差计或差压变送器上显示。

若管路直径为d_1,孔板锐孔直径为d_0,流体流经孔板前后所形成的缩脉直径为d_2,

流体的密度为ρ,则根据伯努利方程,在孔板孔口处(截面1)和缩脉处(截面2)有

$$\frac{u_2^2 - u_1^2}{2} = \frac{p_1 - p_2}{\rho} = \frac{\Delta p}{\rho} \tag{1}$$

或
$$\sqrt{u_2^2 - u_1^2} = \sqrt{\frac{2\Delta p}{\rho}} \tag{2}$$

由于缩脉处的位置随流速而变化,且缩脉处的截面积(A_2)很难知道,而孔板孔口的截面面积(A_0)是已知的,因此,用孔板孔径处流速(u_0)来替代上式中的(u_2),又考虑到这种替代带来的误差以及实际流体局部阻力造成的能量损失,故需用系数C加以校正。式(2)可表示为

$$\sqrt{u_0^2 - u_1^2} = C\sqrt{\frac{2\Delta p}{\rho}} \tag{3}$$

对于不可压缩流体,根据连续性方程可知

$$u_1 = \frac{A_0}{A_1}u_0, \tag{4}$$

代入式(3)并整理可得

$$u_0 = \frac{C\sqrt{\dfrac{2\Delta p}{\rho}}}{\sqrt{1 - (\dfrac{A_0}{A_1})^2}} \tag{5}$$

令
$$C_0 = \frac{C}{\sqrt{1 - (\dfrac{A_0}{A_1})^2}} \tag{6}$$

则式(5)可简化为

$$u_0 = C_0\sqrt{\frac{2\Delta p}{\rho}} \tag{7}$$

根据u_0和A_0即可计算出流体的体积流量

$$V = u_0 A_0 = C_0 A_0 \sqrt{\frac{2\Delta p}{\rho}} \tag{8}$$

压力降采用U形压差计测量,则$\Delta p = (p_1-p_2) = Rg(\rho_i-\rho)$

$$V = u_0 A_0 = C_0 A_0 \sqrt{\frac{2gR(\rho_i - \rho)}{\rho}} \tag{9}$$

式中:V——流体的体积流量,m^3/s;

R——U 形压差计的读数，m；

ρ_i——压差计中指示液密度，kg/m³；

ρ——被测流体的密度，kg/m³；

C_0——孔流系数，无因次。

C_0 由孔板锐口的形状、测压口位置、孔径与管径之比（d_0/d_1）和雷诺数 Re 所决定，具体数值由实验测定。当孔径与管径之比为一定值时，Re 超过某个数值后，C_0 接近于常数。一般工业上定型的流量计，就规定在 C_0 为定值的流动条件下使用。C_0 值范围一般为 0.6～0.7。

孔板流量计安装时应在其上、下游各安装一段直管作为稳定段，上游稳定管的长度至少应为 $10d_1$，下游稳定管的长度至少为 $5d_2$。孔板流量计构造简单，制造和安装都很方便，其主要缺点是机械能损失大。由于机械能损失，导致下游速度复原后，压力不能恢复到孔板前的值，称之为永久损失。d_0/d_1 的值越小，永久损失越大。

2. 文丘里流量计的校核

孔板流量计的主要缺点是机械能损失很大，为了克服这一缺点，可采用一渐缩渐扩管，当流体流过这样的锥管时，不会出现边界层分离及漩涡，从而大大降低了机械能损失，这种管称为文丘里管。

文丘里管收缩锥角通常取 15°～25°，扩大段锥角要取得小些，一般为 5°～7°，使流速改变平缓。因为机械能损失主要发生在突然扩大处，文丘里管便可降低机械能损失。

文丘里流量计测量原理与孔板流量计完全相同，只不过永久损失要小很多。流速、流量计算仍可用式（7）（8），式中 u_0 代表最小截面处（称为文氏喉）的流速。文丘里管的孔流系数 C_0 为 0.98～0.99。机械能损失约为：

$$w_f = 0.1 u_0^2 \tag{10}$$

文丘里流量计的缺点是加工过程比孔板复杂，造价更高，且安装时会占去一定管长位置。但文丘里流量计永久损失小，故尤其适用于低压气体的输送。

三、实验装置

主要部分由循环水泵、流量计、U 型压差计、温度计和水槽等组成，实验主管路为不锈钢管（内径 25 mm）。

四、实验操作

(1)熟悉实验装置,了解各阀门的位置及作用。

(2)对装置中有关管道、导压管、压差计进行排气,使倒 U 形压差计处于工作状态。

(3)对每一个阀门开度,用容积法测量流量,同时记下 U 形压差计的读数,按由小到大的顺序在小流量时测量 8~9 个点,大流量时测量 5~6 个点。为保证标定精度,最好再从大流量到小流量重复测量一次,然后取其平均值。

(4)测量流量时应保证在每次测量过程中,计量桶液位差不小于 100 mm 或测量时间不低于 40 s。

(5)主要计算过程:

①根据体积法(秒表配合计量筒)算得流量 $V(m^3/h)$。

②根据 $u = \dfrac{4V}{\pi d^2}$,孔板取喉径 15.347 mm,文丘里取喉径 12.462 mm,算出 u 的值;

③读取流量 V(由闸阀开度调节)对应的压差计高度差 R,根据 $u_0 = C_0 \sqrt{\dfrac{2\Delta p}{\rho}}$ 和 $\Delta p = \rho g R$,求得 C_0 值。

④根据 $Re \dfrac{du\rho}{\mu}$ 求得雷诺数,其中 d 取对应的喉径值。

⑤在单对数坐标纸上分别绘出孔板流量计和文丘里流量计的 $C_0 - Re$ 图。

五、实验数据及处理结果

(1)将所有原始数据及计算结果列成表格,并附上计算示例。

(2)在单对数坐标纸上分别绘出孔板流量计和文丘里流量计的 $C_0 - Re$ 图。

(3)讨论实验结果。

六、思考题

(1)孔流系数与哪些因素有关?

(2)孔板流量计、文丘里流量计安装时各应注意什么问题?

(3)如何检查系统排气是否完全?

(4)从实验中,可以直接得到 $\Delta R - V$ 的校正曲线,经整理后也可以得到 $C_0 - Re$ 的曲线,这两种表示方法各有什么优点?

实验六
传热(冷水—热水)综合实验

一、实验目的

(1) 通过对冷水—热水简单套管换热器的实验研究,掌握对流传热系数 α 及总传热系数 K_0 的测定方法,加深对 α 和 K_0 概念和影响因素的理解。

(2) 学会应用线性回归分析方法,确定 $Nu=ARe^mPr^{0.4}$ 中常数 A、m 的值。

二、实验原理

1. 总传热系数 K_0 的测定

由总传热速率方程式

$$Q = K_0 S_0 \Delta t_m \tag{1}$$

$$K_0 = \frac{Q}{S_0 \Delta t_m} \tag{2}$$

式中:Q —— 传热速率,W;

S_0 —— 换热管的外表面积,m²;

Δt_m —— 对数平均温度差,℃;

K_0 —— 基于管外表面积的总传热系数,W/(m²·℃)。

由热量衡算式

$$Q = W_C C_P (t_2 - t_1) \tag{3}$$

式中:W_C —— 冷流体的质量流量,kg/s;

C_P —— 冷流体的定压比热,kJ/(kg·℃);

t_1, t_2 —— 分别为冷流体进、出口温度,℃。

$$S_0 = \pi d_0 L \tag{4}$$

式中：d_0—— 传热管的外径，m；

L—— 传热管的有效长度，m。

$$\Delta t_m = \frac{\Delta t_1 - \Delta t_2}{\ln \dfrac{\Delta t_1}{\Delta t_2}} = \frac{(T_1 - t_2) - (T_2 - t_1)}{\ln \dfrac{T_1 - t_2}{T_2 - t_1}} \tag{5}$$

式中：T_1, T_2—— 分别为热流体进、出口温度，℃。

2. 对流传热系数 α_i 和 α_0 的测定

对流传热系数 α_i 和 α_0 可以根据牛顿冷却定律实验测定

$$Q = \alpha_i S_i (t_{wm} - t_m) \tag{6}$$

$$\alpha_i = \frac{Q}{S_i (t_{wm} - t_m)} \tag{7}$$

式中：α_i——冷流体的对热度热系数，W/(m²·℃)；

S_i—— 换热管的内表面积，m²；

t_m—— 冷流体平均温度，$t_m = \dfrac{t_1 + t_2}{2}$，℃；

t_{wm}—— 换热管内壁表面的平均温度，℃。

同理：

$$\alpha_0 = \frac{Q}{S_0 (T_m - T_{wm})} \tag{8}$$

式中：α_0——热流体的对热传热系数，W/(m²·℃)；

S_0—— 换热管的外表面积；

T_m—— 热流体平均温度，$T_m = \dfrac{T_1 + T_2}{2}$，℃；

T_{wm}—— 换热管外壁表面的平均温度，℃。

因为传热管为紫铜管，其导热系数很大，加上传热管壁很薄故认为 $T_{wm} \approx t_{wm}$，T_{wm} 用热电偶来测量。

3. 总传热系数计算式

$$K_0 = \frac{1}{\dfrac{1}{\alpha_i d_i} + \dfrac{\delta}{\lambda d_m} + \dfrac{1}{\alpha_0 d_0}} \tag{9}$$

式中：d_0—— 传热管的外径，m；

d_i——传热管的内径,m;

δ——器壁的厚度,m;

λ——器壁材料的导热系数,W/(m²·℃);

d_m——圆筒壁半径的对数平均值,m。

4.三个准数

$$普兰特准数 \ Pr = \frac{C_p \mu}{\lambda} \tag{10}$$

$$努塞尔准数 \ Nu = \frac{\alpha d}{\lambda} \tag{11}$$

$$雷诺准数 \ Re = \frac{u d \rho}{\mu} \tag{12}$$

式中:d——管内径,m;

u——流体流速,m/s;

ρ——流体密度,kg/m³;

μ——流体黏度,Pa·S;

C_p——冷流体的定压比热,kJ/(kg·℃);

λ——流体导热系数,W/(m·℃)。

冷流体在管内作强制湍流,准数关联式的形式为

$$Nu = A Re^m Pr^n \tag{13}$$

取冷流体的定性温度为定值,物性数据 λ、C_p、ρ、μ 可根据冷流体定性温度查得。则普兰特准数 Pr 是常数,则关联式的形式简化为

$$Nu = A Re^m Pr^{0.4} \tag{14}$$

通过实验确定不同流量下的 Re 与 Nu 的值,然后用线性回归方法确定 A 和 m 的值。

三、实验装置

实验装置的主体是两根平行的套管换热器,内管为紫铜材质,外管为不锈钢材质,两端用不锈钢法兰固定。实验的热流体在电加热釜内加热,其内有两根2.5 kW螺旋形电加热器,用220 V电压加热;实验的热流体经热流体循环泵进入换热器的壳程冷凝。冷流体由离心泵抽出,由流量调节阀调节,经转子流量计进入换热器的管程,达到逆流换热的效果。

四、实验操作

(1)到"参数设置"界面设置套管长度、套管外径、套管内径,设置冷水进口温度。点击"实验数据设置",将参数值记录到"实验报表"中。注意:参数设置好后在本实验过程中不可更改。

(2)在"实验装置图"中,检查电加热釜液位计,若发现水量较少,打开注水阀VA103,补充水量至电加热釜容积2/3处。

(3)在"仪表面板一"中,打开电源总开关,启动冷水离心泵电源开关。

(4)在"实验装置图"中,打开冷水给水阀VA101至最大开度;等待高位槽有溢流后,再打开流量调节阀VA102。

(5)在"仪表面板一"中,打开电加热釜开关,加热电加热釜中的水;打开热水循环泵电源开关。

(6)在"实验装置图"中,打开热水给水阀VA104,设定阀门开度为50%,保持热水的流量固定不变。

(7)通过调节流量调节阀VA102的开度,调节流量至所需值,在"仪表面板一"界面查看流量,待数值稳定后,到"实验数据一"面板点击"实验数据记录一"和"实验数据二"面板点击"实验数据记录二"按钮,记录实验数据至"实验报表"中。

(8)回到"实验装置图"中,调节阀门VA102开度由小到大或由大到小,重复步骤7,记录6组实验数据。

五、注意事项

所有错误操作提示以动画灯泡为标志,如图11-6-1所示。

图11-6-1 错误操作提示

若打开电源总开关、冷水离心泵开关,但高位槽液位没有恒定,就打开流量调节阀VA102时,会出现提示,如图11-6-2所示。

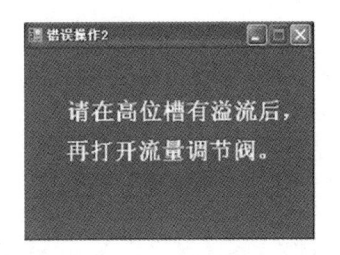

图 11-6-2　提示一

若打开电源总开关、电加热釜开关，未打开注水阀 VA103，但电加热釜液位较低时，会出现提示，如图 11-6-3 所示。

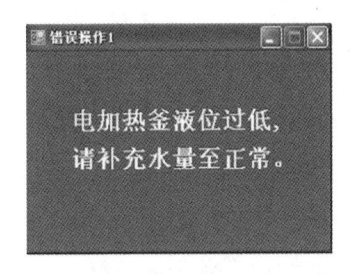

图 11-6-3　提示二

六、实验数据及处理结果

（1）分析传热实验的原始数据表、数据结果表（换热量、传热系数、各准数以及重要的中间计算结果）、准数关联式的回归过程与具体的回归方差分析，并以其中一组数据的计算举例。

（2）在对数坐标系中绘制 $Nu/Pr^{0.4}$—Re 的关系图。

（3）对实验结果进行分析与讨论。

实验七
填料吸收塔（CO_2-H_2O）实验

一、实验目的

(1) 了解填料吸收塔的结构和流体力学性能。

(2) 学习填料吸收塔传质能力和传质效率的测定方法。

(3) 测定填料层压强降与操作气速的关系，确定填料塔在某液体的某喷淋量下的液泛气速。

(4) 采用水吸收二氧化碳，空气解吸水中二氧化碳的方法，测定填料塔的液相侧传质膜系数和总传质系数。

二、实验原理

1. 气体通过填料层的压强降

压强降是塔设计中的重要参数，气体通过填料层的压强降的大小决定了塔的动力消耗。压强降与气液流量有关，不同喷淋量下的填料层的压强降 Δp 与气速 u 的关系：

当无液体喷淋，即喷淋量 L_0=0 时，干填料的 Δp—u 的关系是直线。

当有一定的喷淋量时，Δp—u 的关系变成折线，并存在两个转折点，下转折点称为"载点"，上转折点称为"泛点"。这两个转折点将 Δp—u 关系分为三个区段：恒持液量区、载液区与液泛区。

2. 传质性能

吸收系数是决定吸收过程速率的重要参数，而实验测定是获取吸收系数的主要途径。对于相同的物系及一定的设备（填料类型与尺寸），吸收系数将随着操作条件及气液接触状况的不同而变化。

3.膜系数和总传质系数

根据双膜模型的基本假设,气相侧和液相侧的吸收质 A 的传质速率方程可分别表示为

气膜 $\qquad G_A = k_g S_0 (p_A - p_{Ai})$ (1)

液膜 $\qquad G_A = k_l S_0 (C_{Ai} - C_A)$ (2)

式中:G_A——A 组分的传质速率,kmol/s;

S_0——两相接触面积,m²;

p_A——气相侧 A 组分的平均分压,Pa;

p_{Ai}——相界面上 A 组分的平均分压,Pa;

C_A——液相侧 A 组分的平均浓度,kmol/m³;

C_{Ai}——相界面上 A 组分的浓度 kmol/m³;

k_g——以分压表达推动力的气相侧传质膜系数,kmol/(m²·s·Pa);

k_l——以物质的量浓度表达推动力的液相侧传质膜系数,m/s。

以气相分压或以液相浓度表示传质过程推动力的相际传质速率方程又可分别表示为

气相 $\qquad G_A = K_G S_0 (p_A - p^*_A)$ (3)

液相 $\qquad G_A = K_L S_0 (C^*_A - C_A)$ (4)

式中:p^*_A——液相中 A 组分的实际浓度所要求的气相平衡分压,Pa;

C^*_A——气相中 A 组分的实际分压所要求的液相平衡浓度,kmol/m³;

K_G—— 以气相分压表示推动力的总传质系数,或简称为气相传质总系数,kmol/(m²·s·Pa);

K_L——以气相物质的量浓度表示推动力的总传质系数,或简称为液相传质总系数,m/s。

若气液相平衡关系遵循亨利定律 $C_A = H p_A$,则有下列关系

$$\frac{1}{K_L} = \frac{H}{k_g} + \frac{1}{k_l} \quad (5)$$

式中:H——溶解度系数,mol/(m³·Pa)。

当气膜阻力远大于液膜阻力时,则相际传质过程受气膜传质速率控制,此时,

$K_G = k_g$;当液膜阻力远大于气膜阻力时,则相际传质过程受液膜传质速率控制,此时,$K_L = k_l$。

在逆流接触的填料层内,任意截取一微分段的 dh,并以此为衡算系统,则由吸收质 A 的物料衡算可得

$$dG_A = \frac{F_L}{\rho_L} dC_A \tag{6}$$

式中:F_L——液相摩尔流率,kmol/s;

ρ_L——液相摩尔密度,kmol/m³。

根据传质速率基本方程式,可写出该微分段的传质速率微分方程:

$$dG_A = K_L(C^*_A - C_A)aSdh \tag{7}$$

联立上两式可得

$$dh = \frac{F_L}{K_L a S \rho_L} \frac{dC_A}{C^*_A - C_A} \tag{8}$$

式中:a——气液两相接触的比表面积,m²/m;

S——填料塔的横截面积,m²。

本实验采用水吸收二氧化碳,已知二氧化碳在常温常压下在水中的溶解度较小,因此,液相摩尔流率 F_L 和摩尔密度 ρ_L 的比值,以及液相体积流率 V_{sL} 可视为定值,且设总传质系数 K_L 和气液两相接触的比表面积 a 在整个填料层内为一定值,则按边值条件积分式(8),可得填料层高度的计算公式

$$H=0, \qquad C_A = C_{A2}$$
$$H=h, \qquad C_A = C_{A1}$$

$$h = \frac{V_{sL}}{K_L a S} \cdot \int_{C_{A2}}^{C_{A1}} \frac{dC_A}{C^*_A - C_A} \tag{9}$$

令 $H_L = \frac{V_{sL}}{K_L a S}$,且称 H_L 为液相传质单元高度(HTU);

$N_L = \int_{C_{A2}}^{C_{A1}} \frac{dC_A}{C^*_A - C_A}$,且称 N_L 为液相传质单元数(NTU)。

因此,填料层高度为液相传质单元高度与液相传质单元数之乘积,即

$$h = H_L \times N_L \tag{10}$$

若气液平衡关系遵循亨利定律,即平衡曲线为直线,则式(9)为可用解析法解得填料层高度的计算式,并可采用平均推动力法计算填料层的高度或液相传质单元

高度

$$h = \frac{V_{sL}}{K_L a S} \frac{C_{A1} - C_{A2}}{\Delta C_{Am}} \tag{11}$$

$$N_L = \frac{h}{H_L} = \frac{C_{A_1} - C_{A_2}}{\Delta C_{Am}} \tag{12}$$

式中 ΔC_{Am} 为液相平均推动力, 即

$$\Delta C_{Am} = \frac{\Delta C_{A1} - \Delta C_{A2}}{\ln \frac{\Delta C_{A1}}{\Delta C_{A2}}} = \frac{(C^*_{A1} - C_{A1}) - (C^*_{A2} - C_{A2})}{\ln \frac{C^*_{A1} - C_{A1}}{C^*_{A2} - C_{A2}}} \tag{13}$$

因为本实验采用纯水吸收二氧化碳, 则

$$C^*_{A1} = C^*_{A2} = C^*_A = H p_A \tag{14}$$

二氧化碳的溶解度常数

$$H = \frac{\rho_w}{M_w} \cdot \frac{1}{E} \tag{15}$$

式中: ρ_w ——水的密度, kg/m;

M_w ——水的摩尔质量, kg/kmol;

E ——二氧化碳在水中的亨利系数, Pa。

因此, 式(12)可简化为

$$N_L = \ln \frac{H p_A - C_{A_2}}{H p_A - C_{A_1}} \tag{16}$$

因本实验采用的物系不仅遵循亨利定律, 而且气膜阻力可以不计, 在此情况下, 整个传质过程阻力都集中于液膜, 即属液膜控制过程, 则液侧体积传质膜系数等于液相体积传质总系数, 则有

$$k_L a \approx K_L a = \frac{V_{sL}}{hS} \cdot \frac{C_{A_1} - C_{A_2}}{\Delta C_{Am}} = \frac{V_{sL}}{hs} \cdot \ln \frac{H_{P_A} - C_{A_2}}{H_{P_A} - C_{A_1}} \tag{17}$$

三、实验装置

1. 主体设备

参考表11-7-1,认识干燥设备。

表11-7-1　干燥设备的结构认识

位号	名称	用途	类型
V2	CO_2钢瓶	存储液态CO_2	压力容器
V101	水槽	存储吸收剂(纯水)	敞口容器
T101	解吸塔	解吸吸收过CO_2的吸收剂	填料塔
T102	吸收塔	吸收CO_2设备	填料塔
V1	缓冲罐	吸收液储罐	密封罐
P101	风机	提供空气流量	非变频动力装置
P102	水泵	提供吸收液流量	非变频动力装置
P103	水泵	解吸泵	非变频动力装置

2. 测量仪表

参考表11-7-2,认识测量仪表。

表11-7-2　测量仪表认识

	仪表	位号	单位
流量	CO_2流量计	FI01	m^3/h
	吸收剂流量计	FI02	L/h
	解吸液流量计	FI03	L/h
	空气流量计	FI04	m^3/h
压降	吸收塔压降	PI02	mmH_2O
	解吸塔压降	PI01	mmH_2O
温度	空气温度	TI01	℃
	吸收液温度	TI02	℃

3.实验流程说明

吸收质(纯二氧化碳气体)由钢瓶经二次减压阀和转子流量计 FI01,进入吸收塔塔底,气体由下向上经过填料层与液相水逆流接触,到塔顶后放空;吸收剂(纯水)由泵 P102 提供,经转子流量计 FI02 进入塔顶,再喷洒而下;吸收后溶液流入塔底液料罐中由解吸泵 P103 经流量计 FI03 进入解吸塔,空气由流量计 FI04 进入解吸塔塔底,由下向上经过填料层与液相逆流接触,对吸收液进行解吸,然后自塔顶放空,U 形液柱压差计用以测量填料层的压强降。

四、实验操作

1. 测量吸收塔干填料层($\Delta p/Z$)—u 关系曲线(只做吸收塔)

先全开阀门 VA101 与进入吸收塔的空气进气阀 VA102,打开空气流量计 FI04 上的阀门,将 VA105 的阀门打开少许,关闭解吸塔的空气进气阀 VA103,启动风机(先全开阀 VA101 和空气流量计阀,再利用阀 VA101 调节进塔的空气流量,空气流量按从小到大的顺序),读取填料层压降 Δp(U 形液柱压差计),然后在对数坐标上以空塔气速 u 为横坐标,以单位高度的压降 $\Delta p/Z$ 为纵坐标,标绘干填料层($\Delta p/Z$)—u 关系曲线。

2. 测量吸收塔在某喷淋量下填料层($\Delta p/Z$)—u 关系曲线

先打开流量计 FI02 上的阀门,然后打开泵 P102 的开关,将水流量固定在 40 L/h(水的流量因设备而定),然后用上面相同方法调节空气流量,并读取填料层压降 Δp、转子流量计读数和流量计处空气温度,并注意观察塔内的现象,一旦看到液泛现象,立马记下对应的空气转子流量计读数。在对数坐标纸上绘出液体喷淋量为 40 L/h 时的($\Delta p/Z$)—u 关系曲线,从图上确定液泛气速,并与观察的液泛气速相比较。

3.二氧化碳吸收传质系数的测定

(1)打开阀门 VA101、VA102、VA103、VA104,关闭阀门 VA105。打开四个流量计上的阀门。

(2)调节水流量计 FI02 到给定值,然后打开二氧化碳钢瓶顶上的针阀,二氧化碳流量一般控制在 0.1 m³/h,操作达到稳定状态之后,测量塔底的水温,同时点击取样阀 VA3(VA1 或 VA2)进行取样,测定两塔塔顶、塔底溶液中二氧化碳的含量。取样时只能同时开一个取样阀。

实验时要注意吸收塔水流量计和解吸塔水流量计要一致,并注意吸收塔下的储料罐中的液位,及时调节各流量计以维持实验时的操作条件不变。

(3)二氧化碳浓度的测定。设定氢氧化钡浓度、氢氧化钡体积、滴定盐酸浓度、取样体积,然后点击取样阀就能得出消耗的盐酸体积,即可计算出CO_2的浓度。

五、注意事项

(1)开启CO_2总阀前,要先关闭自动减压阀,CO_2总阀开度不宜过大。

(2)实验时要注意吸收塔水流量计和解吸塔水流量计要一致,并注意吸收塔下的解吸水箱中的液位。

六、思考题

(1)怎样调节CO_2的浓度?

(2)吸收操作与解听操作有哪些异同点?

实验八
精馏塔实验

一、实验目的

(1) 充分利用计算机采集和控制系统的快速、大容量和实时处理的特点,设计精馏过程多实验方案,并进行实验验证,得出实验结论,从而掌握实验研究的方法。

(2) 学会识别精馏塔内出现的几种操作状态,并分析这些操作状态对塔性能的影响。

(3) 学习精馏塔性能参数的测量方法,并掌握其影响因素。

(4) 测定精馏过程的动态特性,提高对精馏过程的认识。

二、实验原理

在板式精馏塔中,由塔釜产生的蒸汽沿塔板逐板上升,与来自塔板下降的回流液在塔板上实现多次接触,进行传热与传质,使混合液达到一定程度的分离。

回流是精馏操作得以实现的基础。塔顶的回流量与采出量之比,称为回流比。回流比是精馏操作的重要参数之一,影响着精馏操作的分离效果和能耗。

回流比存在两种极限情况:最小回流比和全回流。若塔在最小回流比下操作,要完成分离任务,则精馏塔需要有无穷多块塔板的精馏塔。这不符合工业实际,所以最小回流比只是一个操作限度。若操作处于全回流状态,既无任何产品采出,也无原料加入,塔顶的冷凝液全部返回塔内中,这在生产中无实际意义。但是,由于此时所需理论塔板数最少,又易于达到稳定,故常在工业装置的开停车、排除故障及科学研究时使用。实际回流比常取最小回流比的1.2~2倍。在精馏操作中,若回流系统出现故障,操作情况会急剧恶化,分离效果也会变差。

对于二元物系,如已知其汽液平衡数据,则根据精馏塔的原料液组成、进料热状况、操作回流比及塔顶馏出液组成、塔底釜液组成可以求出该塔的理论板数 N_T。按照式(1)可以得到总板效率 E_T，其中 N_P 为实际塔板数。

$$E_T = \frac{N_T}{N_P} \times 100\% \tag{1}$$

部分回流时，进料热状况参数(q)的计算式为

$$q = \frac{C_{pm}(t_{BP} - t_F) + r_m}{r_m} \tag{2}$$

式中：t_F——进料温度，℃；

t_{BP}——进料的泡点温度，℃；

C_{pm}——进料液体在平均温度 $\frac{t_F + t_{BP}}{2}$ 下的比热，kJ/(kmol·℃)；

r_m——进料液体在其组成和泡点温度下的汽化潜热，kJ/kmol。

$$C_{pm} = C_{p_1}M_1 x_1 + C_{p_2}M_2 x_2 \tag{3}$$

$$r_m = r_1 M_1 x_1 + r_2 M_2 x_2 \tag{4}$$

式中：C_{p1}, C_{p2}——分别为纯组分1和纯组分2在平均温度下的比热容，kJ/(kg·℃)。

r_1, r_2——分别为纯组分1和纯组分2在泡点温度下的汽化潜热，kJ/kg。

M_1, M_2——分别为纯组分1和纯组分2的质量，kg/kmol。

x_1, x_2——分别为纯组分1和纯组分2在进料中的摩尔分数。

三、实验装置

主体设备位号及名称：

T101——精馏塔

D101——原料液储罐

D102——塔顶产品储罐

D103——塔底产品储罐

E101——预热器

E102——塔釜电加热器

E103——空气冷凝器

P101——进料泵

LV101——塔釜液位控制电磁阀

四、实验操作

单回路中,MV代表调节阀门的开度,有时也用OP表示。

1.选择参数

在"实验参数"界面,选择精馏段塔板数,选择提馏段塔板数。以下实验步骤在精馏段塔板数为5,提馏段塔板数为3,回流比为4的条件下完成。

2.精馏塔进料

(1)检查各容器罐内是否为空。

(2)检查各管线阀门是否关闭。

(3)在"实验参数"界面,配置一定浓度的乙醇/正丙醇混合液,即进料配料比。

(4)设定进料罐的一次性进料量,单击"进料"按钮,进料罐开始进料,直到罐内液位达到70%。

(5)打开进料泵P101的电源开关,启动进料泵。

(6)设定进料泵功率,将进料流量控制器的MV值设为50%,开始进料。

(7)设定预热器功率,将进料温度控制器的MV值设为60%,开始加热。

(8)如果塔釜液位超过70%,打开LV101,将塔釜液位控制器的MV值设为30%左右,控制塔釜液位在70%~80%之间。

3.启动再沸器

(1)打开阀门V103,往塔顶冷凝器内通入冷却水。

(2)设定塔釜加热功率,将塔釜加热控制器的MV值设为50%,使塔缓缓升温。

4.建立回流

(1)在"回流比控制器"界面,将回流值设为20,采出值设为5,即回流比控制在4。

(2)将塔釜加热控制器的MV值设为60%,加大蒸出量。

(3)将塔釜液位控制器的MV值设为10%左右,控制塔釜液位在50%左右。

5.调整至正常

(1)当进料温度稳定在95.3 ℃左右时,将进料温度控制器设自动,将SP值设为95.3 ℃。

(2)当塔釜液位稳定在50%左右时,将塔釜液位控制器设自动,将SP值设为

50%。

(3)当塔釜温度稳定在 90.5 ℃左右时,将塔釜温度控制器设为自动,SP 值设为 90.5 ℃。

(4)装置稳定时,塔顶温度在 75.8 ℃左右。

(5)保持稳定操作几分钟,取样记录分析组分成分。

6.停车操作

(1)关闭原料预热器,将进料温度控制器设手动,将 MV 值设 0。

(2)关闭原料进料泵电源,将进料流量控制器设手动,将 MV 值设 0。

(3)关闭塔釜加热器,将塔釜温度控制器设手动,将 MV 值设 0。

(4)待塔釜温度冷却至室温后,关闭冷却水。

五、实验数据及处理结果

(1)观察不同回流比下塔温沿塔高的分布情况。

(2)观察不同操作状况下进出口组分的差异。

(3)绘制塔体温度沿塔高的分布图。

(4)用图解法求出理论板数和实际板数,最后求出塔板效率。

实验九
恒压过滤实验

一、实验目的

(1)熟悉板框压滤机的构造和操作方法。
(2)通过恒压过滤实验,验证过滤基本理论。
(3)学会测定过滤常数K、q_e、τ_e及压缩性指数s的方法。
(4)了解过滤压力对过滤速率的影响。

二、基本原理

过滤是以某种多孔物质为介质处理悬浮液以达到固、液分离的一种操作过程,即在外力的作用下,悬浮液中的液体可以通过固体颗粒层(即滤渣层)及多孔介质的孔道而固体颗粒被截留下来形成滤渣层,从而实现固、液分离。因此,过滤操作本质上是流体通过固体颗粒层的流动,而这个固体颗粒层(滤渣层)的厚度随着过滤的进行不断增加,故在恒压过滤操作中,过滤速度会不断降低。

过滤速度u定义为单位时间、单位过滤面积内通过过滤介质的滤液量。影响过滤速度的主要因素除过滤推动力(压强差)Δp和滤饼厚度L外,还有滤饼和悬浮液的性质、悬浮液温度、过滤介质的阻力等。

过滤时滤液流过滤渣和过滤介质的过程基本上处在层流流动范围内,因此,可利用流体通过固定床压降的简化模型,寻求滤液量与时间的关系,可得过滤速度计算式

$$u = \frac{dV}{Ad\tau} = \frac{dq}{d\tau} = \frac{A\Delta p^{(1-s)}}{\mu \cdot r \cdot C(V + V_e)} = \frac{A\Delta p^{(1-s)}}{\mu \cdot r' \cdot C'(V + V_e)} \tag{1}$$

式中:u——过滤速度,m/s;

V——通过过滤介质的滤液量,m³;

A——过滤面积，m^2；

τ——过滤时间，s；

q——通过单位面积过滤介质的滤液量，m^3/m^2；

Δp——过滤压力（表压），Pa；

s——滤渣压缩性系数；

μ——滤液的黏度，Pa·s；

r——滤渣比阻，$1/m^2$；

C——单位滤液体积的滤渣体积，m^3/m^3；

V_e——过滤介质的当量滤液体积，m^3；

r'——滤渣比阻，m/kg；

C'——单位滤液体积的滤渣质量，kg/m^3。

对于一定的悬浮液，在恒温和恒压下过滤时，μ、r、C 和 Δp 都恒定，为此令

$$K = \frac{2\Delta p^{(1-s)}}{\mu \cdot r \cdot C} \tag{2}$$

于是式(1)可改写为

$$\frac{dV}{d\tau} = \frac{KA^2}{2(V + V_e)} \tag{3}$$

式中：K——过滤常数，由物料特性及过滤压差所决定，m^2/s。

将式(3)分离变量积分，整理得

$$\int_{V_e}^{V+V_e} (V + V_e) d(V + V_e) = \frac{1}{2} KA^2 \int_0^\tau d\tau \tag{4}$$

即

$$V^2 + 2VV_e = KA^2 \tau \tag{5}$$

将式(4)的积分极限改为从0到V_e和从0到τ_e积分，则

$$V_e^2 = KA^2 \tau_e \tag{6}$$

将式(5)和式(6)相加，可得

$$(V + V_e)^2 = KA^2 (\tau + \tau_e) \tag{7}$$

式中：τ_e——虚拟过滤时间，相当于滤出滤液量V_e所需时间，s。

再将式(7)微分，得

$$2(V + V_e) dV = KA^2 d\tau \tag{8}$$

将式(8)写成差分形式,则

$$\frac{\Delta \tau}{\Delta q} = \frac{2}{K}\bar{q} + \frac{2}{K}q_e \tag{9}$$

式中：Δq—— 每次测定的单位过滤面积滤液体积(在实验中一般等量分配)，m^3/m^2；

$\Delta \tau$—— 每次测定的滤液体积Δq所对应的时间，s；

$\bar{q}$—— 相邻两个q值的平均值，m^3/m^2。

以$\Delta \tau/\Delta q$为纵坐标，$\bar{q}$为横坐标将式(9)绘成一直线，可得该直线的斜率和截距，

斜率：
$$S = \frac{2}{K}$$

截距：
$$I = \frac{2}{K}q_e$$

则，
$$K = \frac{2}{S}, m^2/s$$

$$q_e = \frac{KI}{2} = \frac{I}{S}, m^2$$

$$\tau_e = \frac{q_e^2}{K} = \frac{I^2}{KS^2}, s$$

改变过滤压差Δp，可测得不同的K值，由K的定义式(2)两边取对数得

$$\lg K = (1-s)\lg(\Delta p) + B \tag{10}$$

在实验压差范围内，若B为常数，则$\lg K$—$\lg(\Delta p)$的关系在直角坐标上应是一条直线，斜率为$(1-s)$，可得滤饼压缩性指数s。

三、实验装置

本实验装置由空气压缩机、配料槽、压力料槽、板框过滤机等组成。

$CaCO_3$的悬浮液在配料桶内配制成一定浓度后，利用压差送入压力料槽中，用压缩空气加以搅拌使$CaCO_3$不致沉降，同时利用压缩空气的压力将滤浆送入板框压滤机过滤，滤液流入量筒计量，压缩空气从压力料槽上的排空管排出。

板框压滤机的结构尺寸：框厚度20 mm，每个框过滤面积0.0177 m^2，框数2个。

空气压缩机规格型号：风量0.06 m^3/min，最大气压0.8 MPa。

四、实验操作

1. 实验准备

(1) 配料:在配料罐内配制含 $CaCO_3$ 10% ~ 30%(质量分数)的水悬浮液,$CaCO_3$ 事先由天平称重,水位高度按标尺示意,筒身直径 35 mm。配制时,应将配料罐底部阀门关闭。

(2) 搅拌:开启空气压缩机,将压缩空气通入配料罐(空气压缩机的出口小球阀保持半开,进入配料罐的两个阀门保持适当开度),使 $CaCO_3$ 悬浮液搅拌均匀。搅拌时,应将配料罐的顶盖合上。

(3) 设定压力:分别打开进入压力罐的三路阀门,空气压缩机过来的压缩空气经过的各定值调节阀,分别设定为 0.1 MPa、0.2 MPa 和 0.25 MPa(出厂已设定,实验时不需要再调压。若欲进行 0.25 MPa 以上压力过滤,需调节压力罐安全阀)。设定定值调节阀时,压力罐泄压阀可略开。

(4) 装板框:正确装好滤板、滤框及滤布。滤布使用前用水浸湿,滤布要绷紧,不能起皱。滤布紧贴滤板,密封垫贴紧滤布。(注意:用螺旋压紧时,千万不要把手指压伤,先慢慢转动手轮使板框合上,然后再压紧。)

(5) 灌清水:向清水罐通入自来水,让液面达视镜 2/3 高度左右。灌清水时,应将安全阀处的泄压阀打开。

(6) 灌料:在压力罐泄压阀打开的情况下,打开配料罐和压力罐间的进料阀门,使料浆自动由配料桶流入压力罐至其视镜 1/2~2/3 处,关闭进料阀门。

2. 过滤过程

(1) 鼓泡:将压缩空气通至压力罐,使容器内料浆不断搅拌。压力料槽的排气阀应不断排气,但又不能喷浆。

(2) 过滤:将中间双面板下的通孔切换阀开到通孔通路状态。打开进板框前的料液进口的两个阀门,打开出板框后的清液出口球阀。此时,压力表指示过滤压力,清液出口流出滤液。

(3) 每次实验应在滤液从汇集管刚流出的时候作为开始时刻,每次 ΔV 取 800 mL 左右。记录相应的过滤时间 $\Delta \tau$。每个压力下,测量 8 ~ 10 个读数即可停止实验。若欲得到干而厚的滤饼,则应在每个压力下做到没有清液流出为止。量筒交换接滤液时不要流失滤液,等量筒内滤液静止后读出 ΔV 值。(注意:ΔV 约 800 mL 时要替换量筒,这时量筒内滤液量并非正好 800 mL。要事先熟悉量筒刻度,不要打碎量筒。此外,要熟练双秒表轮流读数的方法。)

(4)一个压力下的实验完成后,先打开泄压阀使压力罐泄压。卸下滤框、滤板、滤布进行清洗,清洗时滤布不要折。每次滤液及滤饼均收集在小桶内,滤饼弄细后重新倒入料浆桶内搅拌配料,进入下一个压力实验。注意若清水罐水不足,可补充一定水源,补水时仍应打开该罐的泄压阀。

3. 清洗过程

(1)关闭板框过滤的进出阀门。将中间双面板下的通孔切换阀开到通孔关闭状态(阀门手柄与滤板平行为过滤状态,垂直为清洗状态)。

(2)打开清洗液进入板框的进出阀门(板框前有两个进口阀,板框后有一个出口阀)。此时,压力表指示清洗压力,清液出口流出清洗液。清洗液流出速度比同压力下过滤速度小很多。

(3)清洗液流动约 1 min,可根据液体浑浊程度判断是否结束清洗过程。一般物料可不进行清洗。结束清洗过程,关闭清洗液进出板框的阀门,关闭定值调节阀后的进气阀门。

4. 实验结束

(1)先关闭空气压缩机出口球阀,关闭空气压缩机电源。

(2)打开安全阀处泄压阀,使压力罐和清水罐泄压。

(3)卸下滤框、滤板、滤布进行清洗,清洗时滤布不要折。

(4)将压力罐内物料反压到配料罐内以备下次使用,或将该两罐物料直接排空后用清水冲洗。

五、实验数据及处理结果

1. 滤饼常数 K 的求取

计算举例:以 $\Delta p=1$ kg/cm² 时的一组数据为例。

过滤面积 $A=0.0177\times 2=0.0254$ m²;

$\Delta V_1=637\times 10^{-6}$ m³;

$\Delta \tau_1$=31.98 s；

ΔV_2=630×10⁻⁶ m³；

$\Delta \tau_2$=35.67 s；

$\Delta q_1 = \Delta V_1/A$=637×10⁻⁶/0.048=0.013271 m³/m²；

$\Delta q_2 = \Delta V_2/A$=630×10⁻⁶/0.048=0.013125 m³/m²；

$\Delta \tau_1/\Delta q_1$=31.98/0.013271=2409.766 s·m²/m³；

$\Delta \tau_2/\Delta q_2$=35.67/0.013125=2717.714 s·m²/m³；

q_0=0 m³/m²；

$q_1 = q_0 + \Delta q_1$=0.013271 m³/m²；

$q_2 = q_1 + \Delta q_2$=0.026396 m³/m²；

$\bar{q}_1 = (q_0 + q_1)/2$=0.0066355 m³/m²；

$\bar{q}_2 = (q_1 + q_2)/2$=0.0198335 m³/m²；

依次算出多组$\Delta \tau/\Delta q$及$\bar{q}$。

在直角坐标系中绘制$\Delta \tau/\Delta q$—$\bar{q}$的关系曲线，从图中读出斜率可求得K。不同压差下的K值列于表11-9-1中。

表11-9-1　不同压差下的K值

$\Delta p/(\text{kg/cm}^2)$	过滤常数$K/(\text{m}^2/\text{s})$
1	8.524×10⁻⁵
1.5	1.191×10⁻⁴
2	1.486×10⁻⁴

2. 滤饼压缩性指数s的求取

计算举例：在压力Δp=1 kg/cm²时的$\Delta \tau/\Delta q$—q直线上，拟合得直线方程，根据斜率为$2/K_3$，则K_3=0.00008524。

根据不同压力下测得的K值绘制lg K—lg Δp曲线，也拟合得直线方程，根据斜率为$(1-s)$，可计算得s=0.198。

3. 其他数据

由恒压过滤实验数据求过滤常数K、q_e、τ_e。

七、思考题

(1)板框压滤机的优缺点是什么？适用于什么场合？

(2)板框压滤机的操作分哪几个阶段？

(3)为什么过滤开始时,滤液常常有点浑浊,而过段时间后才变清？

(4)影响过滤速率的主要因素有哪些？当你在某一恒压下测得K、q_e、τ_e值后,若将过滤压力提高一倍,问上述三个值将有何变化？

(5)比较几种压差下的K、q_e、τ_e值,讨论压差变化对这几个参数数值的影响。

部分参考文献

[1] 王元秀.普通生物学实验指导[M].2版.北京:化学工业出版社,2016.

[2] 彭玲.普通生物学实验[M].武汉:华中科技大学出版社,2006.

[3] 周乔.普通生物学实验指导[M].武汉:华中师范大学出版社,2007.

[4] 沈萍,陈向东.微生物学实验[M].4版.北京:高等教育出版社,2007.

[5] 全桂静,雷晓燕,李辉.微生物学实验指导[M].北京:化学工业出版社,2010.

[6] 赵斌,何绍江.微生物学实验教程[M].北京:高等教育出版社,2013.

[7] 李素文.细胞生物学实验指导[M].北京:高等教育出版社;海德堡:施普林格出版社,2001.

[8] 王金发,何炎明,刘兵.细胞生物学实验教程[M].2版.北京:科学出版社,2011.

[9] 钱鑫萍,余顺火.生物化学实验指导书[M].合肥:合肥工业大学出版社,2016.

[10] 杨建雄.生物化学与分子生物学实验技术教程[M].北京:科学出版社,2002.

[11] 王秀奇.基础生物化学实验[M].北京:高等教育出版社,1999.

[12] J.萨姆布鲁克,D.W.拉塞尔.分子克隆实验指南精编版[M].黄培堂主译.北京:化学工业出版社,2007.

[13]朱玉贤,李毅,郑晓峰.现代分子生物学[M].3版.北京:高等教育出版社,2007.

[14]卡特莱特.转基因技术 原理与实验方案 原著第3版 英文[M].北京:科学出版社,2012.

[15]黄诗笺,杨代淑.普通生物学实验指导[M].武汉:武汉大学出版社,1990.

[16]杨淑慎,张小红.细胞工程实验技术[M].北京:科学出版社,2020.

[17]余龙江.发酵工程原理与技术[M].2版.北京:高等教育出版社,2021.

[18]李江华.发酵工程实验[M].北京:高等教育出版社,2011.

[19]贾士儒,宋存江.发酵工程实验教程[M].北京:高等教育出版社,2016.

[20]毛忠贵.生物工程下游技术[M].北京:科学出版社,2013.

[21]杨祖荣.化工原理实验[M].2版.北京:化学工业出版社,2014.